北大社普通高等教育“十三五”数字化建设规划教材

简明线性代数

主　编　冯永平　邵任翔　段　渊
主　审　邓小成　尚亚东

北京大学出版社
PEKING UNIVERSITY PRESS

内 容 提 要

本书共分四章,内容包括矩阵与行列式、线性方程组与矩阵的初等变换、向量空间初步、特征值与二次型等.各章节后均配有适量的习题,书后附有习题参考答案.本书通过二维码链接收录了各章节中的部分概念和性质,便于读者线上延伸学习.另外,本书还收录了行列式的排列逆序定义、若干应用问题、线性代数发展简史等.

本书可作为高等学校公共课教材,也可供读者参加硕士研究生入学考试自学以及科技工作者参考.

图书在版编目(CIP)数据

简明线性代数/冯永平,邵任翔,段渊主编.—北京:北京大学出版社,2020.9
ISBN 978-7-301-31521-7

Ⅰ.①简… Ⅱ.①冯… ②邵… ③段… Ⅲ.①线性代数—教材 Ⅳ.①O151.2

中国版本图书馆 CIP 数据核字(2020)第 149689 号

书　　名 简明线性代数
JIANMING XIANXING DAISHU
著作责任者 冯永平 邵任翔 段 渊 主编
责 任 编 辑 王剑飞
标 准 书 号 ISBN 978-7-301-31521-7
出 版 发 行 北京大学出版社
地　　址 北京市海淀区成府路 205 号 100871
网　　址 http://www.pup.cn
电 子 邮 箱 zpup@pup.cn
新 浪 微 博 @北京大学出版社
电　　话 邮购部 010-62752015 发行部 010-62750672 编辑部 010-62765014
印 刷 者 长沙超峰印刷有限公司
经 销 者 新华书店
787 毫米×1092 毫米 16 开本 8.75 印张 219 千字
2020 年 9 月第 1 版 2023 年 12 月第 4 次印刷
定　　价 32.00 元

前　　言

"线性代数"是高等学校理学、工学、经济学、管理学、农学等学科大学生的一门必修基础理论课程，其基本内容是以行列式和矩阵为工具，理解线性方程组解的结构，求解线性方程组，即处理线性关系问题. 为此，学生需要学习行列式和矩阵的基本理论，还需要了解向量空间理论的相关知识，为今后学习离散数学和其他相关学科打下基础. 线性代数在数学、力学、物理学的科学研究和工程技术应用等领域有着广泛的应用. 同时，该课程对于培养学生的逻辑推理能力、空间直观想象能力、数学思考能力具有重要的作用. 通过本课程的学习，学生可以在掌握数学基础知识的同时，提高抽象思维能力，并掌握在科学研究及工程实践中对离散量的基本分析方法，从而不断提高实践创新意识，全面加强运用数学方法分析问题和解决实际问题的实践能力. 学习线性代数，不仅可以培养抽象思维和数学建模能力，而且能培养对研究对象进行有序化、代数化、系统化的处理能力. 正如笛卡儿(Descartes)在《思维的法则》中提出的一种解决各种问题的模式：一切问题都可以转化为数学问题，一切数学问题都可以转化为代数问题，而一切代数问题又都可以转化为方程. 线性代数所体现的几何观念与代数方法之间的联系，从具体概念抽象出来的公理化方法、严谨的逻辑推证、巧妙的归纳综合等，对于强化学生的数学语言表达能力是非常有用的. 在计算机技术广泛应用的今天，计算机图形学、计算机辅助设计、密码学、虚拟现实、人工智能、大数据、信息技术等都以线性代数为其理论和算法的基础内容.

本书具有以下几个特色：

(1) 较多地从具体问题出发组织和展开本课程的教学内容和体系，做到深入浅出. 通过一些简单实例引入概念，并逐步采用"再发现"的方式引出大部分定理，这样不仅有助于加深学生对定理的理解，减少学习本课程的难点；还有利于培养学生"发现知识"的能力，为进一步培养学生的创新能力打下一定的基础. 正如康托尔(Cantor)所言，"在数学的领域中，提出问题的艺术比解答问题的艺术更为重要".

(2) 较多地介绍程序化、算法化的基本内容和方法. 例如，行列式的定义采用由低阶到高阶的递归定义，符合自然学科的发现过程；又如，线性方程组的行最简形解法、求列向量组的最大无关组的行最简形解法、方阵的相似对角化、向量组的正交化都是采用程序化的方法.

(3) 适当运用矩阵的分块法，使一些结论的证明变得简捷. 例如，矩阵的等价标准形的唯一性、实对称矩阵的可相似对角化以及正定矩阵的赫尔维茨(Hurwitz)定理等的证明.

(4) 适应线上阅读、教材电子化趋势，书中部分重要概念、研究对象、研究方法都设置了二维码链接，便于读者在线阅读，拓展知识视野.

(5) 根据以往教学的经验总结，在各章节中，针对重要概念、典型例题汇总了重点、难点的注意事项，使读者更易掌握.

本书的主干内容学习需要 36 学时. 若增加点难度，并添加附录中的内容，特别是应用示例，可计划 48 学时. 若不讲授第三章第四节欧氏空间、第四章第三节二次型及其标准形、第四章第四节正定性等内容，可计划 32 学时. 此外，本书有一些定理的证明用星号“ * ”做了标记，表明这些证明不作为教学内容，仅供有兴趣的读者参阅.

本书由冯永平、邵任翔、段渊主编，具体的编写分工为：第一章、第四章、附录由冯永平执笔；第二章由邵任翔执笔；第三章由段渊执笔. 在本书的编写过程中，广州大学邓小成、张勤勤、罗兰、邓明香等老师提出了宝贵的建议与意见，袁晓辉、周乘芳编辑了配套教学资源，苏娟、龚维安提供了版式和装帧设计方案. 全书由广州大学邓小成和尚亚东主审.

本书的出版得到了广州大学教材出版基金的资助以及北京大学出版社的关心和帮助，在此一并表示感谢.

由于编者水平有限，错漏与不妥之处在所难免，敬请专家和读者指正.

编　者

2020 年 2 月

目　录

第一章

矩阵与行列式

行列式是由德国数学家、微积分学奠基人之一莱布尼茨(Leibniz)和日本数学家关孝和发明的，它出现于线性方程组的求解，最早是一种速记的表达式，现在已经是数学中一种非常有用的工具．“矩阵”这个术语是由西尔维斯特(Sylvester)首先使用的，是为了将数字的矩形阵列区别于行列式．矩阵与行列式是研究线性方程组的求解、向量的线性相关性以及线性变换等内容的有力且不可替代的工具，它们在其他的自然科学分支、现代经济学、管理学和工程技术等领域也有着广泛的应用．

第一节　矩阵及其运算

一、n 维向量及其线性运算

在空间解析几何中，当引入空间坐标系后，立体空间中的向量 $\boldsymbol{a}$ 可表示为

$$\boldsymbol{a}=(a_1,a_2,a_3).$$

我们知道，向量 $\boldsymbol{a}$ 与向量 $\boldsymbol{b}=(b_1,b_2,b_3)$ 的和 $\boldsymbol{a}+\boldsymbol{b}$ 满足加法运算公式

$$\boldsymbol{a}+\boldsymbol{b}=(a_1+b_1,a_2+b_2,a_3+b_3);$$

常数 k 与向量 $\boldsymbol{a}$ 的乘积 $k\boldsymbol{a}$ 满足数乘运算公式

$$k\boldsymbol{a}=(ka_1,ka_2,ka_3).$$

这样，我们可以以代数形式引入 n 维向量的概念以及两向量的加法运算、常数与向量的数乘运算．记

$$\mathbf{R}^n=\{(a_1,a_2,\cdots,a_n)\mid a_i\in\mathbf{R},i=1,2,\cdots,n\},$$

称 $\mathbf{R}^n$ 为 n **维向量空间**，$\mathbf{R}^n$ 中任一元素称为一个 n **维向量**．通常用黑体小写字母表示向量，如向量 $\boldsymbol{a}$，或者用有向线段表示向量，如 $\overrightarrow{AB}$ 表示以 A 为起点，以 B 为终点的向量．设 n 维向量(此时也称为**行向量**)

$$\boldsymbol{a}=(a_1,a_2,\cdots,a_n),$$

称 $a_i(i=1,2,\cdots,n)$ 为向量 $\boldsymbol{a}$ 的第 i 个**分量**．向量 $\boldsymbol{a}$ 还可写成如下列形式(此时也称为**列向量**)：

$$\boldsymbol{a}=\begin{pmatrix}a_1\\a_2\\\vdots\\a_n\end{pmatrix}.$$

分量全为 0 的向量称为**零向量**,记为 $\mathbf{0}$.

注 1.1 一维零向量就是数字 0,二维零向量为 $\begin{pmatrix}0\\0\end{pmatrix}$,高维零向量类似定义.

设向量 $\boldsymbol{a}=(a_1,a_2,\cdots,a_n)$,$\boldsymbol{b}=(b_1,b_2,\cdots,b_n)$. 如果

$$a_i=b_i \quad (i=1,2,\cdots,n),$$

那么称向量 $\boldsymbol{a}$ 与向量 $\boldsymbol{b}$ **相等**,记作 $\boldsymbol{a}=\boldsymbol{b}$.

设向量 $\boldsymbol{a}=(a_1,a_2,\cdots,a_n)$,$\boldsymbol{b}=(b_1,b_2,\cdots,b_n)$,$k$ 为常数,定义以下运算:

(1) **加法运算**:

$$\boldsymbol{a}+\boldsymbol{b}=(a_1+b_1,a_2+b_2,\cdots,a_n+b_n),$$

称向量 $\boldsymbol{a}+\boldsymbol{b}$ 为向量 $\boldsymbol{a}$ 与向量 $\boldsymbol{b}$ 的和.

(2) **数乘运算**:

$$k\boldsymbol{a}=(ka_1,ka_2,\cdots,ka_n),$$

称向量 $k\boldsymbol{a}$ 为常数 k 与向量 $\boldsymbol{a}$ 的乘积.

称 $(-1)\boldsymbol{a}$ 为向量 $\boldsymbol{a}$ 的**负向量**,记作 $-\boldsymbol{a}$. 规定 $\boldsymbol{b}-\boldsymbol{a}=\boldsymbol{b}+(-\boldsymbol{a})$.

向量的加法运算与数乘运算统称为**向量的线性运算**.

二、线性变换及其系数矩阵

若变元 $x_1,x_2,\cdots,x_n$ 与变元 $y_1,y_2,\cdots,y_m$ 之间有关系式

$$\begin{cases} y_1=a_{11}x_1+a_{12}x_2+\cdots+a_{1n}x_n, \\ y_2=a_{21}x_1+a_{22}x_2+\cdots+a_{2n}x_n, \\ \quad\cdots\cdots \\ y_m=a_{m1}x_1+a_{m2}x_2+\cdots+a_{mn}x_n, \end{cases} \tag{1.1}$$

则称上式为从变元 $x_1,x_2,\cdots,x_n$ 到变元 $y_1,y_2,\cdots,y_m$ 的**线性变换**.

由线性变换(1.1) 的系数 $a_{ij}(i=1,2,\cdots,m;j=1,2,\cdots,n)$ 排成的 m 行 n 列的矩形数表

$$\begin{matrix} a_{11} & a_{12} & \cdots & a_{1n} \\ a_{21} & a_{22} & \cdots & a_{2n} \\ \vdots & \vdots & & \vdots \\ a_{m1} & a_{m2} & \cdots & a_{mn} \end{matrix}$$

称为线性变换(1.1) 的**系数矩阵**.

注 1.2 本书中的数,除特别说明外,都指实数.

给定一个线性变换,它的系数矩阵也就确定了. 反之,如果给定一个矩形数表,将其作为线性变换的系数矩阵,那么线性变换也就确定了. 在这个意义上,线性变换和矩形数表之间存在着一一对应的关系.

由线性变换(1.1) 可确定 $\mathbf{R}^n\to\mathbf{R}^m$ 的一个映射 $\boldsymbol{y}=T(\boldsymbol{x})$,其中

$$\boldsymbol{x}=\begin{pmatrix}x_1\\x_2\\\vdots\\x_n\end{pmatrix},\quad \boldsymbol{y}=\begin{pmatrix}y_1\\y_2\\\vdots\\y_m\end{pmatrix},\quad T(\boldsymbol{x})=\begin{pmatrix}a_{11}x_1+a_{12}x_2+\cdots+a_{1n}x_n\\a_{21}x_1+a_{22}x_2+\cdots+a_{2n}x_n\\\vdots\\a_{m1}x_1+a_{m2}x_2+\cdots+a_{mn}x_n\end{pmatrix}.$$

可验证,映射 $\boldsymbol{y}=T(\boldsymbol{x})$ 满足如下**线性性质**:

$$T(k_1\boldsymbol{x}_1+k_2\boldsymbol{x}_2)=k_1T(\boldsymbol{x}_1)+k_2T(\boldsymbol{x}_2)\quad (\forall\,\boldsymbol{x}_1,\boldsymbol{x}_2\in\mathbf{R}^n;\forall\,k_1,k_2\in\mathbf{R}).$$

我们称映射 $\boldsymbol{y}=T(\boldsymbol{x})$ 为 $\mathbf{R}^n\to\mathbf{R}^m$ 的一个**线性映射**或**线性变换**.

通过考虑线性变换的线性运算和复合运算,可以引入线性变换的系数矩阵的线性运算和乘法运算.为了使得叙述过程更加显而易见,下面以 $\mathbf{R}^2\to\mathbf{R}^2$ 的线性变换为例进行说明.

设线性变换 $\boldsymbol{y}=T(\boldsymbol{x})$,其中

$$\boldsymbol{x}=\begin{pmatrix}x_1\\x_2\end{pmatrix},\quad \boldsymbol{y}=\begin{pmatrix}y_1\\y_2\end{pmatrix},\quad T(\boldsymbol{x})=\begin{pmatrix}a_{11}x_1+a_{12}x_2\\a_{21}x_1+a_{22}x_2\end{pmatrix},$$

它的系数矩阵(作为一个整体式子,用括号括起来,并用黑体大写字母表示)为

$$\boldsymbol{A}=\begin{pmatrix}a_{11}&a_{12}\\a_{21}&a_{22}\end{pmatrix}.$$

对于任意的常数 k,按向量的数乘运算,有

$$kT(\boldsymbol{x})=k\begin{pmatrix}a_{11}x_1+a_{12}x_2\\a_{21}x_1+a_{22}x_2\end{pmatrix}=\begin{pmatrix}ka_{11}x_1+ka_{12}x_2\\ka_{21}x_1+ka_{22}x_2\end{pmatrix},$$

所以 $\boldsymbol{y}=kT(\boldsymbol{x})$ 也是一个线性变换,它的系数矩阵为

$$\begin{pmatrix}ka_{11}&ka_{12}\\ka_{21}&ka_{22}\end{pmatrix}.$$

如果记线性变换 $\boldsymbol{y}=kT(\boldsymbol{x})$ 的系数矩阵为 $k\boldsymbol{A}$,那么就得到

$$k\begin{pmatrix}a_{11}&a_{12}\\a_{21}&a_{22}\end{pmatrix}=\begin{pmatrix}ka_{11}&ka_{12}\\ka_{21}&ka_{22}\end{pmatrix}.\tag{1.2}$$

又设另一线性变换 $\boldsymbol{y}=M(\boldsymbol{x})$,其中

$$M(\boldsymbol{x})=\begin{pmatrix}b_{11}x_1+b_{12}x_2\\b_{21}x_1+b_{22}x_2\end{pmatrix},$$

它的系数矩阵为

$$\boldsymbol{B}=\begin{pmatrix}b_{11}&b_{12}\\b_{21}&b_{22}\end{pmatrix}.$$

接下来,考虑线性变换 $\boldsymbol{y}=T(\boldsymbol{x})$ 与 $\boldsymbol{y}=M(\boldsymbol{x})$ 的和 $\boldsymbol{y}=T(\boldsymbol{x})+M(\boldsymbol{x})$.按向量的加法运算,有

$$T(\boldsymbol{x})+M(\boldsymbol{x})=\begin{pmatrix}a_{11}x_1+a_{12}x_2\\a_{21}x_1+a_{22}x_2\end{pmatrix}+\begin{pmatrix}b_{11}x_1+b_{12}x_2\\b_{21}x_1+b_{22}x_2\end{pmatrix}=\begin{pmatrix}(a_{11}+b_{11})x_1+(a_{12}+b_{12})x_2\\(a_{21}+b_{21})x_1+(a_{22}+b_{22})x_2\end{pmatrix},$$

所以 $\boldsymbol{y}=T(\boldsymbol{x})+M(\boldsymbol{x})$ 也是一个线性变换,它的系数矩阵为

$$\begin{pmatrix}a_{11}+b_{11}&a_{12}+b_{12}\\a_{21}+b_{21}&a_{22}+b_{22}\end{pmatrix}.$$

如果记线性变换 $\boldsymbol{y}=T(\boldsymbol{x})+M(\boldsymbol{x})$ 的系数矩阵为 $\boldsymbol{A}+\boldsymbol{B}$,那么就得到

$$\begin{pmatrix} a_{11} & a_{12} \\ a_{21} & a_{22} \end{pmatrix}+\begin{pmatrix} b_{11} & b_{12} \\ b_{21} & b_{22} \end{pmatrix}=\begin{pmatrix} a_{11}+b_{11} & a_{12}+b_{12} \\ a_{21}+b_{21} & a_{22}+b_{22} \end{pmatrix}. \tag{1.3}$$

然后,考虑线性变换 $\boldsymbol{y}=T(\boldsymbol{u})$ 与 $\boldsymbol{u}=M(\boldsymbol{x})$ 的复合 $\boldsymbol{y}=T(M(\boldsymbol{x}))$,其中 $\boldsymbol{u}=\begin{pmatrix} u_1 \\ u_2 \end{pmatrix}$. 由

$$T(\boldsymbol{u})=\begin{pmatrix} a_{11}u_1+a_{12}u_2 \\ a_{21}u_1+a_{22}u_2 \end{pmatrix},\quad \boldsymbol{u}=M(\boldsymbol{x})=\begin{pmatrix} b_{11}x_1+b_{12}x_2 \\ b_{21}x_1+b_{22}x_2 \end{pmatrix},$$

有

$$\begin{aligned} T(M(\boldsymbol{x}))=T(\boldsymbol{u})&=\begin{pmatrix} a_{11}u_1+a_{12}u_2 \\ a_{21}u_1+a_{22}u_2 \end{pmatrix} \\ &=\begin{pmatrix} a_{11}(b_{11}x_1+b_{12}x_2)+a_{12}(b_{21}x_1+b_{22}x_2) \\ a_{21}(b_{11}x_1+b_{12}x_2)+a_{22}(b_{21}x_1+b_{22}x_2) \end{pmatrix} \\ &=\begin{pmatrix} (a_{11}b_{11}+a_{12}b_{21})x_1+(a_{11}b_{12}+a_{12}b_{22})x_2 \\ (a_{21}b_{11}+a_{22}b_{21})x_1+(a_{21}b_{12}+a_{22}b_{22})x_2 \end{pmatrix}, \end{aligned}$$

所以 $\boldsymbol{y}=T(M(\boldsymbol{x}))$ 也是一个线性变换,它的系数矩阵为

$$\begin{pmatrix} a_{11}b_{11}+a_{12}b_{21} & a_{11}b_{12}+a_{12}b_{22} \\ a_{21}b_{11}+a_{22}b_{21} & a_{21}b_{12}+a_{22}b_{22} \end{pmatrix}.$$

如果记线性变换 $\boldsymbol{y}=T(M(\boldsymbol{x}))$ 的系数矩阵为 $\boldsymbol{AB}$,那么就得到

$$\begin{pmatrix} a_{11} & a_{12} \\ a_{21} & a_{22} \end{pmatrix}\begin{pmatrix} b_{11} & b_{12} \\ b_{21} & b_{22} \end{pmatrix}=\begin{pmatrix} a_{11}b_{11}+a_{12}b_{21} & a_{11}b_{12}+a_{12}b_{22} \\ a_{21}b_{11}+a_{22}b_{21} & a_{21}b_{12}+a_{22}b_{22} \end{pmatrix}. \tag{1.4}$$

注 1.3 与式(1.4)类似,引入系数矩阵与列向量的乘法运算:

$$\boldsymbol{Ax}=\begin{pmatrix} a_{11} & a_{12} \\ a_{21} & a_{22} \end{pmatrix}\begin{pmatrix} x_1 \\ x_2 \end{pmatrix}=\begin{pmatrix} a_{11}x_1+a_{12}x_2 \\ a_{21}x_1+a_{22}x_2 \end{pmatrix},$$

那么线性变换 $\boldsymbol{y}=T(\boldsymbol{x})$ 就表示为 $\boldsymbol{y}=\boldsymbol{Ax}$,而线性变换 $\boldsymbol{y}=M(\boldsymbol{x})$ 就表示为 $\boldsymbol{y}=\boldsymbol{Bx}$. 我们用 $k\boldsymbol{A}$,$\boldsymbol{A}+\boldsymbol{B}$ 和 $\boldsymbol{AB}$ 分别表示线性变换

$$\boldsymbol{y}=kT(\boldsymbol{x}),\quad \boldsymbol{y}=T(\boldsymbol{x})+M(\boldsymbol{x})\quad 和\quad \boldsymbol{y}=T(M(\boldsymbol{x}))$$

的系数矩阵,这样一来,上述所引入的系数矩阵的运算就满足如下运算规律:

(1) $(\boldsymbol{A}+\boldsymbol{B})\boldsymbol{x}=\boldsymbol{Ax}+\boldsymbol{Bx}$;

(2) $(k\boldsymbol{A})\boldsymbol{x}=k(\boldsymbol{Ax})$;

(3) $(\boldsymbol{AB})\boldsymbol{x}=\boldsymbol{A}(\boldsymbol{Bx})$.

三、矩阵及其线性运算

定义 1.1 由 $m\times n$ 个数 $a_{ij}\,(i=1,2,\cdots,m;j=1,2,\cdots,n)$ 排成的 m 行 n 列的矩形数表

$$\begin{matrix} a_{11} & a_{12} & \cdots & a_{1n} \\ a_{21} & a_{22} & \cdots & a_{2n} \\ \vdots & \vdots & & \vdots \\ a_{m1} & a_{m2} & \cdots & a_{mn} \end{matrix}$$

称为一个 $m\times n$ **矩阵**. 这 $m\times n$ 个数称为该矩阵的**元素**，其中元素 a_{ij} 位于该矩阵的第 i 行、第 j 列，称为该矩阵的 (i,j) **元**.

作为形式上的一张矩形数表，矩阵的例子不胜枚举. 然而，在线性代数中矩阵并不只是一张单纯的数表，更重要的是，矩阵是一个能进行运算的整体式子(按线性变换的系数矩阵的运算规律). 作为一个整体式子，以数 $a_{ij}\ (i=1,2,\cdots,m;j=1,2,\cdots,n)$ 为 (i,j) 元的矩阵记为

$$\begin{pmatrix} a_{11} & a_{12} & \cdots & a_{1n} \\ a_{21} & a_{22} & \cdots & a_{2n} \\ \vdots & \vdots & & \vdots \\ a_{m1} & a_{m2} & \cdots & a_{mn} \end{pmatrix}.$$

矩阵及其历史

通常用黑体大写字母表示矩阵，以上矩阵记作 $\boldsymbol{A}=(a_{ij})$. 当要标明矩阵的行数和列数时，用带下标的形式 $\boldsymbol{A}_{m\times n}$ 表示，或者记作 $(a_{ij})_{m\times n}$.

行数与列数都等于 n 的矩阵称为 n **阶方阵**或 n **阶矩阵**. 当要标明方阵的阶数时，n 阶方阵 $\boldsymbol{A}$ 记作 $\boldsymbol{A}_n$.

当两个矩阵的行数相等、列数也相等时，称它们为**同型矩阵**.

设 $\boldsymbol{A}=(a_{ij})$ 与 $\boldsymbol{B}=(b_{ij})$ 都是 $m\times n$ 矩阵. 如果

$$a_{ij}=b_{ij}\quad(i=1,2,\cdots,m;j=1,2,\cdots,n),$$

那么称**矩阵 $\boldsymbol{A}$ 与矩阵 $\boldsymbol{B}$ 相等**，记作 $\boldsymbol{A}=\boldsymbol{B}$.

将式(1.2)和式(1.3)加以推广，便可得出矩阵的数乘运算和加法运算.

定义 1.2(加法运算)　设 $\boldsymbol{A}=(a_{ij})$ 与 $\boldsymbol{B}=(b_{ij})$ 都是 $m\times n$ 矩阵，记

$$c_{ij}=a_{ij}+b_{ij}\quad(i=1,2,\cdots,m;j=1,2,\cdots,n),$$

称 $m\times n$ 矩阵 $\boldsymbol{C}=(c_{ij})$ 为**矩阵 $\boldsymbol{A}$ 与矩阵 $\boldsymbol{B}$ 的和**，记作 $\boldsymbol{C}=\boldsymbol{A}+\boldsymbol{B}$.

定义 1.3(数乘运算)　称矩阵 $(ka_{ij})_{m\times n}$ 为**常数 k 与矩阵 $\boldsymbol{A}=(a_{ij})_{m\times n}$ 的乘积**，记作 $k\boldsymbol{A}$.

称 $(-1)\boldsymbol{A}$ 为矩阵 $\boldsymbol{A}$ 的**负矩阵**，记作 $-\boldsymbol{A}$. 规定**矩阵的减法**为

$$\boldsymbol{B}-\boldsymbol{A}=\boldsymbol{B}+(-\boldsymbol{A}).$$

所有元素均为 0 的矩阵称为**零矩阵**，记为 $\boldsymbol{O}$. 显然有

$$\boldsymbol{A}+\boldsymbol{O}=\boldsymbol{A},\quad \boldsymbol{A}+(-\boldsymbol{A})=\boldsymbol{O},\quad 0\boldsymbol{A}=\boldsymbol{O},\quad k\boldsymbol{O}=\boldsymbol{O}.$$

矩阵的加法运算与数乘运算统称为**矩阵的线性运算**，它们满足以下运算规律(设 $\boldsymbol{A},\boldsymbol{B},\boldsymbol{C}$ 为同型矩阵，k,l 为常数)：

(1) **交换律**　$\boldsymbol{A}+\boldsymbol{B}=\boldsymbol{B}+\boldsymbol{A}$;

(2) **结合律**　$(\boldsymbol{A}+\boldsymbol{B})+\boldsymbol{C}=\boldsymbol{A}+(\boldsymbol{B}+\boldsymbol{C}),(kl)\boldsymbol{A}=k(l\boldsymbol{A})$;

(3) **分配律**　$k(\boldsymbol{A}+\boldsymbol{B})=k\boldsymbol{A}+k\boldsymbol{B},(k+l)\boldsymbol{A}=k\boldsymbol{A}+l\boldsymbol{A}$.

四、矩阵的乘法运算

仔细地观察和分析式(1.4)，再加以推广，便可得出矩阵的乘法运算.

定义 1.4(乘法运算)　设 $m\times l$ 矩阵 $\boldsymbol{A}=(a_{ik})$，$l\times n$ 矩阵 $\boldsymbol{B}=(b_{kj})$，记

$$c_{ij}=\sum_{k=1}^{l}a_{ik}b_{kj}=a_{i1}b_{1j}+a_{i2}b_{2j}+\cdots+a_{il}b_{lj}\quad(i=1,2,\cdots,m;j=1,2,\cdots,n),$$

称 $m\times n$ 矩阵 $C=(c_{ij})$ 为**矩阵 A 与矩阵 B 的乘积**，记作 $C=AB$.

只有一行的矩阵称为**行矩阵**，为了避免元素间的混淆，行矩阵

$$(a_1\quad a_2\quad \cdots\quad a_n)$$

也记作

$$(a_1,a_2,\cdots,a_n),$$

可将它看作行向量. 只有一列的矩阵称为**列矩阵**，也可将它看作列向量. 按定义 1.4，特别地，若取矩阵 A 的第 i 行与矩阵 B 的第 j 列做乘积，则有

$$(a_{i1},a_{i2},\cdots,a_{il})\begin{pmatrix}b_{1j}\\b_{2j}\\\vdots\\b_{lj}\end{pmatrix}=a_{i1}b_{1j}+a_{i2}b_{2j}+\cdots+a_{il}b_{lj}.$$

由此表明，乘积 AB 的 (i,j) 元为 A 的第 i 行与 B 的第 j 列的乘积.

注 1.4 乘积 AB 存在时，要求 A 的列数与 B 的行数相等. 很可能 AB 有意义而 BA 却没有意义.

例 1.1.1 设矩阵

$$A=\begin{pmatrix}1&2&3\\-2&0&1\\3&4&-1\end{pmatrix},\quad B=\begin{pmatrix}6&4\\3&-5\\-7&8\end{pmatrix},$$

求 AB.

解 按矩阵的乘法运算，有

$$\begin{aligned}AB&=\begin{pmatrix}1&2&3\\-2&0&1\\3&4&-1\end{pmatrix}\begin{pmatrix}6&4\\3&-5\\-7&8\end{pmatrix}\\&=\begin{pmatrix}1\times6+2\times3+3\times(-7)&1\times4+2\times(-5)+3\times8\\-2\times6+0\times3+1\times(-7)&-2\times4+0\times(-5)+1\times8\\3\times6+4\times3+(-1)\times(-7)&3\times4+4\times(-5)+(-1)\times8\end{pmatrix}\\&=\begin{pmatrix}-9&18\\-19&0\\37&-16\end{pmatrix}.\end{aligned}$$

■

注 1.5 在本例中，BA 是没有意义的，故 BA 是不存在的.

在矩阵的乘法运算中，零矩阵 O 与数 0 有类似的性质. 显然有

$$O_{m\times l}A_{l\times n}=O_{m\times n},\quad A_{m\times l}O_{l\times n}=O_{m\times n}.$$

注 1.6 上式中，零矩阵 O 的行数和列数要满足矩阵乘法的规定.

线性变换

$$\begin{cases}y_1=x_1,\\y_2=x_2,\\\quad\cdots\cdots\\y_n=x_n\end{cases}$$

称为**恒等变换**，它的系数矩阵

$$I=\begin{pmatrix}1&0&\cdots&0\\0&1&\cdots&0\\\vdots&\vdots&&\vdots\\0&0&\cdots&1\end{pmatrix}$$

称为**单位矩阵**，单位矩阵也记作 $\boldsymbol{E}$. 在矩阵的乘法运算中，单位矩阵 $\boldsymbol{I}$ 与数 1 有类似的性质. 容易验证

$$\boldsymbol{I}_m\boldsymbol{A}_{m\times n}=\boldsymbol{A}_{m\times n},\quad \boldsymbol{A}_{m\times n}\boldsymbol{I}_n=\boldsymbol{A}_{m\times n}.$$

注 1.7　上式中，单位矩阵 $\boldsymbol{I}$ 的阶数要满足矩阵乘法的规定.

例 1.1.2　设矩阵

$$\boldsymbol{A}=\begin{pmatrix}1&2\\3&6\end{pmatrix},\quad \boldsymbol{B}=\begin{pmatrix}2&-4\\-1&2\end{pmatrix},$$

求 $\boldsymbol{AB}$ 和 $\boldsymbol{BA}$.

解　按矩阵的乘法运算，有

$$\boldsymbol{AB}=\begin{pmatrix}1\times2+2\times(-1)&1\times(-4)+2\times2\\3\times2+6\times(-1)&3\times(-4)+6\times2\end{pmatrix}=\begin{pmatrix}0&0\\0&0\end{pmatrix},$$

$$\boldsymbol{BA}=\begin{pmatrix}2\times1+(-4)\times3&2\times2+(-4)\times6\\(-1)\times1+2\times3&(-1)\times2+2\times6\end{pmatrix}=\begin{pmatrix}-10&-20\\5&10\end{pmatrix}.$$ ■

例 1.1.2 表明，矩阵的乘法不满足交换律. 一般称 $\boldsymbol{AB}$ 为 $\boldsymbol{A}$ **左乘** $\boldsymbol{B}$ 或 $\boldsymbol{B}$ **右乘** $\boldsymbol{A}$.

例 1.1.2 也表明，由 $\boldsymbol{AB}=\boldsymbol{O}$ 不能断言 $\boldsymbol{A}=\boldsymbol{O}$ 或 $\boldsymbol{B}=\boldsymbol{O}$. 由此可知，矩阵的乘法不满足消去律，即若 $\boldsymbol{A}\neq\boldsymbol{O}$，而 $\boldsymbol{AX}=\boldsymbol{AY}$，也不能断言 $\boldsymbol{X}=\boldsymbol{Y}$.

注 1.8　若两矩阵相乘有 $\boldsymbol{AB}=\boldsymbol{BA}$，则称 $\boldsymbol{A}$ 与 $\boldsymbol{B}$ **可交换**.

矩阵的乘法虽不满足交换律和消去律，但仍满足结合律和分配律（假设以下有关运算均可行，k 为常数）：

(1) **结合律**　$(\boldsymbol{AB})\boldsymbol{C}=\boldsymbol{A}(\boldsymbol{BC})$；

(2) **分配律**　$\boldsymbol{A}(\boldsymbol{B}+\boldsymbol{C})=\boldsymbol{AB}+\boldsymbol{AC}$，$(\boldsymbol{A}+\boldsymbol{B})\boldsymbol{C}=\boldsymbol{AC}+\boldsymbol{BC}$；

(3) $k(\boldsymbol{AB})=(k\boldsymbol{A})\boldsymbol{B}=\boldsymbol{A}(k\boldsymbol{B})$.

五、线性变换与线性方程组的矩阵表示

利用矩阵的乘法，线性变换(1.1)可记作 $\boldsymbol{y}=\boldsymbol{Ax}$，其中

$$\boldsymbol{y}=\begin{pmatrix}y_1\\y_2\\\vdots\\y_m\end{pmatrix},\quad \boldsymbol{A}=\begin{pmatrix}a_{11}&a_{12}&\cdots&a_{1n}\\a_{21}&a_{22}&\cdots&a_{2n}\\\vdots&\vdots&&\vdots\\a_{m1}&a_{m2}&\cdots&a_{mn}\end{pmatrix},\quad \boldsymbol{x}=\begin{pmatrix}x_1\\x_2\\\vdots\\x_n\end{pmatrix}.$$

例 1.1.3　已知两个线性变换

$$\begin{cases}z_1=2y_1-y_2-3y_3,\\z_2=\qquad\ y_2+2y_3,\\z_3=\qquad\quad -y_3,\end{cases}\qquad \begin{cases}y_1=\qquad 3x_2-x_3,\\y_2=x_1\qquad\ +x_3,\\y_3=\qquad 3x_2,\end{cases}$$

求从变元 x_1,x_2,x_3 到变元 z_1,z_2,z_3 的线性变换.

解 将线性变换写成矩阵形式,并计算两个系数矩阵的乘积,有

$$\begin{pmatrix}z_1\\z_2\\z_3\end{pmatrix}=\begin{pmatrix}2&-1&-3\\0&1&2\\0&0&-1\end{pmatrix}\begin{pmatrix}y_1\\y_2\\y_3\end{pmatrix}=\begin{pmatrix}2&-1&-3\\0&1&2\\0&0&-1\end{pmatrix}\begin{pmatrix}0&3&-1\\1&0&1\\0&3&0\end{pmatrix}\begin{pmatrix}x_1\\x_2\\x_3\end{pmatrix}$$
$$=\begin{pmatrix}-1&-3&-3\\1&6&1\\0&-3&0\end{pmatrix}\begin{pmatrix}x_1\\x_2\\x_3\end{pmatrix}.$$

故所求线性变换为

$$\begin{cases}z_1=-x_1-3x_2-3x_3,\\z_2=x_1+6x_2+x_3,\\z_3=-3x_2.\end{cases}$$ ■

设线性方程组

$$\begin{cases}a_{11}x_1+a_{12}x_2+\cdots+a_{1n}x_n=b_1,\\a_{21}x_1+a_{22}x_2+\cdots+a_{2n}x_n=b_2,\\\qquad\cdots\cdots\\a_{m1}x_1+a_{m2}x_2+\cdots+a_{mn}x_n=b_m,\end{cases}\tag{1.5}$$

利用矩阵的乘法,线性方程组(1.5) 可记作 $\boldsymbol{Ax}=\boldsymbol{b}$,其中

$$\boldsymbol{A}=\begin{pmatrix}a_{11}&a_{12}&\cdots&a_{1n}\\a_{21}&a_{22}&\cdots&a_{2n}\\\vdots&\vdots&&\vdots\\a_{m1}&a_{m2}&\cdots&a_{mn}\end{pmatrix},\quad\boldsymbol{x}=\begin{pmatrix}x_1\\x_2\\\vdots\\x_n\end{pmatrix},\quad\boldsymbol{b}=\begin{pmatrix}b_1\\b_2\\\vdots\\b_m\end{pmatrix}.$$

称矩阵 $\boldsymbol{A}$ 为线性方程组(1.5) 的**系数矩阵**,而称矩阵

$$(\boldsymbol{A},\boldsymbol{b})=\left(\begin{array}{cccc:c}a_{11}&a_{12}&\cdots&a_{1n}&b_1\\a_{21}&a_{22}&\cdots&a_{2n}&b_2\\\vdots&\vdots&&\vdots&\vdots\\a_{m1}&a_{m2}&\cdots&a_{mn}&b_m\end{array}\right)$$

为线性方程组(1.5) 的**增广矩阵**. 在不考虑未知元所用字母及其具体意义时,线性方程组与其增广矩阵一一对应. 当常数项 $b_1,b_2,\cdots,b_m$ 全为 0 时,称线性方程组(1.5) 为**齐次线性方程组**;否则,称为**非齐次线性方程组**.

六、方阵的幂与多项式

设 $\boldsymbol{A}$ 是方阵,称由 n(n 为正整数)个 $\boldsymbol{A}$ 组成的乘积 $\underbrace{\boldsymbol{AA}\cdots\boldsymbol{A}}_{n\text{个}\boldsymbol{A}}$ 为**方阵 $\boldsymbol{A}$ 的 n 次幂**,记作 $\boldsymbol{A}^n$. 规定 $\boldsymbol{A}^0=\boldsymbol{I}$.

方阵的幂具有如下性质(m,n 为正整数,k 为常数):

(1) $\boldsymbol{A}^m\boldsymbol{A}^n=\boldsymbol{A}^{m+n}$;

(2) $(\boldsymbol{A}^m)^n=\boldsymbol{A}^{mn}$;

(3) $(k\boldsymbol{A})^n=k^n\boldsymbol{A}^n$.

设多项式 $f(x)=a_nx^n+\cdots+a_1x+a_0$，对于方阵 $\boldsymbol{A}$，记

$$f(\boldsymbol{A})=a_n\boldsymbol{A}^n+\cdots+a_1\boldsymbol{A}+a_0\boldsymbol{I},$$

称 $f(\boldsymbol{A})$ 为**方阵 $\boldsymbol{A}$ 的多项式.**

例 1.1.4 设矩阵

$$\boldsymbol{A}=\begin{pmatrix}2&1\\1&-2\end{pmatrix},$$

求$\boldsymbol{A}^{2n+1}$.

解 先计算低次幂，从中观察规律性，再计算高次幂. 因为

$$\boldsymbol{A}^2=\begin{pmatrix}2&1\\1&-2\end{pmatrix}\begin{pmatrix}2&1\\1&-2\end{pmatrix}=\begin{pmatrix}5&0\\0&5\end{pmatrix}=5\boldsymbol{I},$$

所以

$$\boldsymbol{A}^{2n}=(\boldsymbol{A}^2)^n=(5\boldsymbol{I})^n=5^n\boldsymbol{I}^n=5^n\boldsymbol{I},$$

$$\boldsymbol{A}^{2n+1}=\boldsymbol{A}^{2n}\boldsymbol{A}=5^n\boldsymbol{A}=\begin{pmatrix}2\times5^n&5^n\\5^n&-2\times5^n\end{pmatrix}.$$ ■

例 1.1.5 设矩阵

$$\boldsymbol{A}=\begin{pmatrix}a&b\\0&a\end{pmatrix},$$

求$\boldsymbol{A}^n$.

解 先计算低次幂，从中观察规律性，再计算高次幂. 因为

$$\boldsymbol{A}^2=\begin{pmatrix}a&b\\0&a\end{pmatrix}\begin{pmatrix}a&b\\0&a\end{pmatrix}=\begin{pmatrix}a^2&2ab\\0&a^2\end{pmatrix},$$

$$\boldsymbol{A}^3=\boldsymbol{A}^2\boldsymbol{A}=\begin{pmatrix}a^2&2ab\\0&a^2\end{pmatrix}\begin{pmatrix}a&b\\0&a\end{pmatrix}=\begin{pmatrix}a^3&3a^2b\\0&a^3\end{pmatrix},$$

假设

$$\boldsymbol{A}^k=\begin{pmatrix}a^k&ka^{k-1}b\\0&a^k\end{pmatrix},$$

则

$$\boldsymbol{A}^{k+1}=\boldsymbol{A}^k\boldsymbol{A}=\begin{pmatrix}a^k&ka^{k-1}b\\0&a^k\end{pmatrix}\begin{pmatrix}a&b\\0&a\end{pmatrix}=\begin{pmatrix}a^{k+1}&(k+1)a^kb\\0&a^{k+1}\end{pmatrix},$$

所以

$$\boldsymbol{A}^n=\begin{pmatrix}a^n&na^{n-1}b\\0&a^n\end{pmatrix}.$$ ■

例 1.1.6 设多项式 $f(x)=x^2-x-2$，$g(x)=x^{10}+x^9$，矩阵

$$\boldsymbol{A}=\begin{pmatrix}4&-2\\5&-3\end{pmatrix},$$

求 $f(\boldsymbol{A})$ 和 $g(\boldsymbol{A})$.

解 先求 $f(\boldsymbol{A})$：

$$f(\boldsymbol{A})=\boldsymbol{A}^2-\boldsymbol{A}-2\boldsymbol{I}=\begin{pmatrix}6&-2\\5&-1\end{pmatrix}-\begin{pmatrix}4&-2\\5&-3\end{pmatrix}-\begin{pmatrix}2&0\\0&2\end{pmatrix}=\boldsymbol{O}.$$

因为 $f(\boldsymbol{A})=\boldsymbol{O}$,所以在求 $g(\boldsymbol{A})$ 时,可以利用待定分解式

$$g(x)=f(x)h(x)+ax+b$$

将 $g(\boldsymbol{A})$ 化为 $a\boldsymbol{A}+b\boldsymbol{I}$ 的形式来计算.因为

$$\begin{aligned}g(x)&=x^{10}+x^9=(x+1)x^9=(x+1)(x^9-2^9)+2^9(x+1)\\&=f(x)\sum_{n=0}^{8}2^nx^{8-n}+2^9(x+1),\end{aligned}$$

所以

$$g(\boldsymbol{A})=2^9(\boldsymbol{A}+\boldsymbol{I})=2^9\begin{pmatrix}5&-2\\5&-2\end{pmatrix}=\begin{pmatrix}2\,560&-1\,024\\2\,560&-1\,024\end{pmatrix}.$$ ■

例 1.1.7 设 $\boldsymbol{A},\boldsymbol{B}$ 为 n 阶方阵,试证:

$$\boldsymbol{A}^2-\boldsymbol{B}^2=(\boldsymbol{A}-\boldsymbol{B})(\boldsymbol{A}+\boldsymbol{B})$$

的充要条件是 $\boldsymbol{AB}=\boldsymbol{BA}$.

证明 直接计算,有

$$(\boldsymbol{A}-\boldsymbol{B})(\boldsymbol{A}+\boldsymbol{B})=\boldsymbol{A}^2+\boldsymbol{AB}-\boldsymbol{BA}-\boldsymbol{B}^2.$$

由此可知,当且仅当 $\boldsymbol{AB}=\boldsymbol{BA}$ 时,等式

$$\boldsymbol{A}^2-\boldsymbol{B}^2=(\boldsymbol{A}-\boldsymbol{B})(\boldsymbol{A}+\boldsymbol{B})$$

成立. ■

注 1.9 当方阵 $\boldsymbol{A}$ 与 $\boldsymbol{B}$ 可交换时,相应于数的幂运算的三个已知公式,方阵的幂同样有以下三个公式成立:

(1) $(\boldsymbol{AB})^n=\boldsymbol{A}^n\boldsymbol{B}^n$;

(2) $\boldsymbol{A}^n-\boldsymbol{B}^n=(\boldsymbol{A}-\boldsymbol{B})\sum\limits_{r=0}^{n-1}\boldsymbol{A}^{n-1-r}\boldsymbol{B}^r$;

(3) $(\boldsymbol{A}+\boldsymbol{B})^n=\sum\limits_{r=0}^{n}\mathrm{C}_n^r\boldsymbol{A}^{n-r}\boldsymbol{B}^r$,其中 C_n^r 为组合数.

例 1.1.8 设矩阵

$$\boldsymbol{A}=\begin{pmatrix}a&1&0\\0&a&1\\0&0&a\end{pmatrix},$$

求$\boldsymbol{A}^n$.

解 矩阵 $\boldsymbol{A}$ 可写成 $\boldsymbol{A}=a\boldsymbol{I}+\boldsymbol{B}$,其中

$$\boldsymbol{B}=\begin{pmatrix}0&1&0\\0&0&1\\0&0&0\end{pmatrix}.$$

对于矩阵 $\boldsymbol{B}$,有

$$\boldsymbol{B}^2=\begin{pmatrix}0&0&1\\0&0&0\\0&0&0\end{pmatrix},\quad \boldsymbol{B}^3=\begin{pmatrix}0&0&0\\0&0&0\\0&0&0\end{pmatrix},\quad \boldsymbol{B}^r=\boldsymbol{O}\quad(r>3).$$

因为$(a\boldsymbol{I})\boldsymbol{B}=\boldsymbol{B}(a\boldsymbol{I})=a\boldsymbol{B}$,所以 $a\boldsymbol{I}$ 与 $\boldsymbol{B}$ 可交换.于是,有

$$\boldsymbol{A}^n=(a\boldsymbol{I}+\boldsymbol{B})^n=\sum_{r=0}^{n}\mathrm{C}_n^r(a\boldsymbol{I})^{n-r}\boldsymbol{B}^r=a^n\boldsymbol{I}+na^{n-1}\boldsymbol{B}+\frac{n(n-1)}{2}a^{n-2}\boldsymbol{B}^2$$

$$=\begin{pmatrix} a^n & na^{n-1} & \frac{n(n-1)}{2}a^{n-2} \\ 0 & a^n & na^{n-1} \\ 0 & 0 & a^n \end{pmatrix}.$$ ■

注 1.10　在研究方阵的相似标准形[若尔当(Jordan)标准形]问题时,若尔当块

$$\begin{pmatrix} \lambda & 1 & & \\ & \lambda & \ddots & \\ & & \ddots & 1 \\ & & & \lambda \end{pmatrix} \quad (\text{空白处元素全为 } 0)$$

十分有用.利用本例的计算方法,可以方便地计算若尔当块的幂.但应注意,本例的计算方法并不能直接用于求任意方阵的幂.一般而言,求方阵的幂,应先计算低次幂,观察其是否有规律,当有规律可循时,再归纳推算高次幂;当无规律可循时,可以利用方阵的若尔当标准形来计算.关于方阵的若尔当标准形问题,我们在第四章中会介绍一种特殊情形,那就是方阵的相似对角化问题.

七、矩阵的转置运算

定义 1.5　把矩阵 $\boldsymbol{A}$ 的各行作为相同序号的列,形成一个新的矩阵,称之为矩阵 $\boldsymbol{A}$ 的**转置矩阵**,记作 $\boldsymbol{A}^{\mathrm{T}}$(或 $\boldsymbol{A}'$).

例如,设矩阵

$$\boldsymbol{A}=\begin{pmatrix} 8 & 1 & 6 \\ 3 & 5 & 7 \\ 4 & 9 & 2 \end{pmatrix},$$

则 $\boldsymbol{A}$ 的转置矩阵为

$$\boldsymbol{A}^{\mathrm{T}}=\begin{pmatrix} 8 & 3 & 4 \\ 1 & 5 & 9 \\ 6 & 7 & 2 \end{pmatrix}.$$

由定义 1.5 易知,$n\times m$ 矩阵 $\boldsymbol{B}=(b_{ji})$ 为 $m\times n$ 矩阵 $\boldsymbol{A}=(a_{ij})$ 的转置矩阵的充要条件是

$$b_{ji}=a_{ij}\quad (i=1,2,\cdots,m;j=1,2,\cdots,n).$$

矩阵的转置运算具有如下性质(假设以下有关运算均可行,k 为常数):

(1) $(\boldsymbol{A}^{\mathrm{T}})^{\mathrm{T}}=\boldsymbol{A}$;

(2) $(\boldsymbol{A}+\boldsymbol{B})^{\mathrm{T}}=\boldsymbol{A}^{\mathrm{T}}+\boldsymbol{B}^{\mathrm{T}}$;

(3) $(k\boldsymbol{A})^{\mathrm{T}}=k\boldsymbol{A}^{\mathrm{T}}$;

(4) $(\boldsymbol{AB})^{\mathrm{T}}=\boldsymbol{B}^{\mathrm{T}}\boldsymbol{A}^{\mathrm{T}}$.

性质(1),(2),(3)是明显的,这里仅证明性质(4).

证明　设 $\boldsymbol{A}=(a_{ik})$ 为 $m\times l$ 矩阵,$\boldsymbol{B}=(b_{kj})$ 为 $l\times n$ 矩阵,记

$$\boldsymbol{AB}=\boldsymbol{C}=(c_{ij}),\quad \boldsymbol{B}^{\mathrm{T}}\boldsymbol{A}^{\mathrm{T}}=\boldsymbol{D}=(d_{ji}),$$

由矩阵的乘法运算可知,

$$c_{ij}=a_{i1}b_{1j}+a_{i2}b_{2j}+\cdots+a_{il}b_{lj}\quad(i=1,2,\cdots,m;j=1,2,\cdots,n),$$

$$d_{ji}=b_{1j}a_{i1}+b_{2j}a_{i2}+\cdots+b_{lj}a_{il}\quad(i=1,2,\cdots,m;j=1,2,\cdots,n).$$

可见

$$d_{ji}=c_{ij}\quad(i=1,2,\cdots,m;j=1,2,\cdots,n),$$

从而 $\boldsymbol{D}=\boldsymbol{C}^{\mathrm{T}}$，即 $\boldsymbol{B}^{\mathrm{T}}\boldsymbol{A}^{\mathrm{T}}=(\boldsymbol{AB})^{\mathrm{T}}$. ■

定义 1.6 设 $\boldsymbol{A}$ 为方阵. 如果 $\boldsymbol{A}^{\mathrm{T}}=\boldsymbol{A}$，那么称 $\boldsymbol{A}$ 为**对称矩阵**.

例如，矩阵

$$\boldsymbol{A}=\begin{pmatrix}2&1\\1&-2\end{pmatrix}$$

对称矩阵

就是一个对称矩阵.

例 1.1.9 设 $\boldsymbol{x}=(x_1,x_2,x_3)^{\mathrm{T}}$，对称矩阵

$$\boldsymbol{A}=\begin{pmatrix}a&d&e\\d&b&f\\e&f&c\end{pmatrix},$$

求 $\boldsymbol{x}^{\mathrm{T}}\boldsymbol{A}\boldsymbol{x}$.

解 根据矩阵的乘法运算，有

$$\begin{aligned}\boldsymbol{x}^{\mathrm{T}}\boldsymbol{A}\boldsymbol{x}&=(x_1,x_2,x_3)\begin{pmatrix}a&d&e\\d&b&f\\e&f&c\end{pmatrix}\begin{pmatrix}x_1\\x_2\\x_3\end{pmatrix}=(x_1,x_2,x_3)\begin{pmatrix}ax_1+dx_2+ex_3\\dx_1+bx_2+fx_3\\ex_1+fx_2+cx_3\end{pmatrix}\\&=x_1(ax_1+dx_2+ex_3)+x_2(dx_1+bx_2+fx_3)+x_3(ex_1+fx_2+cx_3)\\&=ax_1^2+bx_2^2+cx_3^2+2dx_1x_2+2ex_1x_3+2fx_2x_3.\end{aligned}$$ ■

上述计算结果是变元 x_1,x_2,x_3 的一个二次齐次多项式，在线性代数中，称为变元 x_1,x_2,x_3 的二次型. 二次型与对称矩阵紧密相连，相关内容将在第四章中做进一步介绍.

习题 1-1

1. 已知两个线性变换：

$$\begin{cases}x_1=2y_1+y_2,\\x_2=-2y_1+3y_2+2y_3,\\x_3=4y_1+y_2+5y_3,\end{cases}\qquad\begin{cases}y_1=-3z_1+z_2,\\y_2=2z_1+z_3,\\y_3=-z_2+3z_3,\end{cases}$$

求从变元 z_1,z_2,z_3 到变元 x_1,x_2,x_3 的线性变换.

2. 设矩阵 $\boldsymbol{A}=\begin{pmatrix}1&3\\5&7\end{pmatrix}$，$\boldsymbol{B}=\begin{pmatrix}3&4\\7&9\end{pmatrix}$，$\boldsymbol{C}=3\boldsymbol{A}-2\boldsymbol{B}$，求 $\boldsymbol{C}^{2n+1}$.

3. 设 $\boldsymbol{a}=(1,2,3)$，$\boldsymbol{A}=\boldsymbol{a}^{\mathrm{T}}\boldsymbol{a}$，求 $\boldsymbol{A}^n$.

4. 设矩阵 $\boldsymbol{A}=\begin{pmatrix} a & 1 & 0 & 0 \\ 0 & a & 1 & 0 \\ 0 & 0 & a & 1 \\ 0 & 0 & 0 & a \end{pmatrix}$，求 $\boldsymbol{A}^n$.

5. 求与矩阵 $\boldsymbol{A}=\begin{pmatrix} 1 & 1 \\ 0 & 1 \end{pmatrix}$ 可交换的所有矩阵.

6. 设矩阵 $\boldsymbol{A}=\begin{pmatrix} 2 & 1 \\ 1 & 2 \end{pmatrix}$，多项式 $f(x)=x^2-4x+3, g(x)=x^9-x^8$，求 $f(\boldsymbol{A})$ 和 $g(\boldsymbol{A})$.

7. 设 $\boldsymbol{A},\boldsymbol{B}$ 为 n 阶对称矩阵，证明：$\boldsymbol{AB}$ 为对称矩阵的充要条件是 $\boldsymbol{AB}=\boldsymbol{BA}$.

8. 举反例说明下列命题是错误的：

(1) 若 $\boldsymbol{A}^2=\boldsymbol{O}$，则 $\boldsymbol{A}=\boldsymbol{O}$；

(2) 若 $\boldsymbol{A}^2=\boldsymbol{A}$，则 $\boldsymbol{A}=\boldsymbol{O}$ 或 $\boldsymbol{A}=\boldsymbol{I}$；

(3) 若 $\boldsymbol{AX}=\boldsymbol{AY}$，且 $\boldsymbol{A}\neq\boldsymbol{O}$，则 $\boldsymbol{X}=\boldsymbol{Y}$.

幂零矩阵　幂等矩阵

第二节　行　列　式

一、二元线性方程组与二阶行列式

用消元法解二元线性方程组

$$\begin{cases} a_{11}x_1+a_{12}x_2=b_1, & ① \\ a_{21}x_1+a_{22}x_2=b_2. & ② \end{cases} \tag{1.6}$$

$①\times a_{22}-②\times a_{12}$，消去 x_2，得

$$(a_{11}a_{22}-a_{12}a_{21})x_1=b_1a_{22}-a_{12}b_2;$$

$②\times a_{11}-①\times a_{21}$，消去 x_1，得

$$(a_{11}a_{22}-a_{12}a_{21})x_2=a_{11}b_2-b_1a_{21}.$$

因此，当 $a_{11}a_{22}-a_{12}a_{21}\neq 0$ 时，方程组(1.6) 的解为

$$x_1=\frac{b_1a_{22}-a_{12}b_2}{a_{11}a_{22}-a_{12}a_{21}},\quad x_2=\frac{a_{11}b_2-b_1a_{21}}{a_{11}a_{22}-a_{12}a_{21}}. \tag{1.7}$$

为了方便表述，引入一个特定记号

$$\begin{vmatrix} a_{11} & a_{12} \\ a_{21} & a_{22} \end{vmatrix}$$

来表示数 $a_{11}a_{22}-a_{12}a_{21}$，即定义

$$\begin{vmatrix} a_{11} & a_{12} \\ a_{21} & a_{22} \end{vmatrix}=a_{11}a_{22}-a_{12}a_{21},$$

并称之为一个**二阶行列式**. 利用二阶行列式，方程组(1.6) 的解(1.7) 可以表示为

$$x_1=\frac{D_1}{D},\quad x_2=\frac{D_2}{D},\tag{1.8}$$

其中

$$D=\begin{vmatrix}a_{11}&a_{12}\\a_{21}&a_{22}\end{vmatrix}\neq 0,\quad D_1=\begin{vmatrix}b_1&a_{12}\\b_2&a_{22}\end{vmatrix},\quad D_2=\begin{vmatrix}a_{11}&b_1\\a_{21}&b_2\end{vmatrix}.$$

注 1.11 含有 m 个方程和 n 个未知元的线性方程组,简称 $m\times n$ **线性方程组**. 引入行列式的目的是利用它来表述 $n\times n$ 线性方程组的求解公式,即著名的克拉默(Cramer)法则. 这个法则将在本章第三节中给出并予以证明.

二、三元线性方程组与三阶行列式

二阶行列式过于简单,不利于推广. 下面我们推导三元线性方程组的求解公式,从中更深入地观察和分析求解公式,了解三阶行列式是如何定义的.

用消元法解三元线性方程组

$$\begin{cases}a_{11}x_1+a_{12}x_2+a_{13}x_3=b_1, & ①\\a_{21}x_1+a_{22}x_2+a_{23}x_3=b_2, & ②\\a_{31}x_1+a_{32}x_2+a_{33}x_3=b_3. & ③\end{cases}\tag{1.9}$$

②$\times a_{33}-$③$\times a_{23}$,消去 x_3,得

$$(a_{21}a_{33}-a_{23}a_{31})x_1+(a_{22}a_{33}-a_{23}a_{32})x_2=b_2a_{33}-a_{23}b_3;\quad ④$$

②$\times a_{32}-$③$\times a_{22}$,消去 x_2,得

$$(a_{21}a_{32}-a_{22}a_{31})x_1+(a_{23}a_{32}-a_{22}a_{33})x_3=b_2a_{32}-a_{22}b_3;\quad ⑤$$

①$\times(a_{22}a_{33}-a_{23}a_{32})-$④$\times a_{12}+$⑤$\times a_{13}$,同时消去 x_2,x_3,得

$$\begin{aligned}&[a_{11}(a_{22}a_{33}-a_{23}a_{32})-a_{12}(a_{21}a_{33}-a_{23}a_{31})+a_{13}(a_{21}a_{32}-a_{22}a_{31})]x_1\\&=b_1(a_{22}a_{33}-a_{23}a_{32})-a_{12}(b_2a_{33}-a_{23}b_3)+a_{13}(b_2a_{32}-a_{22}b_3).\quad ⑥\end{aligned}$$

通过观察和分析方程⑥,我们发现,如果将未知元 x_1 的系数表示式中的 a_{11},a_{21},a_{31} 分别用 b_1,b_2,b_3 替换,就得到常数项的表示式. 因此,如果用三阶行列式

$$\begin{vmatrix}a_{11}&a_{12}&a_{13}\\a_{21}&a_{22}&a_{23}\\a_{31}&a_{32}&a_{33}\end{vmatrix}$$

表示方程⑥中未知元 x_1 的系数,即三阶行列式的定义式为

$$D=\begin{vmatrix}a_{11}&a_{12}&a_{13}\\a_{21}&a_{22}&a_{23}\\a_{31}&a_{32}&a_{33}\end{vmatrix}=a_{11}M_{11}-a_{12}M_{12}+a_{13}M_{13},\tag{1.10}$$

其中

$$M_{11}=\begin{vmatrix}a_{22}&a_{23}\\a_{32}&a_{33}\end{vmatrix},\quad M_{12}=\begin{vmatrix}a_{21}&a_{23}\\a_{31}&a_{33}\end{vmatrix},\quad M_{13}=\begin{vmatrix}a_{21}&a_{22}\\a_{31}&a_{32}\end{vmatrix},$$

那么方程⑥中的常数项就表示为

$$D_1=\begin{vmatrix}b_1&a_{12}&a_{13}\\b_2&a_{22}&a_{23}\\b_3&a_{32}&a_{33}\end{vmatrix}.$$

这样，方程 ⑥ 就改写为

$$Dx_1 = D_1. \quad ⑦$$

我们称三阶行列式 D 为三元线性方程组(1.9)的**系数行列式**.

同样，用消元法可以推导出与方程 ⑦ 类似的两个方程

$$Dx_2 = D_2, \quad ⑧$$

$$Dx_3 = D_3, \quad ⑨$$

其中

$$D_2 = \begin{vmatrix} a_{11} & b_1 & a_{13} \\ a_{21} & b_2 & a_{23} \\ a_{31} & b_3 & a_{33} \end{vmatrix}, \quad D_3 = \begin{vmatrix} a_{11} & a_{12} & b_1 \\ a_{21} & a_{22} & b_2 \\ a_{31} & a_{32} & b_3 \end{vmatrix}.$$

因此，当系数行列式 $D \neq 0$ 时，由方程 ⑦,⑧,⑨，得到三元线性方程组(1.9)的求解公式为

$$x_1 = \frac{D_1}{D}, \quad x_2 = \frac{D_2}{D}, \quad x_3 = \frac{D_3}{D}. \tag{1.11}$$

注 1.12　通过观察和分析式(1.8)与式(1.11)，发现它们的表述形式完全类似. 一旦清楚 D_j 是如何从 D 变换出来的，我们就能够借助行列式的形式来表述方程组的解(克拉默法则). 但问题并没有彻底解决，我们还需要确定高阶行列式的定义式，并了解其性质. 只有利用高阶行列式的性质，才能相对容易地证明克拉默法则.

下面介绍三阶行列式按行、列展开的性质，由此加以推广，就可得到 n 阶行列式的定义式及其性质.

回顾三阶行列式的定义式

$$D = \begin{vmatrix} a_{11} & a_{12} & a_{13} \\ a_{21} & a_{22} & a_{23} \\ a_{31} & a_{32} & a_{33} \end{vmatrix} = a_{11}M_{11} - a_{12}M_{12} + a_{13}M_{13},$$

自然地，我们就会引入如下概念.

在三阶行列式(或相应的三阶方阵)中，把元素 a_{ij} 所在的第 i 行和第 j 列删去后，留下来的二阶行列式称为元素 a_{ij} 的**余子式**，记作 M_{ij}.

将三阶行列式完全展开，得

$$D = a_{11}a_{22}a_{33} + a_{12}a_{23}a_{31} + a_{13}a_{21}a_{32} - a_{11}a_{23}a_{32} - a_{12}a_{21}a_{33} - a_{13}a_{22}a_{31}.$$

利用这个完全展开式，可直接验证三阶行列式的定义式也可写成

$$D = \begin{vmatrix} a_{11} & a_{12} & a_{13} \\ a_{21} & a_{22} & a_{23} \\ a_{31} & a_{32} & a_{33} \end{vmatrix} = -a_{21}M_{21} + a_{22}M_{22} - a_{23}M_{23} \tag{1.12}$$

或

$$D = \begin{vmatrix} a_{11} & a_{12} & a_{13} \\ a_{21} & a_{22} & a_{23} \\ a_{31} & a_{32} & a_{33} \end{vmatrix} = a_{31}M_{31} - a_{32}M_{32} + a_{33}M_{33}. \tag{1.13}$$

记 $A_{ij} = (-1)^{i+j}M_{ij}$，称 A_{ij} 为元素 a_{ij} 的**代数余子式**. 利用代数余子式，三阶行列式的定

义式(1.10) 以及式(1.12) 与式(1.13) 可统一写成

$$D = a_{i1}A_{i1} + a_{i2}A_{i2} + a_{i3}A_{i3} \quad (i = 1,2,3). \tag{1.14}$$

我们称这一结果为**三阶行列式 D 按第 i 行展开**. 类似地,三阶行列式 D 也可按第 j 列展开,有

$$D = a_{1j}A_{1j} + a_{2j}A_{2j} + a_{3j}A_{3j} \quad (j = 1,2,3). \tag{1.15}$$

三、n 阶行列式的定义

类似于三阶行列式,若 $n-1$ 阶行列式已定义,我们就可以定义 n 阶方阵的余子式和代数余子式. 利用代数余子式将三阶行列式的定义式(1.10) 加以推广,就可以得到 n 阶行列式的定义式.

定义 1.7 对于 n 阶方阵 $\boldsymbol{A} = (a_{ij})$,删去其第 i 行和第 j 列后而得到的 $n-1$ 阶方阵对应着一个 $n-1$ 阶行列式,称此行列式为元素 a_{ij} 的**余子式**,记作 M_{ij},并称 $(-1)^{i+j}M_{ij}$ 为元素 a_{ij} 的**代数余子式**,记作 A_{ij}.

注 1.13 二阶方阵的余子式是一个一阶行列式,规定其值就是其元素之值. 为了与数 a 的绝对值不混淆,以数 a 为元素的一阶行列式就用 a 表示.

定义 1.8 对于 n 阶方阵 $\boldsymbol{A} = (a_{ij})$,设 A_{ij} 为元素 a_{ij} 的代数余子式,记

$$\det\boldsymbol{A} = \sum_{j=1}^{n} a_{1j}A_{1j} = a_{11}A_{11} + a_{12}A_{12} + \cdots + a_{1n}A_{1n},$$

称 $\det\boldsymbol{A}$ 为**方阵 $\boldsymbol{A}$ 的行列式**.

注 1.14 只有方阵才可以定义其行列式. 方阵的行列式是一个具体的数值.

n 阶方阵 $\boldsymbol{A} = (a_{ij})$ 的行列式也记作 $|\boldsymbol{A}|$,而在具体计算时,记作

$$D = \begin{vmatrix} a_{11} & a_{12} & \cdots & a_{1n} \\ a_{21} & a_{22} & \cdots & a_{2n} \\ \vdots & \vdots & & \vdots \\ a_{n1} & a_{n2} & \cdots & a_{nn} \end{vmatrix}$$

行列式的来源及应用

更直观有用,此时称 D 为一个 **n 阶行列式**.

注 1.15 行列式也可以利用排列给出定义,参见附录 A.

用数学归纳法可以证明,n 阶行列式 D 是一个和式,其完全展开后共有 $n!$ 项,每一项由 D 中不同行、不同列的 n 个元素的乘积构成,带有确定的正负号(确定正负号,参见附录 A).

式(1.14) 和式(1.15) 可以类似推广到 n 阶行列式.

定理 1.1 设 $\boldsymbol{A} = (a_{ij})$ 为 n 阶方阵,A_{ij} 为元素 a_{ij} 的代数余子式,则

$$|\boldsymbol{A}| = \sum_{j=1}^{n} a_{ij}A_{ij} = a_{i1}A_{i1} + a_{i2}A_{i2} + \cdots + a_{in}A_{in} \quad (i = 1,2,\cdots,n)$$

或

$$|\boldsymbol{A}| = \sum_{i=1}^{n} a_{ij}A_{ij} = a_{1j}A_{1j} + a_{2j}A_{2j} + \cdots + a_{nj}A_{nj} \quad (j = 1,2,\cdots,n).$$

也就是说,行列式等于它的任一行(或列) 的元素与其对应的代数余子式乘积之和.

* **证明**　这里仅证

$$|\boldsymbol{A}|=\sum_{i=1}^{n}a_{i1}A_{i1}=a_{11}A_{11}+a_{21}A_{21}+\cdots+a_{n1}A_{n1}, \tag{1.16}$$

其余等式可运用类似的方法得到证明.

对于二阶行列式，容易验证式(1.16)成立.

假设对于 $n-1$ 阶行列式，式(1.16)成立. 下面考虑 n 阶行列式的情形.

记 $N_{ij}(i=2,3,\cdots,n;j=2,3,\cdots,n)$ 为 $|\boldsymbol{A}|$ 中删去第 1 行和第 i 行及第 1 列和第 j 列后留下来的 $n-2$ 阶行列式. 注意到 N_{ij} 是 M_{i1} 的 $(1,j-1)$ 元的余子式，同时也是 M_{1j} 的 $(i-1,1)$ 元的余子式，故由行列式的定义有

$$M_{i1}=\sum_{j=2}^{n}(-1)^{j}a_{1j}N_{ij}\quad(i=2,3,\cdots,n).$$

而由归纳假设有

$$M_{1j}=\sum_{i=2}^{n}(-1)^{i}a_{i1}N_{ij}\quad(j=2,3,\cdots,n),$$

于是

$$\begin{aligned}\sum_{i=1}^{n}a_{i1}A_{i1}&=a_{11}M_{11}+\sum_{i=2}^{n}(-1)^{i+1}a_{i1}M_{i1}=a_{11}M_{11}+\sum_{i=2}^{n}(-1)^{i+1}a_{i1}\sum_{j=2}^{n}(-1)^{j}a_{1j}N_{ij}\\&=a_{11}M_{11}+\sum_{j=2}^{n}(-1)^{1+j}a_{1j}\sum_{i=2}^{n}(-1)^{i}a_{i1}N_{ij}=a_{11}M_{11}+\sum_{j=2}^{n}(-1)^{1+j}a_{1j}M_{1j}\\&=\sum_{j=1}^{n}a_{1j}A_{1j}=|\boldsymbol{A}|.\end{aligned}$$

■

定理 1.1 是著名的**拉普拉斯**(Laplace)**展开定理**的特殊形式，我们称之为**拉普拉斯按行**(或列)**展开定理**，简称**拉普拉斯定理**，该定理在简化行列式计算中非常有用.

n 阶方阵或 n 阶行列式中，从左上角到右下角的连线称为**主对角线**，从右上角到左下角的连线称为**副对角线**，主对角线上的元素称为**对角元素**.

例 1.2.1　由 n 阶**上三角矩阵**(主对角线以下的元素全为 0 的矩阵)

$$\boldsymbol{A}_n=\begin{pmatrix}a_{11}&a_{12}&\cdots&a_{1n}\\0&a_{22}&\cdots&a_{2n}\\\vdots&\vdots&&\vdots\\0&0&\cdots&a_{nn}\end{pmatrix},$$

求**上三角行列式** $|\boldsymbol{A}_n|$.

解　将上三角行列式 $|\boldsymbol{A}_n|$ 按第 n 行展开，得

$$|\boldsymbol{A}_n|=a_{nn}\cdot(-1)^{n+n}\begin{vmatrix}a_{11}&a_{12}&\cdots&a_{1,n-1}\\0&a_{22}&\cdots&a_{2,n-1}\\\vdots&\vdots&&\vdots\\0&0&\cdots&a_{n-1,n-1}\end{vmatrix}=a_{nn}|\boldsymbol{A}_{n-1}|.$$

由这个递推关系式就可得到

$$|\boldsymbol{A}_n|=a_{11}a_{22}\cdots a_{nn}.$$

■

注 1.16　类似地，对于 n 阶**下三角矩阵**(主对角线以上的元素全为 0 的矩阵)

$$\boldsymbol{A}_n=\begin{pmatrix} a_{11} & 0 & \cdots & 0 \\ a_{21} & a_{22} & \cdots & 0 \\ \vdots & \vdots & & \vdots \\ a_{n1} & a_{n2} & \cdots & a_{nn} \end{pmatrix},$$

下三角行列式 $|\boldsymbol{A}_n| = a_{11}a_{22}\cdots a_{nn}$.

例 1.2.2 由 n 阶**反对角矩阵**(副对角线以外的元素全为 0 的矩阵)

$$\boldsymbol{D}_n=\begin{pmatrix} 0 & 0 & \cdots & a_1 \\ \vdots & \vdots & & \vdots \\ 0 & a_{n-1} & \cdots & 0 \\ a_n & 0 & \cdots & 0 \end{pmatrix},$$

求反对角行列式 $|\boldsymbol{D}_n|$.

解 将 $|\boldsymbol{D}_n|$ 按第 1 列展开,得

$$|\boldsymbol{D}_n| = a_n\cdot(-1)^{n+1}\begin{vmatrix} 0 & 0 & \cdots & a_1 \\ \vdots & \vdots & & \vdots \\ 0 & a_{n-2} & \cdots & 0 \\ a_{n-1} & 0 & \cdots & 0 \end{vmatrix} = (-1)^{n+1}a_n\,|\boldsymbol{D}_{n-1}|.$$

由这个递推关系式就可得到

$$|\boldsymbol{D}_n| = (-1)^{(n+1)+n+\cdots+3}a_n\cdots a_2a_1 = (-1)^{\frac{(n-1)(n+4)}{2}}a_n\cdots a_2a_1 = (-1)^{\frac{n(n-1)}{2}}a_n\cdots a_2a_1. \quad \blacksquare$$

四、行列式的性质

性质 1 行列式 $D=|\boldsymbol{A}|$ 与它的**转置行列式** $D^{\mathrm{T}}=|\boldsymbol{A}^{\mathrm{T}}|$ 相等.

*****证明** 当 D 为一阶行列式时,显然结论成立. 假设 D 为 $n-1$ 阶行列式时,结论成立. 下面考虑 n 阶行列式的情形.

记 M_{ij} 为 n 阶方阵 $\boldsymbol{A}$ 的 (i,j) 元的余子式,则 $\boldsymbol{A}^{\mathrm{T}}$ 的 (j,i) 元的余子式为 $(M_{ij})^{\mathrm{T}}$. 由归纳假设可知, $(M_{ij})^{\mathrm{T}}=M_{ij}$,故根据拉普拉斯定理,将 D^{T} 按第 1 列展开,D 按第 1 行展开,得

$$D^{\mathrm{T}} = \sum_{j=1}^{n}a_{1j}\cdot(-1)^{j+1}(M_{1j})^{\mathrm{T}} = \sum_{j=1}^{n}a_{1j}\cdot(-1)^{1+j}M_{1j} = D. \quad \blacksquare$$

由该性质可知,以下对行成立的性质,对列也成立.

由拉普拉斯定理容易得到以下的性质 2 和性质 3.

性质 2 行列式中某一行的所有元素的公因子可以提到行列式记号的外面.

例如,

$$\begin{vmatrix} a_{11} & a_{12} & a_{13} \\ a_{21} & a_{22} & a_{23} \\ ka_{31} & ka_{32} & ka_{33} \end{vmatrix} = k\begin{vmatrix} a_{11} & a_{12} & a_{13} \\ a_{21} & a_{22} & a_{23} \\ a_{31} & a_{32} & a_{33} \end{vmatrix}.$$

推论 1 如果行列式中有一行的元素全为 0,则此行列式等于 0.

推论 2 设 $\boldsymbol{A}$ 为 n 阶方阵,则有 $|k\boldsymbol{A}| = k^n|\boldsymbol{A}|$.

性质 3 若行列式的某一行的所有元素都是两数之和,则将该行拆开,此行列式可以表示为相应的两个行列式之和.

例如，

$$\begin{vmatrix} a_{11} & a_{12} & a_{13} \\ b_1+c_1 & b_2+c_2 & b_3+c_3 \\ a_{31} & a_{32} & a_{33} \end{vmatrix} = \begin{vmatrix} a_{11} & a_{12} & a_{13} \\ b_1 & b_2 & b_3 \\ a_{31} & a_{32} & a_{33} \end{vmatrix} + \begin{vmatrix} a_{11} & a_{12} & a_{13} \\ c_1 & c_2 & c_3 \\ a_{31} & a_{32} & a_{33} \end{vmatrix}.$$

性质 4　对换行列式的两行，行列式的值变号.

* **证明**　首先考虑对换相邻两行. 设对换 n 阶方阵 $\boldsymbol{A}=(a_{ij})$ 的第 $r,r+1$ 行后得到的方阵为 $\boldsymbol{B}$，则 $\boldsymbol{B}$ 的第 $r+1$ 行及其余子式分别为 $\boldsymbol{A}$ 的第 r 行及其余子式. 记 $\boldsymbol{A}$ 的余子式为 M_{ij}，由拉普拉斯定理，将 $|\boldsymbol{B}|$ 按第 $r+1$ 行展开，$|\boldsymbol{A}|$ 按第 r 行展开，得

$$|\boldsymbol{B}| = \sum_{j=1}^{n} a_{rj}\cdot(-1)^{r+1+j}M_{rj} = -\sum_{j=1}^{n} a_{rj}\cdot(-1)^{r+j}M_{rj} = -|\boldsymbol{A}|.$$

再考虑对换任意两行. 设对换 n 阶方阵 $\boldsymbol{A}$ 的第 $r,r+k$ 行后得到的方阵仍为 $\boldsymbol{B}$. 易知 $\boldsymbol{A}$ 可经过 $2k-1$ 次对换相邻两行而得 $\boldsymbol{B}$，于是

$$|\boldsymbol{B}| = (-1)^{2k-1}|\boldsymbol{A}| = -|\boldsymbol{A}|.$$ ■

推论 1　如果行列式中有两行元素对应相等，那么此行列式等于 0.

证明　设行列式 D 的第 i,j 行元素对应相等，则对换 D 的第 i,j 行仍得 D. 而由性质 4 可知，$D=-D$，因此 $2D=0$，从而 $D=0$. ■

这一推论结合性质 2，立即得到性质 5.

性质 5　如果行列式中有两行元素对应成比例，那么此行列式等于 0.

利用性质 3 和性质 5 容易证明性质 6.

性质 6　把行列式的某一行的各元素乘以同一数后加到另一行对应的元素上去，此行列式的值不变.

例如，

$$\begin{vmatrix} a_{11} & a_{12} & a_{13} \\ a_{21} & a_{22} & a_{23} \\ a_{31} & a_{32} & a_{33} \end{vmatrix} = \begin{vmatrix} a_{11} & a_{12} & a_{13} \\ a_{21}+ka_{11} & a_{22}+ka_{12} & a_{23}+ka_{13} \\ a_{31} & a_{32} & a_{33} \end{vmatrix}.$$

五、行列式的计算

行列式的计算，基本上是利用行列式的性质逐步简化行列式结构的过程. 主要方法有两种：一是将行列式化为上(或下)三角行列式，即**化三角形法**；二是利用拉普拉斯定理进行降阶，即**降阶法**.

为了便于检查，引进以下记号(r_i 表示第 i 行)：

(1) 用 $r_i \leftrightarrow r_j$ 表示交换第 i,j 行；

(2) 用 $kr_i(k\neq 0)$ 表示把第 i 行元素同乘以非零常数 k；

(3) 用 r_j+kr_i 表示用常数 k 乘以第 i 行元素后加到第 j 行对应的元素上去.

用 c_i 表示第 i 列，同样有相仿的记号.

例 1.2.3　计算行列式

$$D = \begin{vmatrix} 3 & 1 & -1 & 2 \\ -5 & 1 & 3 & -4 \\ 2 & 0 & 1 & -1 \\ 1 & -5 & 3 & -3 \end{vmatrix}.$$

解 **方法 1(化三角形法)** 利用行列式的性质将行列式化为上三角行列式:

$$D\xlongequal{r_1\leftrightarrow r_4}-\begin{vmatrix}1&-5&3&-3\\-5&1&3&-4\\2&0&1&-1\\3&1&-1&2\end{vmatrix}\xlongequal[\substack{r_3-2r_1\\r_4-3r_1}]{r_2+5r_1}-\begin{vmatrix}1&-5&3&-3\\0&-24&18&-19\\0&10&-5&5\\0&16&-10&11\end{vmatrix}$$

$$\xlongequal[\frac{1}{5}r_2]{r_2\leftrightarrow r_3}5\begin{vmatrix}1&-5&3&-3\\0&2&-1&1\\0&-24&18&-19\\0&16&-10&11\end{vmatrix}\xlongequal[r_4-8r_2]{r_3+12r_2}5\begin{vmatrix}1&-5&3&-3\\0&2&-1&1\\0&0&6&-7\\0&0&-2&3\end{vmatrix}$$

$$\xlongequal[r_4+3r_3]{r_3\leftrightarrow r_4}-5\begin{vmatrix}1&-5&3&-3\\0&2&-1&1\\0&0&-2&3\\0&0&0&2\end{vmatrix}=40.$$

方法 2(降阶法) 利用行列式的性质,将行列式某一行(或列)的元素尽可能多地化为 0,再按该行(或列)展开,从而使得行列式的阶数降低.

对于以整数为元素的行列式,首先找出(或化出)±1,然后将其所在行(或列)的其他元素化为 0,再按该行(或列)展开而降阶.

$$D\xlongequal[r_4+5r_1]{r_2-r_1}\begin{vmatrix}3&1&-1&2\\-8&0&4&-6\\2&0&1&-1\\16&0&-2&7\end{vmatrix}=-\begin{vmatrix}-8&4&-6\\2&1&-1\\16&-2&7\end{vmatrix}$$

$$\xlongequal[c_3+c_2]{c_1-2c_2}-\begin{vmatrix}-16&4&-2\\0&1&0\\20&-2&5\end{vmatrix}=-\begin{vmatrix}-16&-2\\20&5\end{vmatrix}$$

$$=-(-80+40)=40.$$

■

注 1.17 计算行列式时,要标注相应的变换过程.

例 1.2.4 计算行列式

$$D=\begin{vmatrix}a&b&c&d\\a&a+b&a+b+c&a+b+c+d\\a&2a+b&3a+2b+c&4a+3b+2c+d\\a&3a+b&6a+3b+c&10a+6b+3c+d\end{vmatrix}.$$

解 从第 4 行开始,后行减前行,得

$$D\xlongequal[\substack{r_3-r_2\\r_2-r_1}]{r_4-r_3}\begin{vmatrix}a&b&c&d\\0&a&a+b&a+b+c\\0&a&2a+b&3a+2b+c\\0&a&3a+b&6a+3b+c\end{vmatrix}\xlongequal[r_3-r_2]{r_4-r_3}\begin{vmatrix}a&b&c&d\\0&a&a+b&a+b+c\\0&0&a&2a+b\\0&0&a&3a+b\end{vmatrix}$$

$$\xlongequal{r_4-r_3}\begin{vmatrix} a & b & c & d \\ 0 & a & a+b & a+b+c \\ 0 & 0 & a & 2a+b \\ 0 & 0 & 0 & a \end{vmatrix}=a^4.$$ ■

例 1.2.5 计算行列式

$$D=\begin{vmatrix} x+a_1 & a_2 & \cdots & a_n \\ a_1 & x+a_2 & \cdots & a_n \\ \vdots & \vdots & & \vdots \\ a_1 & a_2 & \cdots & x+a_n \end{vmatrix}.$$

解 观察题设行列式,发现其特点是每一行元素的和相等,故可将第 2,3,…,n 列同时加到第 1 列,然后将第 2,3,…,n 行都减去第 1 行,得

$$D\xlongequal[\substack{c_1+c_3\\ \cdots \\ c_1+c_n}]{c_1+c_2}\begin{vmatrix} x+a_1+a_2+\cdots+a_n & a_2 & \cdots & a_n \\ x+a_1+a_2+\cdots+a_n & x+a_2 & \cdots & a_n \\ \vdots & \vdots & & \vdots \\ x+a_1+a_2+\cdots+a_n & a_2 & \cdots & x+a_n \end{vmatrix}$$

$$\xlongequal[\substack{r_3-r_1\\ \cdots \\ r_n-r_1}]{r_2-r_1}\begin{vmatrix} x+\sum\limits_{i=1}^{n}a_i & a_2 & \cdots & a_n \\ 0 & x & \cdots & 0 \\ \vdots & \vdots & & \vdots \\ 0 & 0 & \cdots & x \end{vmatrix}=x^{n-1}\left(x+\sum_{i=1}^{n}a_i\right).$$ ■

例 1.2.6 计算行列式

$$D=\begin{vmatrix} a_0 & b_1 & b_2 & \cdots & b_n \\ c_1 & a_1 & 0 & \cdots & 0 \\ c_2 & 0 & a_2 & \cdots & 0 \\ \vdots & \vdots & \vdots & & \vdots \\ c_n & 0 & 0 & \cdots & a_n \end{vmatrix},$$

其中 $a_1a_2\cdots a_n\neq 0$.

解 把第 $j+1(j=1,2,\cdots,n)$ 列的 $-\dfrac{c_j}{a_j}$ 倍都加到第 1 列上,得

$$D=\begin{vmatrix} a_0-\sum\limits_{j=1}^{n}\dfrac{c_jb_j}{a_j} & b_1 & b_2 & \cdots & b_n \\ 0 & a_1 & 0 & \cdots & 0 \\ 0 & 0 & a_2 & \cdots & 0 \\ \vdots & \vdots & \vdots & & \vdots \\ 0 & 0 & 0 & \cdots & a_n \end{vmatrix}=\left(a_0-\sum_{j=1}^{n}\frac{c_jb_j}{a_j}\right)a_1a_2\cdots a_n.$$ ■

注 1.18 本例中的行列式常称为**爪形行列式**. 利用本例中的方法,可类似计算其他爪

形行列式.

例 1.2.7 计算 n 阶范德蒙德(Vandermonde) 行列式

$$D_n = \begin{vmatrix} 1 & 1 & \cdots & 1 \\ x_1 & x_2 & \cdots & x_n \\ \vdots & \vdots & & \vdots \\ x_1^{n-1} & x_2^{n-1} & \cdots & x_n^{n-1} \end{vmatrix}.$$

解 从最后一行开始,到第 2 行为止,后行减去前行的 x_n 倍,得

$$D_n \xlongequal[\substack{r_{n-1}-x_n r_{n-2} \\ \cdots \\ r_2 - x_n r_1}]{r_n - x_n r_{n-1}} \begin{vmatrix} 1 & 1 & \cdots & 1 \\ x_1 - x_n & x_2 - x_n & \cdots & 0 \\ \vdots & \vdots & & \vdots \\ x_1^{n-2}(x_1 - x_n) & x_2^{n-2}(x_2 - x_n) & \cdots & 0 \end{vmatrix}.$$

此时按第 n 列展开,再从第 $i(i=1,2,\cdots,n-1)$ 列提取公因式 $x_i - x_n$,得

$$D_n = (-1)^{n+1}(x_1 - x_n)(x_2 - x_n)\cdots(x_{n-1} - x_n)D_{n-1}.$$

于是,有递推公式

$$D_n = (x_n - x_{n-1})\cdots(x_n - x_2)(x_n - x_1)D_{n-1}.$$

根据这个递推公式及 $D_2 = x_2 - x_1$,就可得到

$$D_n = (x_n - x_{n-1})\cdots(x_n - x_2)(x_n - x_1)\cdots(x_3 - x_2)(x_3 - x_1)(x_2 - x_1).$$ ■

注 1.19 本例的计算结果可记作

$$\prod_{n \geqslant i > j \geqslant 1}(x_i - x_j),$$

其中记号"$\prod$"表示全体同类因子的乘积. 范德蒙德行列式在函数逼近、工程问题中有广泛的应用.

六、方阵乘积的行列式

下面我们给出两个常用的结果,其中第 2 个结果(定理 1.3) 是关于方阵乘积的行列式的一个等式,通常称为**行列式乘法定理**.

定理 1.2 设 $\boldsymbol{A}$ 为 n 阶方阵,$\boldsymbol{B}$ 为 m 阶方阵,$\boldsymbol{C}$ 为 $m \times n$ 矩阵,则

$$\begin{vmatrix} \boldsymbol{A} & \boldsymbol{O} \\ \boldsymbol{C} & \boldsymbol{B} \end{vmatrix} = |\boldsymbol{A}| \cdot |\boldsymbol{B}|, \tag{1.17}$$

$$\begin{vmatrix} \boldsymbol{B} & \boldsymbol{C} \\ \boldsymbol{O} & \boldsymbol{A} \end{vmatrix} = |\boldsymbol{A}| \cdot |\boldsymbol{B}|. \tag{1.18}$$

* **证明** 只需证明式(1.17)(请读者思考原因).

可以证明,任意一个方阵都可以经过若干次变换 $r_j + kr_i$(或 $c_j + kc_i$) 化为三角矩阵(上三角矩阵或下三角矩阵),故可假设经过若干次变换 $r_j + kr_i$,$\boldsymbol{A}$,$\boldsymbol{B}$ 分别化为下三角矩阵

$$\boldsymbol{A}_1 = \begin{pmatrix} a_1 & 0 & \cdots & 0 \\ \times & a_2 & \cdots & 0 \\ \vdots & \vdots & & \vdots \\ \times & \times & \cdots & a_n \end{pmatrix} \quad 和 \quad \boldsymbol{B}_1 = \begin{pmatrix} b_1 & 0 & \cdots & 0 \\ \times & b_2 & \cdots & 0 \\ \vdots & \vdots & & \vdots \\ \times & \times & \cdots & b_m \end{pmatrix} \quad (\times 处上的元素为某些数).$$

与此同时，

$$\begin{pmatrix} \boldsymbol{A} & \boldsymbol{O} \\ \boldsymbol{C} & \boldsymbol{B} \end{pmatrix}$$

化为下三角矩阵

$$\begin{pmatrix} \boldsymbol{A}_1 & \boldsymbol{O} \\ \boldsymbol{C}_1 & \boldsymbol{B}_1 \end{pmatrix}.$$

因此，有

$$|\boldsymbol{A}_1| = a_1a_2\cdots a_n, \quad |\boldsymbol{B}_1| = b_1b_2\cdots b_m,$$

$$\begin{vmatrix} \boldsymbol{A}_1 & \boldsymbol{O} \\ \boldsymbol{C}_1 & \boldsymbol{B}_1 \end{vmatrix} = a_1a_2\cdots a_nb_1b_2\cdots b_m = |\boldsymbol{A}_1| \cdot |\boldsymbol{B}_1|.$$

而由行列式的性质 6 得

$$\begin{vmatrix} \boldsymbol{A} & \boldsymbol{O} \\ \boldsymbol{C} & \boldsymbol{B} \end{vmatrix} = \begin{vmatrix} \boldsymbol{A}_1 & \boldsymbol{O} \\ \boldsymbol{C}_1 & \boldsymbol{B}_1 \end{vmatrix} = |\boldsymbol{A}_1| \cdot |\boldsymbol{B}_1| = |\boldsymbol{A}| \cdot |\boldsymbol{B}|.$$ ■

定理 1.3 设 $\boldsymbol{A},\boldsymbol{B}$ 为 n 阶方阵，则 $|\boldsymbol{AB}| = |\boldsymbol{A}| \cdot |\boldsymbol{B}|$.

* **证明** 设 $\boldsymbol{A} = (a_{ij})$，$\boldsymbol{B} = (b_{ij})$，记

$$D = \begin{vmatrix} \boldsymbol{A} & \boldsymbol{O} \\ -\boldsymbol{I} & \boldsymbol{B} \end{vmatrix}, \tag{1.19}$$

在 D 中依次将第 $i(i=1,2,\cdots,n)$ 列的 $b_{ij}(j=1,2,\cdots,n)$ 倍加到第 $n+j$ 列上，得

$$D = \begin{vmatrix} \boldsymbol{A} & \boldsymbol{C} \\ -\boldsymbol{I} & \boldsymbol{O} \end{vmatrix},$$

其中 n 阶方阵 $\boldsymbol{C}$ 的 (i,j) 元为

$$c_{ij} = a_{i1}b_{1j} + a_{i2}b_{2j} + \cdots + a_{in}b_{nj} \quad (i=1,2,\cdots,n; j=1,2,\cdots,n),$$

所以 $\boldsymbol{C} = \boldsymbol{AB}$. 再对上述行列式对调第 $j(j=1,2,\cdots,n)$ 行与第 $n+j$ 行，有

$$D = (-1)^n \begin{vmatrix} -\boldsymbol{I} & \boldsymbol{O} \\ \boldsymbol{A} & \boldsymbol{C} \end{vmatrix}. \tag{1.20}$$

因此，由定理 1.2 得

$$|\boldsymbol{A}| \cdot |\boldsymbol{B}| = D = (-1)^n |-\boldsymbol{I}| \cdot |\boldsymbol{C}| = |\boldsymbol{C}| = |\boldsymbol{AB}|.$$ ■

习题 1-2

1. 计算下列行列式：

(1) $\begin{vmatrix} -ab & ac & ae \\ bd & -cd & de \\ bf & cf & -ef \end{vmatrix}$； (2) $\begin{vmatrix} x & y & x+y \\ y & x+y & x \\ x+y & x & y \end{vmatrix}$.

2. 设四阶方阵

$$\boldsymbol{A} = \begin{pmatrix} x_1 & a_1 & b_1 & c_1 \\ x_2 & a_2 & b_2 & c_2 \\ x_3 & a_3 & b_3 & c_3 \\ x_4 & a_4 & b_4 & c_4 \end{pmatrix}, \quad \boldsymbol{B} = \begin{pmatrix} y_1 & a_1 & b_1 & c_1 \\ y_2 & a_2 & b_2 & c_2 \\ y_3 & a_3 & b_3 & c_3 \\ y_4 & a_4 & b_4 & c_4 \end{pmatrix},$$

且 $|\boldsymbol{A}|=4,|\boldsymbol{B}|=1$，试求 $|\boldsymbol{A}+\boldsymbol{B}|$.

3. 计算下列行列式：

(1) $\begin{vmatrix} 1 & 3 & 5 & 7 \\ 1 & 5 & 3 & 3 \\ 2 & 3 & 8 & 5 \\ 1 & 3 & 8 & 9 \end{vmatrix}$；　　(2) $\begin{vmatrix} -2 & 2 & -4 & 0 \\ 4 & -1 & 3 & 5 \\ 3 & 1 & -2 & -3 \\ 2 & 0 & 5 & 1 \end{vmatrix}$.

4. 解方程 $\begin{vmatrix} x & -1 & -1 & 1 \\ -1 & x & 1 & -1 \\ -1 & 1 & x & -1 \\ 1 & -1 & -1 & x \end{vmatrix}=0$.

5. 已知矩阵 $\boldsymbol{A}=\begin{pmatrix} 1 & 0 & 0 \\ -1 & 2 & 0 \\ 1 & 4 & 3 \end{pmatrix}$，求 $|(4\boldsymbol{I}-\boldsymbol{A})^{\mathrm{T}}(4\boldsymbol{I}-\boldsymbol{A})|$.

6. 已知三阶方阵 $\boldsymbol{A}$ 的行列式 $|\boldsymbol{A}|=2$，$\boldsymbol{B}=\begin{pmatrix} 1 & 2 & 3 \\ 2 & 1 & 1 \\ 1 & 1 & 0 \end{pmatrix}$，求 $|\boldsymbol{AB}-\boldsymbol{A}|$.

7. 计算下列行列式：

(1) $\begin{vmatrix} -a_1 & a_1 & \cdots & 0 & 0 \\ 0 & -a_2 & \cdots & 0 & 0 \\ \vdots & \vdots & & \vdots & \vdots \\ 0 & 0 & \cdots & -a_n & a_n \\ 1 & 1 & \cdots & 1 & 1 \end{vmatrix}$；　　(2) $\begin{vmatrix} x & -1 & \cdots & 0 & 0 \\ 0 & x & \cdots & 0 & 0 \\ \vdots & \vdots & & \vdots & \vdots \\ 0 & 0 & \cdots & x & -1 \\ a_n & a_{n-1} & \cdots & a_2 & x+a_1 \end{vmatrix}$.

8. 证明：

(1) $\begin{vmatrix} 1+a_1 & 1 & \cdots & 1 \\ 1 & 1+a_2 & \cdots & 1 \\ \vdots & \vdots & & \vdots \\ 1 & 1 & \cdots & 1+a_n \end{vmatrix}=a_1a_2\cdots a_n\left(1+\sum\limits_{i=1}^{n}\dfrac{1}{a_i}\right)$，其中 $a_1a_2\cdots a_n\neq 0$；

(2) $\begin{vmatrix} 1 & 1 & 1 & 1 \\ a & b & c & d \\ a^2 & b^2 & c^2 & d^2 \\ a^4 & b^4 & c^4 & d^4 \end{vmatrix}=(a-b)(a-c)(a-d)(b-c)(b-d)(c-d)(a+b+c+d)$.

9.（2020 年全国硕士研究生入学统一考试数学二试题）计算行列式

$$\begin{vmatrix} a & 0 & -1 & 1 \\ 0 & a & 1 & -1 \\ -1 & 1 & a & 0 \\ 1 & -1 & 0 & a \end{vmatrix}.$$

第三节　逆　矩　阵

一、逆矩阵的概念与性质

在数的运算中，数 b 除以非零数 a 可用乘法表示为

$$\frac{b}{a}=b\cdot\frac{1}{a}=\frac{1}{a}\cdot b,$$

其中非零数 a 的倒数 $\frac{1}{a}$ 可用等式

$$a\cdot\frac{1}{a}=\frac{1}{a}\cdot a=1$$

来定义，并称 $\frac{1}{a}$ 为非零数 a（关于乘法运算）的**逆元**，记作 a^{-1}.

在矩阵的乘法运算中，与数 1 有类似作用的是单位矩阵 $\boldsymbol{I}$. 注意矩阵的乘法运算不满足交换律. 仿非零数的逆元的定义，矩阵的逆元定义为：如果矩阵 $\boldsymbol{A}$ 与 $\boldsymbol{B}$ 满足 $\boldsymbol{AB}=\boldsymbol{I}$，则称 $\boldsymbol{A}$ 为 $\boldsymbol{B}$ 的**左逆矩阵**，而称 $\boldsymbol{B}$ 为 $\boldsymbol{A}$ 的**右逆矩阵**.

例 1.3.1　求矩阵

$$\boldsymbol{A}=\begin{pmatrix}1&0&0\\1&1&0\end{pmatrix}$$

的左、右逆矩阵.

解　如果矩阵 $\boldsymbol{B}$ 为 $\boldsymbol{A}$ 的左逆矩阵，矩阵 $\boldsymbol{D}$ 为 $\boldsymbol{A}$ 的右逆矩阵，则 $\boldsymbol{B},\boldsymbol{D}$ 必为 3×2 矩阵. 设

$$\boldsymbol{B}=\begin{pmatrix}x_1&y_1\\x_2&y_2\\x_3&y_3\end{pmatrix},\quad \boldsymbol{D}=\begin{pmatrix}z_1&w_1\\z_2&w_2\\z_3&w_3\end{pmatrix},$$

直接计算，得

$$\boldsymbol{BA}=\begin{pmatrix}x_1&y_1\\x_2&y_2\\x_3&y_3\end{pmatrix}\begin{pmatrix}1&0&0\\1&1&0\end{pmatrix}=\begin{pmatrix}x_1+y_1&y_1&0\\x_2+y_2&y_2&0\\x_3+y_3&y_3&0\end{pmatrix},$$

$$\boldsymbol{AD}=\begin{pmatrix}1&0&0\\1&1&0\end{pmatrix}\begin{pmatrix}z_1&w_1\\z_2&w_2\\z_3&w_3\end{pmatrix}=\begin{pmatrix}z_1&w_1\\z_1+z_2&w_1+w_2\end{pmatrix}.$$

由此可知，$\boldsymbol{A}$ 的左逆矩阵 $\boldsymbol{B}$ 不存在，而 $\boldsymbol{A}$ 的右逆矩阵 $\boldsymbol{D}$ 却有无穷多个，其一般形式可表示为

$$\boldsymbol{D}=\begin{pmatrix}1&0\\-1&1\\a&b\end{pmatrix},$$

其中 a,b 任意取值. ■

定理 1.4　如果矩阵 $\boldsymbol{A}$ 的左、右逆矩阵都存在，则它们相等，从而唯一.

证明 设 $\boldsymbol{B},\boldsymbol{C}$ 分别为矩阵 $\boldsymbol{A}$ 的一个左逆矩阵和一个右逆矩阵,则

$$\boldsymbol{B}=\boldsymbol{B}\boldsymbol{I}=\boldsymbol{B}(\boldsymbol{A}\boldsymbol{C})=(\boldsymbol{B}\boldsymbol{A})\boldsymbol{C}=\boldsymbol{I}\boldsymbol{C}=\boldsymbol{C}.$$

如果 $\boldsymbol{B}_1$ 也为矩阵 $\boldsymbol{A}$ 的左逆矩阵,那么 $\boldsymbol{B}_1=\boldsymbol{C}=\boldsymbol{B}$,所以矩阵 $\boldsymbol{A}$ 的左逆矩阵唯一. 如果 $\boldsymbol{C}_1$ 也为矩阵 $\boldsymbol{A}$ 的右逆矩阵,那么 $\boldsymbol{C}_1=\boldsymbol{B}=\boldsymbol{C}$,所以矩阵 $\boldsymbol{A}$ 的右逆矩阵唯一. ■

定理 1.5 设方阵 $\boldsymbol{A}$ 存在左(或右) 逆矩阵 $\boldsymbol{B}$,则 $|\boldsymbol{A}|\neq 0$,且 $|\boldsymbol{B}|=|\boldsymbol{A}|^{-1}$.

证明 在等式 $\boldsymbol{B}\boldsymbol{A}=\boldsymbol{I}$(或 $\boldsymbol{A}\boldsymbol{B}=\boldsymbol{I}$) 两边取行列式,得

$$|\boldsymbol{B}|\cdot|\boldsymbol{A}|=1 \quad (\text{或} |\boldsymbol{A}|\cdot|\boldsymbol{B}|=1),$$

因此 $|\boldsymbol{A}|\neq 0$,且 $|\boldsymbol{B}|=|\boldsymbol{A}|^{-1}$. ■

如果 $|\boldsymbol{A}|=0$,那么称方阵 $\boldsymbol{A}$ 为**奇异矩阵**;如果 $|\boldsymbol{A}|\neq 0$,那么称方阵 $\boldsymbol{A}$ 为**非奇异矩阵**.

注 1.20 当 $m>n$ 时,$m\times n$ 矩阵 $\boldsymbol{A}$ 的右逆矩阵不存在. 用反证法证明. 假设矩阵 $\boldsymbol{B}$ 为 $\boldsymbol{A}$ 的右逆矩阵,则 $\boldsymbol{A}\boldsymbol{B}=\boldsymbol{I}$,且 $\boldsymbol{B}$ 为 $n\times m$ 矩阵. 记 m 阶方阵

$$\boldsymbol{C}=(\boldsymbol{A}\quad \boldsymbol{O}_{m\times(m-n)}),\quad \boldsymbol{D}=\begin{pmatrix}\boldsymbol{B}\\ \boldsymbol{O}_{(m-n)\times m}\end{pmatrix},$$

按矩阵的乘法运算,可以验证 $\boldsymbol{C}\boldsymbol{D}=\boldsymbol{A}\boldsymbol{B}=\boldsymbol{I}$. 由定理 1.5 可知,$\boldsymbol{C}$ 为非奇异矩阵,但显然 $|\boldsymbol{C}|=0$,矛盾.

考虑转置矩阵便知,当 $m<n$ 时,$m\times n$ 矩阵 $\boldsymbol{A}$ 的左逆矩阵不存在. 关于矩阵存在左(或右) 逆矩阵的充要条件可参见例 3.2.6.

设线性变换 $\boldsymbol{x}=\boldsymbol{B}\boldsymbol{y}$ 和 $\boldsymbol{y}=\boldsymbol{A}\boldsymbol{x}$. 如果对于任意的 $\boldsymbol{x}$ 和 $\boldsymbol{y}$,都有

$$\boldsymbol{A}(\boldsymbol{B}\boldsymbol{y})=\boldsymbol{y},\quad \boldsymbol{B}(\boldsymbol{A}\boldsymbol{x})=\boldsymbol{x}$$

成立,则称 $\boldsymbol{x}=\boldsymbol{B}\boldsymbol{y}$ 为线性变换 $\boldsymbol{y}=\boldsymbol{A}\boldsymbol{x}$ 的**逆变换**,或者称 $\boldsymbol{y}=\boldsymbol{A}\boldsymbol{x}$ 为线性变换 $\boldsymbol{x}=\boldsymbol{B}\boldsymbol{y}$ 的逆变换.

由矩阵乘法的结合律容易看出,以上关于逆变换的定义条件等价于

$$\boldsymbol{A}\boldsymbol{B}=\boldsymbol{I},\quad \boldsymbol{B}\boldsymbol{A}=\boldsymbol{I}.$$

因此,线性变换 $\boldsymbol{x}=\boldsymbol{B}\boldsymbol{y}$ 为线性变换 $\boldsymbol{y}=\boldsymbol{A}\boldsymbol{x}$ 的逆变换的充要条件是系数矩阵 $\boldsymbol{B}$ 为系数矩阵 $\boldsymbol{A}$ 的左、右逆矩阵.

若线性变换 $\boldsymbol{y}=\boldsymbol{A}\boldsymbol{x}$ 存在逆变换,则称之为**可逆线性变换**,并称它的系数矩阵 $\boldsymbol{A}$ 为**可逆矩阵**. 由注 1.20 可知,可逆矩阵一定是方阵. 由此给出以下定义.

矩阵的逆

定义 1.9 设 $\boldsymbol{A}$ 为 n 阶方阵. 如果存在 n 阶方阵 $\boldsymbol{B}$,使得

$$\boldsymbol{A}\boldsymbol{B}=\boldsymbol{B}\boldsymbol{A}=\boldsymbol{I},$$

那么称 $\boldsymbol{A}$ 是**可逆矩阵**,并称 $\boldsymbol{B}$ 为 $\boldsymbol{A}$ 的**逆矩阵**.

由定理 1.4 可知,可逆矩阵 $\boldsymbol{A}$ 的逆矩阵是唯一的,记作 $\boldsymbol{A}^{-1}$. 因此,可逆线性变换 $\boldsymbol{y}=\boldsymbol{A}\boldsymbol{x}$ 的逆变换为 $\boldsymbol{x}=\boldsymbol{A}^{-1}\boldsymbol{y}$.

例 1.3.2 设 $\boldsymbol{A}$ 为 n 阶可逆矩阵,$\boldsymbol{B}$ 为 $n\times s$ 矩阵,$\boldsymbol{C}$ 为 $t\times n$ 矩阵,证明:矩阵方程 $\boldsymbol{A}\boldsymbol{X}=\boldsymbol{B}$ 有唯一解 $\boldsymbol{X}=\boldsymbol{A}^{-1}\boldsymbol{B}$;矩阵方程 $\boldsymbol{Y}\boldsymbol{A}=\boldsymbol{C}$ 有唯一解 $\boldsymbol{Y}=\boldsymbol{C}\boldsymbol{A}^{-1}$.

证明 由

$$\boldsymbol{A}(\boldsymbol{A}^{-1}\boldsymbol{B})=(\boldsymbol{A}\boldsymbol{A}^{-1})\boldsymbol{B}=\boldsymbol{I}\boldsymbol{B}=\boldsymbol{B}$$

可知,$\boldsymbol{X}=\boldsymbol{A}^{-1}\boldsymbol{B}$ 为 $\boldsymbol{A}\boldsymbol{X}=\boldsymbol{B}$ 的解. 设 $\boldsymbol{X}=\boldsymbol{G}$ 也为 $\boldsymbol{A}\boldsymbol{X}=\boldsymbol{B}$ 的解,则 $\boldsymbol{A}\boldsymbol{G}=\boldsymbol{B}$,于是

矩阵方程简介

$$\boldsymbol{G}=\boldsymbol{IG}=(\boldsymbol{A}^{-1}\boldsymbol{A})\boldsymbol{G}=\boldsymbol{A}^{-1}(\boldsymbol{AG})=\boldsymbol{A}^{-1}\boldsymbol{B}=\boldsymbol{X}.$$

因此,$\boldsymbol{AX}=\boldsymbol{B}$ 有唯一解 $\boldsymbol{X}=\boldsymbol{A}^{-1}\boldsymbol{B}$.

类似可证 $\boldsymbol{YA}=\boldsymbol{C}$ 有唯一解 $\boldsymbol{Y}=\boldsymbol{CA}^{-1}$. ■

逆矩阵具有以下性质(设 $\boldsymbol{A},\boldsymbol{B}$ 为 n 阶可逆矩阵):

(1) $(\boldsymbol{A}^{-1})^{-1}=\boldsymbol{A}$;

(2) $(k\boldsymbol{A})^{-1}=k^{-1}\boldsymbol{A}^{-1}$($k\neq 0$ 为常数);

(3) $(\boldsymbol{AB})^{-1}=\boldsymbol{B}^{-1}\boldsymbol{A}^{-1}$;

(4) $(\boldsymbol{A}^{\mathrm{T}})^{-1}=(\boldsymbol{A}^{-1})^{\mathrm{T}}$.

证明　这里仅证明性质(3),其余性质请读者自己证明.

由矩阵乘法的结合律,有

$$(\boldsymbol{AB})(\boldsymbol{B}^{-1}\boldsymbol{A}^{-1})=\boldsymbol{A}(\boldsymbol{BB}^{-1})\boldsymbol{A}^{-1}=\boldsymbol{AIA}^{-1}=\boldsymbol{AA}^{-1}=\boldsymbol{I},$$
$$(\boldsymbol{B}^{-1}\boldsymbol{A}^{-1})(\boldsymbol{AB})=\boldsymbol{B}^{-1}(\boldsymbol{A}^{-1}\boldsymbol{A})\boldsymbol{B}=\boldsymbol{B}^{-1}\boldsymbol{IB}=\boldsymbol{B}^{-1}\boldsymbol{B}=\boldsymbol{I},$$

所以 $\boldsymbol{B}^{-1}\boldsymbol{A}^{-1}$ 为 $\boldsymbol{AB}$ 的逆矩阵,即$(\boldsymbol{AB})^{-1}=\boldsymbol{B}^{-1}\boldsymbol{A}^{-1}$. ■

二、伴随矩阵与逆矩阵计算公式

设 $\boldsymbol{A}=(a_{ij})$ 为 n 阶方阵,A_{ij} 为元素 a_{ij} 的代数余子式. 如果行列式$|\boldsymbol{A}|$的第 j 列用$(b_1,b_2,\cdots,b_n)^{\mathrm{T}}$ 替代,那么由拉普拉斯定理,有

$$\begin{vmatrix} a_{11} & \cdots & a_{1,j-1} & b_1 & a_{1,j+1} & \cdots & a_{1n} \\ a_{21} & \cdots & a_{2,j-1} & b_2 & a_{2,j+1} & \cdots & a_{2n} \\ \vdots & & \vdots & \vdots & \vdots & & \vdots \\ a_{n1} & \cdots & a_{n,j-1} & b_n & a_{n,j+1} & \cdots & a_{nn} \end{vmatrix}=b_1A_{1j}+b_2A_{2j}+\cdots+b_nA_{nj}. \tag{1.21}$$

当 $i\neq j$ 时,取 $b_1=a_{1i},b_2=a_{2i},\cdots,b_n=a_{ni}$,则式(1.21)左边行列式的第 i,j 列相同,故此行列式等于 0,即

$$a_{1i}A_{1j}+a_{2i}A_{2j}+\cdots+a_{ni}A_{nj}=0\quad(i\neq j). \tag{1.22}$$

考虑行的情况,类似地有

$$a_{i1}A_{j1}+a_{i2}A_{j2}+\cdots+a_{in}A_{jn}=0\quad(i\neq j). \tag{1.23}$$

将拉普拉斯(按行展开)定理及式(1.23)合起来,可写成一个矩阵等式

$$\begin{pmatrix} a_{11} & a_{12} & \cdots & a_{1n} \\ a_{21} & a_{22} & \cdots & a_{2n} \\ \vdots & \vdots & & \vdots \\ a_{n1} & a_{n2} & \cdots & a_{nn} \end{pmatrix}\begin{pmatrix} A_{11} & A_{21} & \cdots & A_{n1} \\ A_{12} & A_{22} & \cdots & A_{n2} \\ \vdots & \vdots & & \vdots \\ A_{1n} & A_{2n} & \cdots & A_{nn} \end{pmatrix}=|\boldsymbol{A}|\boldsymbol{I}. \tag{1.24}$$

而将拉普拉斯(按列展开)定理及式(1.22)合起来,又可写成另一个矩阵等式

$$\begin{pmatrix} A_{11} & A_{21} & \cdots & A_{n1} \\ A_{12} & A_{22} & \cdots & A_{n2} \\ \vdots & \vdots & & \vdots \\ A_{1n} & A_{2n} & \cdots & A_{nn} \end{pmatrix}\begin{pmatrix} a_{11} & a_{12} & \cdots & a_{1n} \\ a_{21} & a_{22} & \cdots & a_{2n} \\ \vdots & \vdots & & \vdots \\ a_{n1} & a_{n2} & \cdots & a_{nn} \end{pmatrix}=|\boldsymbol{A}|\boldsymbol{I}. \tag{1.25}$$

定义 1.10　以 n 阶方阵 $\boldsymbol{A}$ 的(i,j)元对应的代数余子式 A_{ij} 作为(j,i)元,得到一个矩阵,称此矩阵为 $\boldsymbol{A}$ 的**转置伴随矩阵**,简称**伴随矩阵**,记作 $\mathrm{adj}\boldsymbol{A}$ 或 $\boldsymbol{A}^*$. 也就是说,$\boldsymbol{A}$ 的伴随矩阵

定义为

伴随矩阵

$$A^* = \begin{pmatrix} A_{11} & A_{21} & \cdots & A_{n1} \\ A_{12} & A_{22} & \cdots & A_{n2} \\ \vdots & \vdots & & \vdots \\ A_{1n} & A_{2n} & \cdots & A_{nn} \end{pmatrix}.$$

利用伴随矩阵,可将式(1.24)和式(1.25)改写成定理1.6.

定理 1.6 设 $\boldsymbol{A}^*$ 为方阵 $\boldsymbol{A}$ 的伴随矩阵,则有

$$\boldsymbol{A}\boldsymbol{A}^* = \boldsymbol{A}^*\boldsymbol{A} = |\boldsymbol{A}|\boldsymbol{I}.$$

由定理1.6可以推出**逆矩阵计算公式**,即定理1.7.

定理 1.7 若 $\boldsymbol{A}$ 为非奇异矩阵,则 $\boldsymbol{A}$ 为可逆矩阵,且 $\boldsymbol{A}$ 的逆矩阵为

$$\boldsymbol{A}^{-1} = \frac{1}{|\boldsymbol{A}|}\boldsymbol{A}^*.$$

证明 由定理1.6,有

$$\boldsymbol{A}\boldsymbol{A}^* = \boldsymbol{A}^*\boldsymbol{A} = |\boldsymbol{A}|\boldsymbol{I}.$$

令 $\boldsymbol{B} = \frac{1}{|\boldsymbol{A}|}\boldsymbol{A}^*$,则上式成为

$$\boldsymbol{A}\boldsymbol{B} = \boldsymbol{B}\boldsymbol{A} = \boldsymbol{I},$$

因此 $\boldsymbol{A}$ 为可逆矩阵,其逆矩阵 $\boldsymbol{A}^{-1} = \boldsymbol{B} = \frac{1}{|\boldsymbol{A}|}\boldsymbol{A}^*$. ■

由定理1.4、定理1.5和定理1.7立即得到推论1.

推论 1 方阵 $\boldsymbol{A}$ 的左(或右)逆矩阵就是 $\boldsymbol{A}$ 的逆矩阵.

例 1.3.3 求矩阵

$$\boldsymbol{A} = \begin{pmatrix} a & b \\ c & d \end{pmatrix}$$

的伴随矩阵.

解 矩阵 $\boldsymbol{A}$ 的代数余子式分别为

$$A_{11} = d,\quad A_{12} = -c,\quad A_{21} = -b,\quad A_{22} = a,$$

所以矩阵 $\boldsymbol{A}$ 的伴随矩阵为

$$\boldsymbol{A}^* = \begin{pmatrix} A_{11} & A_{21} \\ A_{12} & A_{22} \end{pmatrix} = \begin{pmatrix} d & -b \\ -c & a \end{pmatrix}.$$ ■

例 1.3.4 求矩阵

$$\boldsymbol{A} = \begin{pmatrix} 1 & 1 & 1 \\ 1 & 2 & 1 \\ 1 & 1 & 3 \end{pmatrix}$$

的逆矩阵.

解 矩阵 $\boldsymbol{A}$ 的代数余子式分别为

$$A_{11} = \begin{vmatrix} 2 & 1 \\ 1 & 3 \end{vmatrix} = 5,\quad A_{12} = -\begin{vmatrix} 1 & 1 \\ 1 & 3 \end{vmatrix} = -2,\quad A_{13} = \begin{vmatrix} 1 & 2 \\ 1 & 1 \end{vmatrix} = -1,$$

$$A_{21}=-\begin{vmatrix}1&1\\1&3\end{vmatrix}=-2,\quad A_{22}=\begin{vmatrix}1&1\\1&3\end{vmatrix}=2,\quad A_{23}=-\begin{vmatrix}1&1\\1&1\end{vmatrix}=0,$$

$$A_{31}=\begin{vmatrix}1&1\\2&1\end{vmatrix}=-1,\quad A_{32}=-\begin{vmatrix}1&1\\1&1\end{vmatrix}=0,\quad A_{33}=\begin{vmatrix}1&1\\1&2\end{vmatrix}=1,$$

故矩阵 $\boldsymbol{A}$ 的伴随矩阵为

$$\boldsymbol{A}^*=\begin{pmatrix}A_{11}&A_{21}&A_{31}\\A_{12}&A_{22}&A_{32}\\A_{13}&A_{23}&A_{33}\end{pmatrix}=\begin{pmatrix}5&-2&-1\\-2&2&0\\-1&0&1\end{pmatrix}.$$

而将 $|\boldsymbol{A}|$ 按第 1 行展开，得

$$|\boldsymbol{A}|=a_{11}A_{11}+a_{12}A_{12}+a_{13}A_{13}=1\times5+1\times(-2)+1\times(-1)=2\neq0,$$

所以 $\boldsymbol{A}$ 可逆，且其逆矩阵为

$$\boldsymbol{A}^{-1}=\frac{1}{|\boldsymbol{A}|}\boldsymbol{A}^*=\frac{1}{2}\begin{pmatrix}5&-2&-1\\-2&2&0\\-1&0&1\end{pmatrix}.$$ ■

注 1.21　对于低阶的或特殊的矩阵，逆矩阵可用定理 1.7 中的公式计算.

例 1.3.5　求线性变换

$$\begin{cases}y_1=x_1+2x_2+3x_3,\\y_2=x_1+3x_2+4x_3,\\y_3=2x_1+x_2+2x_3\end{cases}$$

的逆变换.

解　线性变换的系数矩阵为

$$\boldsymbol{A}=\begin{pmatrix}1&2&3\\1&3&4\\2&1&2\end{pmatrix},$$

其伴随矩阵为

$$\boldsymbol{A}^*=\begin{pmatrix}A_{11}&A_{21}&A_{31}\\A_{12}&A_{22}&A_{32}\\A_{13}&A_{23}&A_{33}\end{pmatrix}=\begin{pmatrix}2&-1&-1\\6&-4&-1\\-5&3&1\end{pmatrix}.$$

将 $|\boldsymbol{A}|$ 按第 1 行展开，得

$$|\boldsymbol{A}|=a_{11}A_{11}+a_{12}A_{12}+a_{13}A_{13}=1\times2+2\times6+3\times(-5)=-1\neq0,$$

因此 $\boldsymbol{A}$ 可逆，且其逆矩阵

$$\boldsymbol{A}^{-1}=\frac{1}{|\boldsymbol{A}|}\boldsymbol{A}^*=\begin{pmatrix}-2&1&1\\-6&4&1\\5&-3&-1\end{pmatrix},$$

故所求逆变换为

$$\begin{cases}x_1=-2y_1+y_2+y_3,\\x_2=-6y_1+4y_2+y_3,\\x_3=5y_1-3y_2-y_3.\end{cases}$$ ■

例 1.3.6　已知矩阵

$$A=\begin{pmatrix}4&2&3\\1&1&0\\-1&2&3\end{pmatrix},$$

解矩阵方程 $AX=A+2X$.

解 由 $AX=A+2X$，得 $(A-2I)X=A$. 如果矩阵 $A-2I$ 可逆，那么有 $X=(A-2I)^{-1}A$. 经计算得

$$A-2I=\begin{pmatrix}2&2&3\\1&-1&0\\-1&2&1\end{pmatrix},$$

$$(A-2I)^*=\begin{pmatrix}-1&4&3\\-1&5&3\\1&-6&-4\end{pmatrix},$$

将 $|A-2I|$ 按第 1 行展开，得

$$|A-2I|=2\times(-1)+2\times(-1)+3\times1=-1\neq0,$$

因此 $A-2I$ 可逆，且其逆矩阵为

$$(A-2I)^{-1}=\frac{1}{|A-2I|}(A-2I)^*=\begin{pmatrix}1&-4&-3\\1&-5&-3\\-1&6&4\end{pmatrix}.$$

所以

$$X=(A-2I)^{-1}A=\begin{pmatrix}1&-4&-3\\1&-5&-3\\-1&6&4\end{pmatrix}\begin{pmatrix}4&2&3\\1&1&0\\-1&2&3\end{pmatrix}=\begin{pmatrix}3&-8&-6\\2&-9&-6\\-2&12&9\end{pmatrix}.$$ ■

例 1.3.7 设方阵 A 满足关系式 $A^2-3A-I=O$，证明：$A-2I$ 可逆.

证明 因为方阵的左(或右)逆矩阵就是它的逆矩阵，所以可以通过直接求出 $A-2I$ 的左(或右)逆矩阵而得到证明.

对于多项式 $f(x)=x^2-3x-1$，有

$$f(x)=x^2-3x-1=(x-2)(x-1)-3,$$

所以

$$A^2-3A-I=f(A)=(A-2I)(A-I)-3I.$$

因为 $A^2-3A-I=O$，所以

$$(A-2I)(A-I)=(A^2-3A-I)+3I=3I,$$

于是

$$(A-2I)\left[\frac{1}{3}(A-I)\right]=I.$$

因此，$A-2I$ 可逆，且其逆矩阵为

$$(A-2I)^{-1}=\frac{1}{3}(A-I).$$ ■

定理 1.6 给出了伴随矩阵的基本性质，下面的定理 1.8 进一步给出伴随矩阵的常用性质.

定理 1.8 设 A 为 n 阶可逆矩阵，则有：

(1) $|\boldsymbol{A}^*| = |\boldsymbol{A}|^{n-1}$；

(2) $(\boldsymbol{A}^*)^{-1} = (\boldsymbol{A}^{-1})^* = |\boldsymbol{A}|^{-1}\boldsymbol{A}$.

证明　(1) 由定理 1.6 可知，$\boldsymbol{A}^*\boldsymbol{A} = |\boldsymbol{A}|\boldsymbol{I}$. 在该等式两边同时取行列式，得

$$|\boldsymbol{A}^*| \cdot |\boldsymbol{A}| = |\boldsymbol{A}|^n.$$

因为 $\boldsymbol{A}$ 为可逆矩阵，所以 $|\boldsymbol{A}| \neq 0$，于是由上式可得 $|\boldsymbol{A}^*| = |\boldsymbol{A}|^{n-1}$.

(2) 由逆矩阵的计算公式可知，

$$\boldsymbol{A}^* = |\boldsymbol{A}|\boldsymbol{A}^{-1}, \quad (\boldsymbol{A}^{-1})^* = |\boldsymbol{A}^{-1}|(\boldsymbol{A}^{-1})^{-1}.$$

于是，由逆矩阵的性质(1) 和性质(2) 可知，

$$(\boldsymbol{A}^*)^{-1} = (|\boldsymbol{A}|\boldsymbol{A}^{-1})^{-1} = |\boldsymbol{A}|^{-1}(\boldsymbol{A}^{-1})^{-1} = |\boldsymbol{A}|^{-1}\boldsymbol{A}.$$

由逆矩阵的性质(1) 和定理 1.5 可知，

$$(\boldsymbol{A}^{-1})^* = |\boldsymbol{A}^{-1}|(\boldsymbol{A}^{-1})^{-1} = |\boldsymbol{A}|^{-1}\boldsymbol{A}.$$

所以，有

$$(\boldsymbol{A}^*)^{-1} = (\boldsymbol{A}^{-1})^* = |\boldsymbol{A}|^{-1}\boldsymbol{A}.$$ ■

注 1.22　可以证明，当 $|\boldsymbol{A}| = 0$ 时，必有 $|\boldsymbol{A}^*| = 0$.

例 1.3.8　设 $\boldsymbol{A}$ 为三阶方阵，且 $|\boldsymbol{A}| = 2$，计算 $|(2\boldsymbol{A})^{-1} - \boldsymbol{A}^*|$.

解　由逆矩阵的性质及其计算公式可知，

$$(2\boldsymbol{A})^{-1} - \boldsymbol{A}^* = \frac{1}{2}\boldsymbol{A}^{-1} - \boldsymbol{A}^* = \frac{1}{2|\boldsymbol{A}|}\boldsymbol{A}^* - \boldsymbol{A}^* = -\frac{3}{4}\boldsymbol{A}^*,$$

于是

$$|(2\boldsymbol{A})^{-1} - \boldsymbol{A}^*| = \left|-\frac{3}{4}\boldsymbol{A}^*\right| = \left(-\frac{3}{4}\right)^3|\boldsymbol{A}^*| = -\frac{27}{64}|\boldsymbol{A}|^2 = -\frac{27}{16}.$$ ■

三、克拉默法则

例 1.3.9　利用逆矩阵解线性方程组

$$\begin{cases} x_1 + x_2 + x_3 = 6, \\ x_1 + 2x_2 + x_3 = 8, \\ x_1 + x_2 + 3x_3 = 8. \end{cases}$$

解　线性方程组可写成矩阵形式 $\boldsymbol{Ax} = \boldsymbol{b}$，其中

$$\boldsymbol{A} = \begin{pmatrix} 1 & 1 & 1 \\ 1 & 2 & 1 \\ 1 & 1 & 3 \end{pmatrix}, \quad \boldsymbol{x} = \begin{pmatrix} x_1 \\ x_2 \\ x_3 \end{pmatrix}, \quad \boldsymbol{b} = \begin{pmatrix} 6 \\ 8 \\ 8 \end{pmatrix}.$$

由例 1.3.4 可知，

$$\boldsymbol{A}^{-1} = \frac{1}{2}\begin{pmatrix} 5 & -2 & -1 \\ -2 & 2 & 0 \\ -1 & 0 & 1 \end{pmatrix},$$

所以

$$\boldsymbol{x} = \boldsymbol{A}^{-1}\boldsymbol{b} = \frac{1}{2}\begin{pmatrix} 5 & -2 & -1 \\ -2 & 2 & 0 \\ -1 & 0 & 1 \end{pmatrix}\begin{pmatrix} 6 \\ 8 \\ 8 \end{pmatrix} = \begin{pmatrix} 3 \\ 2 \\ 1 \end{pmatrix},$$

即所求线性方程组的解为 $x_1=3, x_2=2, x_3=1$. ■

当 n 阶方阵 $\boldsymbol{A}$ 可逆时,线性方程组 $\boldsymbol{Ax}=\boldsymbol{b}$ 有唯一解

$$\boldsymbol{x}=\boldsymbol{A}^{-1}\boldsymbol{b}=\frac{1}{|\boldsymbol{A}|}\begin{pmatrix}A_{11} & A_{21} & \cdots & A_{n1}\\ A_{12} & A_{22} & \cdots & A_{n2}\\ \vdots & \vdots & & \vdots\\ A_{1n} & A_{2n} & \cdots & A_{nn}\end{pmatrix}\begin{pmatrix}b_1\\ b_2\\ \vdots\\ b_n\end{pmatrix}.$$

直接计算得

$$x_j=\frac{1}{|\boldsymbol{A}|}(b_1A_{1j}+b_2A_{2j}+\cdots+b_nA_{nj})\quad(j=1,2,\cdots,n).$$

由此得到下面的克拉默法则.

克拉默法则

克拉默法则　设 $\boldsymbol{A}$ 为 n 阶方阵,且 $D=|\boldsymbol{A}|\neq 0$,则线性方程组 $\boldsymbol{Ax}=\boldsymbol{b}$ 有唯一解

$$x_j=\frac{D_j}{D}\quad(j=1,2,\cdots,n),$$

其中 $D_j=b_1A_{1j}+b_2A_{2j}+\cdots+b_nA_{nj}$,即用 $\boldsymbol{b}$ 替代 D 的第 j 列而得的行列式.

习题 1-3

1. 已知 $\boldsymbol{A}$ 是三阶方阵,且 $|\boldsymbol{A}|=2$,求 $|3\boldsymbol{A}^{-1}|$, $|\boldsymbol{A}^*|$ 和 $\left|(3\boldsymbol{A})^{-1}-\frac{1}{2}\boldsymbol{A}^*\right|$.

2. 求线性变换 $\begin{cases}x_1=2y_1+2y_2+y_3,\\ x_2=3y_1+y_2+5y_3,\\ x_3=3y_1+2y_2+3y_3\end{cases}$ 的逆变换.

3. 解矩阵方程 $\boldsymbol{XA}=\boldsymbol{B}$,其中

$$\boldsymbol{A}=\begin{pmatrix}2 & 1 & -1\\ 2 & 1 & 0\\ 1 & -1 & 1\end{pmatrix},\quad \boldsymbol{B}=\begin{pmatrix}1 & -1 & 3\\ 4 & 3 & 2\end{pmatrix}.$$

4. 设矩阵 $\boldsymbol{A}=\begin{pmatrix}3 & 0 & 1\\ 1 & 1 & 0\\ 0 & 1 & 4\end{pmatrix}$,且 $\boldsymbol{AB}=\boldsymbol{A}+2\boldsymbol{B}$,求 $\boldsymbol{B}$.

5. 设 $\boldsymbol{A}^{-1}=\begin{pmatrix}1 & 1 & 1\\ 1 & 2 & 1\\ 1 & 1 & 3\end{pmatrix}$,求伴随矩阵 $\boldsymbol{A}^*$ 的逆矩阵.

6. 设矩阵 $\boldsymbol{A}=\begin{pmatrix}1 & 0 & 0 & 0\\ -2 & 3 & 0 & 0\\ 0 & -4 & 5 & 0\\ 0 & 0 & -6 & 7\end{pmatrix}$,且 $\boldsymbol{B}=(\boldsymbol{I}+\boldsymbol{A})^{-1}(\boldsymbol{I}-\boldsymbol{A})$,求 $(\boldsymbol{I}+\boldsymbol{B})^{-1}$.

7. 设 $\boldsymbol{A}^n = \boldsymbol{O}$,证明:

$$(\boldsymbol{I}-\boldsymbol{A})^{-1} = \boldsymbol{I}+\boldsymbol{A}+\boldsymbol{A}^2+\cdots+\boldsymbol{A}^{n-1}.$$

8. 设方阵 $\boldsymbol{A}$ 满足关系式 $\boldsymbol{A}^2-2\boldsymbol{A}-4\boldsymbol{I}=\boldsymbol{O}$,证明:$\boldsymbol{A}-3\boldsymbol{I}$ 可逆,并求其逆矩阵.

9. (2015 年全国硕士研究生入学统一考试数学二试题) 设矩阵 $\boldsymbol{A} = \begin{pmatrix} a & 1 & 0 \\ 1 & a & -1 \\ 0 & 1 & a \end{pmatrix}$,且 $\boldsymbol{A}^3 = \boldsymbol{O}$,

(1) 求常数 a;

(2) 若矩阵 $\boldsymbol{X}$ 满足 $\boldsymbol{X}-\boldsymbol{X}\boldsymbol{A}^2-\boldsymbol{A}\boldsymbol{X}+\boldsymbol{A}\boldsymbol{X}\boldsymbol{A}^2=\boldsymbol{I}$,其中 $\boldsymbol{I}$ 为三阶单位矩阵,求 $\boldsymbol{X}$.

第四节　矩阵分块法

一、分块矩阵

在行列式乘法定理(定理 1.3) 的证明中,我们考虑了三个矩阵

$$\boldsymbol{D} = \begin{pmatrix} \boldsymbol{A} & \boldsymbol{O} \\ -\boldsymbol{I} & \boldsymbol{B} \end{pmatrix},\quad \boldsymbol{F} = \begin{pmatrix} \boldsymbol{A} & \boldsymbol{AB} \\ -\boldsymbol{I} & \boldsymbol{O} \end{pmatrix},\quad \boldsymbol{G} = \begin{pmatrix} -\boldsymbol{I} & \boldsymbol{O} \\ \boldsymbol{A} & \boldsymbol{AB} \end{pmatrix},$$

它们的行列式之间存在如下关系:

$$|\boldsymbol{D}| = |\boldsymbol{F}| = (-1)^n|\boldsymbol{G}|.$$

利用这一关系式就可推出公式 $|\boldsymbol{AB}| = |\boldsymbol{A}|\cdot|\boldsymbol{B}|$. 考虑矩阵 $\boldsymbol{D}$ 并将它变换为矩阵 $\boldsymbol{G}$,是一种特定的技巧. 利用这一技巧,还可以分析矩阵 $\boldsymbol{A},\boldsymbol{B}$ 与它们的乘积 $\boldsymbol{AB}$ 之间关于矩阵的秩的关系(参见第二章第三节).

不难发现,矩阵 $\boldsymbol{D},\boldsymbol{F}$ 和 $\boldsymbol{G}$ 都由四个小矩阵拼成,或者说,它们都被划分成四个小块,我们称它们为分块矩阵.

一般地,用若干条纵横贯穿的纵线和横线将矩阵划分成许多个小块,每一个小块称为该矩阵的**子矩阵**. 在形式上以子矩阵为元素的矩阵,称为**分块矩阵**.

分块矩阵

例 1.4.1 将 3×4 矩阵分块,分块法有多种,以下给出两种分法:

$$\left(\begin{array}{cc:cc} a_{11} & a_{12} & a_{13} & a_{14} \\ \hdashline a_{21} & a_{22} & a_{23} & a_{24} \\ a_{31} & a_{32} & a_{33} & a_{34} \end{array}\right) = \begin{pmatrix} \boldsymbol{A}_1 & \boldsymbol{A}_2 \\ \boldsymbol{A}_3 & \boldsymbol{A}_4 \end{pmatrix},$$

$$\left(\begin{array}{cc:cc} a_{11} & a_{12} & a_{13} & a_{14} \\ a_{21} & a_{22} & a_{23} & a_{24} \\ \hdashline a_{31} & a_{32} & a_{33} & a_{34} \end{array}\right) = \begin{pmatrix} \boldsymbol{B}_1 & \boldsymbol{B}_2 \\ \boldsymbol{B}_3 & \boldsymbol{B}_4 \end{pmatrix}.$$ ■

注 1.23 可以证明,将一个 $m\times n$ 矩阵分块,共有 $2^{m+n-2}-1$ 种分法.

我们总不会将一个矩阵随意地分块，而是有目的地分块，通常有下面两个主要目的：

(1) 用分块矩阵的形式，简单而清晰地显示特殊矩阵的结构特点；

(2) 将矩阵按列分块，使得线性方程组、矩阵、向量三者联系在一起.

如上面举例的矩阵 $\boldsymbol{D}$ 和 $\boldsymbol{G}$ 称为分块下三角矩阵. 一般地，称形如

$$\boldsymbol{A}=\begin{pmatrix}\boldsymbol{A}_{11} & \boldsymbol{O} & \cdots & \boldsymbol{O}\\ \boldsymbol{A}_{21} & \boldsymbol{A}_{22} & \cdots & \boldsymbol{O}\\ \vdots & \vdots & & \vdots\\ \boldsymbol{A}_{n1} & \boldsymbol{A}_{n2} & \cdots & \boldsymbol{A}_{nn}\end{pmatrix}$$

的分块矩阵为**分块下三角矩阵**，其中主对角线上的子矩阵 $\boldsymbol{A}_{11},\boldsymbol{A}_{22},\cdots,\boldsymbol{A}_{nn}$ 都是方阵，主对角线上方的子矩阵全为零矩阵. 由定理 1.2 可知，

$$|\boldsymbol{A}|=|\boldsymbol{A}_{11}|\cdot|\boldsymbol{A}_{22}|\cdot\cdots\cdot|\boldsymbol{A}_{nn}|.$$

类似地，可以考虑**分块上三角矩阵**. 同时是分块上、下三角矩阵的分块矩阵称为**分块对角矩阵**. 以方阵 $\boldsymbol{A}_i\ (i=1,2,\cdots,n)$ 为对角元素的分块对角矩阵

$$\boldsymbol{A}=\begin{pmatrix}\boldsymbol{A}_1 & & & \\ & \boldsymbol{A}_2 & & \\ & & \ddots & \\ & & & \boldsymbol{A}_n\end{pmatrix}$$

可以记作 $\mathrm{diag}(\boldsymbol{A}_1,\boldsymbol{A}_2,\cdots,\boldsymbol{A}_n)$. 特别地，当 $\lambda_i\ (i=1,2,\cdots,n)$ 都是数时，称 $\mathrm{diag}(\lambda_1,\lambda_2,\cdots,\lambda_n)$ 为**对角矩阵**. 我们将在后面专门介绍分块对角矩阵的性质.

我们知道，线性方程组

$$\begin{cases}a_{11}x_1+a_{12}x_2+\cdots+a_{1n}x_n=b_1,\\ a_{21}x_1+a_{22}x_2+\cdots+a_{2n}x_n=b_2,\\ \qquad\cdots\cdots\\ a_{m1}x_1+a_{m2}x_2+\cdots+a_{mn}x_n=b_m\end{cases}$$

可用矩阵形式表示为 $\boldsymbol{Ax}=\boldsymbol{b}$，其中

$$\boldsymbol{A}=\begin{pmatrix}a_{11} & a_{12} & \cdots & a_{1n}\\ a_{21} & a_{22} & \cdots & a_{2n}\\ \vdots & \vdots & & \vdots\\ a_{m1} & a_{m2} & \cdots & a_{mn}\end{pmatrix},\quad \boldsymbol{x}=\begin{pmatrix}x_1\\ x_2\\ \vdots\\ x_n\end{pmatrix},\quad \boldsymbol{b}=\begin{pmatrix}b_1\\ b_2\\ \vdots\\ b_m\end{pmatrix}.$$

如果将矩阵 $\boldsymbol{A}$ 按列分块为 $\boldsymbol{A}=(\boldsymbol{a}_1,\boldsymbol{a}_2,\cdots,\boldsymbol{a}_n)$，则线性方程组 $\boldsymbol{Ax}=\boldsymbol{b}$ 又可用向量形式表示为

$$x_1\boldsymbol{a}_1+x_2\boldsymbol{a}_2+\cdots+x_n\boldsymbol{a}_n=\boldsymbol{b}.$$

二、矩阵的分块运算

矩阵的分块线性运算是不言而喻的. 对于矩阵的分块转置运算，有

$$\begin{pmatrix}\boldsymbol{A}_{11} & \boldsymbol{A}_{12} & \cdots & \boldsymbol{A}_{1r}\\ \boldsymbol{A}_{21} & \boldsymbol{A}_{22} & \cdots & \boldsymbol{A}_{2r}\\ \vdots & \vdots & & \vdots\\ \boldsymbol{A}_{s1} & \boldsymbol{A}_{s2} & \cdots & \boldsymbol{A}_{sr}\end{pmatrix}^{\mathrm{T}}=\begin{pmatrix}\boldsymbol{A}_{11}^{\mathrm{T}} & \boldsymbol{A}_{21}^{\mathrm{T}} & \cdots & \boldsymbol{A}_{s1}^{\mathrm{T}}\\ \boldsymbol{A}_{12}^{\mathrm{T}} & \boldsymbol{A}_{22}^{\mathrm{T}} & \cdots & \boldsymbol{A}_{s2}^{\mathrm{T}}\\ \vdots & \vdots & & \vdots\\ \boldsymbol{A}_{1r}^{\mathrm{T}} & \boldsymbol{A}_{2r}^{\mathrm{T}} & \cdots & \boldsymbol{A}_{sr}^{\mathrm{T}}\end{pmatrix}.$$

下面着重介绍矩阵的分块乘法运算.

设 $m\times l$ 矩阵 $\boldsymbol{A}$ 按行分块为

$$\boldsymbol{A}=\begin{pmatrix}\boldsymbol{a}_1\\\boldsymbol{a}_2\\\vdots\\\boldsymbol{a}_m\end{pmatrix},$$

$l\times n$ 矩阵 $\boldsymbol{B}$ 按列分块为

$$\boldsymbol{B}=(\boldsymbol{b}_1,\boldsymbol{b}_2,\cdots,\boldsymbol{b}_n),$$

按矩阵的乘法运算,有

$$\boldsymbol{A}\boldsymbol{b}_j=\begin{pmatrix}\boldsymbol{a}_1\boldsymbol{b}_j\\\boldsymbol{a}_2\boldsymbol{b}_j\\\vdots\\\boldsymbol{a}_m\boldsymbol{b}_j\end{pmatrix}\quad(j=1,2,\cdots,n),$$

即

$$\boldsymbol{AB}=\begin{pmatrix}\boldsymbol{a}_1\boldsymbol{b}_1&\boldsymbol{a}_1\boldsymbol{b}_2&\cdots&\boldsymbol{a}_1\boldsymbol{b}_n\\\boldsymbol{a}_2\boldsymbol{b}_1&\boldsymbol{a}_2\boldsymbol{b}_2&\cdots&\boldsymbol{a}_2\boldsymbol{b}_n\\\vdots&\vdots&&\vdots\\\boldsymbol{a}_m\boldsymbol{b}_1&\boldsymbol{a}_m\boldsymbol{b}_2&\cdots&\boldsymbol{a}_m\boldsymbol{b}_n\end{pmatrix}=(\boldsymbol{A}\boldsymbol{b}_1,\boldsymbol{A}\boldsymbol{b}_2,\cdots,\boldsymbol{A}\boldsymbol{b}_n),$$

此式可写为

$$\boldsymbol{A}(\boldsymbol{b}_1,\boldsymbol{b}_2,\cdots,\boldsymbol{b}_n)=(\boldsymbol{A}\boldsymbol{b}_1,\boldsymbol{A}\boldsymbol{b}_2,\cdots,\boldsymbol{A}\boldsymbol{b}_n).\tag{1.26}$$

如果设矩阵 $\boldsymbol{B}$ 分块为

$$\boldsymbol{B}=(\boldsymbol{B}_1,\boldsymbol{B}_2)=(\boldsymbol{b}_1,\boldsymbol{b}_2,\cdots,\boldsymbol{b}_k\ \vdots\ \boldsymbol{b}_{k+1},\boldsymbol{b}_{k+2},\cdots,\boldsymbol{b}_n),$$

由式(1.26)可知,

$$\begin{aligned}\boldsymbol{AB}_1&=\boldsymbol{A}(\boldsymbol{b}_1,\boldsymbol{b}_2,\cdots,\boldsymbol{b}_k)=(\boldsymbol{A}\boldsymbol{b}_1,\boldsymbol{A}\boldsymbol{b}_2,\cdots,\boldsymbol{A}\boldsymbol{b}_k),\\\boldsymbol{AB}_2&=\boldsymbol{A}(\boldsymbol{b}_{k+1},\boldsymbol{b}_{k+2},\cdots,\boldsymbol{b}_n)=(\boldsymbol{A}\boldsymbol{b}_{k+1},\boldsymbol{A}\boldsymbol{b}_{k+2},\cdots,\boldsymbol{A}\boldsymbol{b}_n),\\\boldsymbol{A}(\boldsymbol{B}_1,\boldsymbol{B}_2)&=\boldsymbol{A}(\boldsymbol{b}_1,\boldsymbol{b}_2,\cdots,\boldsymbol{b}_k\ \vdots\ \boldsymbol{b}_{k+1},\boldsymbol{b}_{k+2},\cdots,\boldsymbol{b}_n)\\&=(\boldsymbol{A}\boldsymbol{b}_1,\boldsymbol{A}\boldsymbol{b}_2,\cdots,\boldsymbol{A}\boldsymbol{b}_k\ \vdots\ \boldsymbol{A}\boldsymbol{b}_{k+1},\boldsymbol{A}\boldsymbol{b}_{k+2},\cdots,\boldsymbol{A}\boldsymbol{b}_n),\end{aligned}$$

可见

$$\boldsymbol{A}(\boldsymbol{B}_1,\boldsymbol{B}_2)=(\boldsymbol{AB}_1,\boldsymbol{AB}_2).\tag{1.27}$$

式(1.27)的转置形式就是

$$\begin{pmatrix}\boldsymbol{A}_1\\\boldsymbol{A}_2\end{pmatrix}\boldsymbol{B}=\begin{pmatrix}\boldsymbol{A}_1\boldsymbol{B}\\\boldsymbol{A}_2\boldsymbol{B}\end{pmatrix}.\tag{1.28}$$

由式(1.27)和式(1.28),得

$$\begin{pmatrix}\boldsymbol{A}_1\\\boldsymbol{A}_2\end{pmatrix}(\boldsymbol{B}_1,\boldsymbol{B}_2)=\begin{pmatrix}\boldsymbol{A}_1\boldsymbol{B}_1&\boldsymbol{A}_1\boldsymbol{B}_2\\\boldsymbol{A}_2\boldsymbol{B}_1&\boldsymbol{A}_2\boldsymbol{B}_2\end{pmatrix}.\tag{1.29}$$

例 1.4.2 设 $m\times n$ 矩阵 $\boldsymbol{A}$ 和 n 阶单位矩阵 $\boldsymbol{I}$ 分别按列分块为

$$\boldsymbol{A}=(\boldsymbol{a}_1,\boldsymbol{a}_2,\cdots,\boldsymbol{a}_n),\quad\boldsymbol{I}=(\boldsymbol{e}_1,\boldsymbol{e}_2,\cdots,\boldsymbol{e}_n),$$

由式(1.26),有

$$\boldsymbol{A}=\boldsymbol{AI}=\boldsymbol{A}(\boldsymbol{e}_1,\boldsymbol{e}_2,\cdots,\boldsymbol{e}_n)=(\boldsymbol{A}\boldsymbol{e}_1,\boldsymbol{A}\boldsymbol{e}_2,\cdots,\boldsymbol{A}\boldsymbol{e}_n),$$

可见

$$\boldsymbol{A}\boldsymbol{e}_i=\boldsymbol{a}_i\quad(i=1,2,\cdots,n).$$

■

设行矩阵

$$\boldsymbol{a}=(a_1,a_2,\cdots,a_r),\quad \boldsymbol{b}=(b_1,b_2,\cdots,b_s),$$

列矩阵

$$\boldsymbol{c}=\begin{pmatrix}c_1\\c_2\\\vdots\\c_r\end{pmatrix},\quad \boldsymbol{d}=\begin{pmatrix}d_1\\d_2\\\vdots\\d_s\end{pmatrix},$$

按行矩阵与列矩阵的乘法，有

$$\begin{aligned}&\boldsymbol{ac}=a_1c_1+a_2c_2+\cdots+a_rc_r,\\&\boldsymbol{bd}=b_1d_1+b_2d_2+\cdots+b_sd_s,\\&(\boldsymbol{a},\boldsymbol{b})\begin{pmatrix}\boldsymbol{c}\\\boldsymbol{d}\end{pmatrix}=a_1c_1+a_2c_2+\cdots+a_rc_r+b_1d_1+b_2d_2+\cdots+b_sd_s,\end{aligned}$$

因此

$$(\boldsymbol{a},\boldsymbol{b})\begin{pmatrix}\boldsymbol{c}\\\boldsymbol{d}\end{pmatrix}=\boldsymbol{ac}+\boldsymbol{bd}.\tag{1.30}$$

设 $m\times r$ 矩阵 $\boldsymbol{A}$ 和 $m\times s$ 矩阵 $\boldsymbol{B}$ 分别按行分块为

$$\boldsymbol{A}=\begin{pmatrix}\boldsymbol{a}_1\\\boldsymbol{a}_2\\\vdots\\\boldsymbol{a}_m\end{pmatrix},\quad \boldsymbol{B}=\begin{pmatrix}\boldsymbol{b}_1\\\boldsymbol{b}_2\\\vdots\\\boldsymbol{b}_m\end{pmatrix},$$

而 $r\times n$ 矩阵 $\boldsymbol{C}$ 和 $s\times n$ 矩阵 $\boldsymbol{D}$ 分别按列分块为

$$\boldsymbol{C}=(\boldsymbol{c}_1,\boldsymbol{c}_2,\cdots,\boldsymbol{c}_n),\quad \boldsymbol{D}=(\boldsymbol{d}_1,\boldsymbol{d}_2,\cdots,\boldsymbol{d}_n).$$

记 $m\times n$ 矩阵

$$\boldsymbol{AC}=(f_{ij}),\quad \boldsymbol{BD}=(g_{ij}),\quad (\boldsymbol{A},\boldsymbol{B})\begin{pmatrix}\boldsymbol{C}\\\boldsymbol{D}\end{pmatrix}=(h_{ij}),$$

按矩阵的乘法运算，有

$$f_{ij}=\boldsymbol{a}_i\boldsymbol{c}_j,\quad g_{ij}=\boldsymbol{b}_i\boldsymbol{d}_j,\quad h_{ij}=(\boldsymbol{a}_i,\boldsymbol{b}_i)\begin{pmatrix}\boldsymbol{c}_j\\\boldsymbol{d}_j\end{pmatrix},$$

其中 $i=1,2,\cdots,m;j=1,2,\cdots,n$. 由式(1.30)可知，

$$h_{ij}=f_{ij}+g_{ij}\quad(i=1,2,\cdots,m;j=1,2,\cdots,n),$$

所以

$$(\boldsymbol{A},\boldsymbol{B})\begin{pmatrix}\boldsymbol{C}\\\boldsymbol{D}\end{pmatrix}=\boldsymbol{AC}+\boldsymbol{BD}.\tag{1.31}$$

例 1.4.3 设 $\boldsymbol{A}_{i1},\boldsymbol{A}_{i2}$ 的列数分别等于 $\boldsymbol{B}_{1j},\boldsymbol{B}_{2j}$ 的行数，其中 $i=1,2;j=1,2$. 证明：

$$\begin{pmatrix}\boldsymbol{A}_{11}&\boldsymbol{A}_{12}\\\boldsymbol{A}_{21}&\boldsymbol{A}_{22}\end{pmatrix}\begin{pmatrix}\boldsymbol{B}_{11}&\boldsymbol{B}_{12}\\\boldsymbol{B}_{21}&\boldsymbol{B}_{22}\end{pmatrix}=\begin{pmatrix}\boldsymbol{A}_{11}\boldsymbol{B}_{11}+\boldsymbol{A}_{12}\boldsymbol{B}_{21}&\boldsymbol{A}_{11}\boldsymbol{B}_{12}+\boldsymbol{A}_{12}\boldsymbol{B}_{22}\\\boldsymbol{A}_{21}\boldsymbol{B}_{11}+\boldsymbol{A}_{22}\boldsymbol{B}_{21}&\boldsymbol{A}_{21}\boldsymbol{B}_{12}+\boldsymbol{A}_{22}\boldsymbol{B}_{22}\end{pmatrix}.$$

证明 记

$$\boldsymbol{A}_1=(\boldsymbol{A}_{11},\boldsymbol{A}_{12}),\quad \boldsymbol{A}_2=(\boldsymbol{A}_{21},\boldsymbol{A}_{22}),\quad \boldsymbol{B}_1=\begin{pmatrix}\boldsymbol{B}_{11}\\ \boldsymbol{B}_{21}\end{pmatrix},\quad \boldsymbol{B}_2=\begin{pmatrix}\boldsymbol{B}_{12}\\ \boldsymbol{B}_{22}\end{pmatrix},$$

由式(1.29)和式(1.31),得

$$\begin{aligned}\begin{pmatrix}\boldsymbol{A}_{11} & \boldsymbol{A}_{12}\\ \boldsymbol{A}_{21} & \boldsymbol{A}_{22}\end{pmatrix}\begin{pmatrix}\boldsymbol{B}_{11} & \boldsymbol{B}_{12}\\ \boldsymbol{B}_{21} & \boldsymbol{B}_{22}\end{pmatrix}&=\begin{pmatrix}\boldsymbol{A}_1\\ \boldsymbol{A}_2\end{pmatrix}(\boldsymbol{B}_1,\boldsymbol{B}_2)=\begin{pmatrix}\boldsymbol{A}_1\boldsymbol{B}_1 & \boldsymbol{A}_1\boldsymbol{B}_2\\ \boldsymbol{A}_2\boldsymbol{B}_1 & \boldsymbol{A}_2\boldsymbol{B}_2\end{pmatrix}\\ &=\begin{pmatrix}\boldsymbol{A}_{11}\boldsymbol{B}_{11}+\boldsymbol{A}_{12}\boldsymbol{B}_{21} & \boldsymbol{A}_{11}\boldsymbol{B}_{12}+\boldsymbol{A}_{12}\boldsymbol{B}_{22}\\ \boldsymbol{A}_{21}\boldsymbol{B}_{11}+\boldsymbol{A}_{22}\boldsymbol{B}_{21} & \boldsymbol{A}_{21}\boldsymbol{B}_{12}+\boldsymbol{A}_{22}\boldsymbol{B}_{22}\end{pmatrix}.\end{aligned}$$ ■

例 1.4.4 设 $\boldsymbol{A}$ 为 n 阶可逆矩阵,$\boldsymbol{B}$ 为 r 阶可逆矩阵,$\boldsymbol{C}$ 为 $r\times n$ 矩阵. 证明:方阵

$$\boldsymbol{D}=\begin{pmatrix}\boldsymbol{A} & \boldsymbol{O}\\ \boldsymbol{C} & \boldsymbol{B}\end{pmatrix}$$

可逆,并求 $\boldsymbol{D}^{-1}$.

解　由已知有 $|\boldsymbol{A}|\neq 0$, $|\boldsymbol{B}|\neq 0$,于是 $|\boldsymbol{D}|=|\boldsymbol{A}|\cdot|\boldsymbol{B}|\neq 0$,因此 $\boldsymbol{D}$ 可逆.

设 $\boldsymbol{D}$ 的逆矩阵为

$$\boldsymbol{D}^{-1}=\begin{pmatrix}\boldsymbol{X} & \boldsymbol{V}\\ \boldsymbol{U} & \boldsymbol{Y}\end{pmatrix},$$

其中方阵 $\boldsymbol{X},\boldsymbol{Y}$ 分别与 $\boldsymbol{A},\boldsymbol{B}$ 同阶. 由 $\boldsymbol{D}^{-1}\boldsymbol{D}=\boldsymbol{I}_{n+r}$,得

$$\begin{pmatrix}\boldsymbol{X} & \boldsymbol{V}\\ \boldsymbol{U} & \boldsymbol{Y}\end{pmatrix}\begin{pmatrix}\boldsymbol{A} & \boldsymbol{O}\\ \boldsymbol{C} & \boldsymbol{B}\end{pmatrix}=\begin{pmatrix}\boldsymbol{I}_n & \boldsymbol{O}\\ \boldsymbol{O} & \boldsymbol{I}_r\end{pmatrix}. \tag{1.32}$$

而式(1.32)左边可计算得

$$\begin{pmatrix}\boldsymbol{X} & \boldsymbol{V}\\ \boldsymbol{U} & \boldsymbol{Y}\end{pmatrix}\begin{pmatrix}\boldsymbol{A} & \boldsymbol{O}\\ \boldsymbol{C} & \boldsymbol{B}\end{pmatrix}=\begin{pmatrix}\boldsymbol{XA}+\boldsymbol{VC} & \boldsymbol{VB}\\ \boldsymbol{UA}+\boldsymbol{YC} & \boldsymbol{YB}\end{pmatrix},$$

与式(1.32)右边比较,得

$$\begin{cases}\boldsymbol{XA}+\boldsymbol{VC}=\boldsymbol{I}_n,\\ \boldsymbol{VB}=\boldsymbol{O},\\ \boldsymbol{UA}+\boldsymbol{YC}=\boldsymbol{O},\\ \boldsymbol{YB}=\boldsymbol{I}_r.\end{cases}$$

解此矩阵方程组,得 $\boldsymbol{X}=\boldsymbol{A}^{-1}$, $\boldsymbol{V}=\boldsymbol{O}$, $\boldsymbol{U}=-\boldsymbol{B}^{-1}\boldsymbol{CA}^{-1}$, $\boldsymbol{Y}=\boldsymbol{B}^{-1}$,所以

$$\boldsymbol{D}^{-1}=\begin{pmatrix}\boldsymbol{A}^{-1} & \boldsymbol{O}\\ -\boldsymbol{B}^{-1}\boldsymbol{CA}^{-1} & \boldsymbol{B}^{-1}\end{pmatrix}.$$ ■

不难看出,式(1.29)可推广为

$$\begin{pmatrix}\boldsymbol{A}_1\\ \boldsymbol{A}_2\\ \vdots\\ \boldsymbol{A}_s\end{pmatrix}(\boldsymbol{B}_1,\boldsymbol{B}_2,\cdots,\boldsymbol{B}_r)=\begin{pmatrix}\boldsymbol{A}_1\boldsymbol{B}_1 & \boldsymbol{A}_1\boldsymbol{B}_2 & \cdots & \boldsymbol{A}_1\boldsymbol{B}_r\\ \boldsymbol{A}_2\boldsymbol{B}_1 & \boldsymbol{A}_2\boldsymbol{B}_2 & \cdots & \boldsymbol{A}_2\boldsymbol{B}_r\\ \vdots & \vdots & & \vdots\\ \boldsymbol{A}_s\boldsymbol{B}_1 & \boldsymbol{A}_s\boldsymbol{B}_2 & \cdots & \boldsymbol{A}_s\boldsymbol{B}_r\end{pmatrix}. \tag{1.33}$$

式(1.31)可推广为

$$(\boldsymbol{A}_1,\boldsymbol{A}_2,\cdots,\boldsymbol{A}_t)\begin{pmatrix}\boldsymbol{B}_1\\ \boldsymbol{B}_2\\ \vdots\\ \boldsymbol{B}_t\end{pmatrix}=\boldsymbol{A}_1\boldsymbol{B}_1+\boldsymbol{A}_2\boldsymbol{B}_2+\cdots+\boldsymbol{A}_t\boldsymbol{B}_t, \tag{1.34}$$

其中$\boldsymbol{A}_1,\boldsymbol{A}_2,\cdots,\boldsymbol{A}_t$的列数分别等于$\boldsymbol{B}_1,\boldsymbol{B}_2,\cdots,\boldsymbol{B}_t$的行数. 与例1.4.3类似,利用式(1.33)和式(1.34)就可以得到矩阵的分块乘法运算法则.

设$\boldsymbol{A}$为$m\times l$矩阵,$\boldsymbol{B}$为$l\times n$矩阵,将它们分别分块为

$$\boldsymbol{A}=\begin{pmatrix}\boldsymbol{A}_{11}&\boldsymbol{A}_{12}&\cdots&\boldsymbol{A}_{1t}\\ \boldsymbol{A}_{21}&\boldsymbol{A}_{22}&\cdots&\boldsymbol{A}_{2t}\\ \vdots&\vdots&&\vdots\\ \boldsymbol{A}_{s1}&\boldsymbol{A}_{s2}&\cdots&\boldsymbol{A}_{st}\end{pmatrix},\quad \boldsymbol{B}=\begin{pmatrix}\boldsymbol{B}_{11}&\boldsymbol{B}_{12}&\cdots&\boldsymbol{B}_{1r}\\ \boldsymbol{B}_{21}&\boldsymbol{B}_{22}&\cdots&\boldsymbol{B}_{2r}\\ \vdots&\vdots&&\vdots\\ \boldsymbol{B}_{t1}&\boldsymbol{B}_{t2}&\cdots&\boldsymbol{B}_{tr}\end{pmatrix},$$

其中$\boldsymbol{A}_{i1},\boldsymbol{A}_{i2}\cdots,\boldsymbol{A}_{it}$的列数分别等于$\boldsymbol{B}_{1j},\boldsymbol{B}_{2j},\cdots,\boldsymbol{B}_{tj}$的行数,则

$$\boldsymbol{AB}=\begin{pmatrix}\boldsymbol{C}_{11}&\boldsymbol{C}_{12}&\cdots&\boldsymbol{C}_{1r}\\ \boldsymbol{C}_{21}&\boldsymbol{C}_{22}&\cdots&\boldsymbol{C}_{2r}\\ \vdots&\vdots&&\vdots\\ \boldsymbol{C}_{s1}&\boldsymbol{C}_{s2}&\cdots&\boldsymbol{C}_{sr}\end{pmatrix},$$

其中

$$\boldsymbol{C}_{ij}=\boldsymbol{A}_{i1}\boldsymbol{B}_{1j}+\boldsymbol{A}_{i2}\boldsymbol{B}_{2j}+\cdots+\boldsymbol{A}_{it}\boldsymbol{B}_{tj}\quad(i=1,2,\cdots,s;j=1,2,\cdots,r).$$

三、分块对角矩阵的性质

容易证明,对于分块对角矩阵$\boldsymbol{A}=\mathrm{diag}(\boldsymbol{A}_1,\boldsymbol{A}_2,\cdots,\boldsymbol{A}_s)$,有下列性质成立:

(1) $\boldsymbol{A}^n=\mathrm{diag}(\boldsymbol{A}_1^n,\boldsymbol{A}_2^n,\cdots,\boldsymbol{A}_s^n)$;

(2) $|\boldsymbol{A}|=|\boldsymbol{A}_1|\cdot|\boldsymbol{A}_2|\cdot\cdots\cdot|\boldsymbol{A}_s|$;

(3) $\boldsymbol{A}$可逆的充要条件是$\boldsymbol{A}_i(i=1,2,\cdots,s)$都可逆,此时有

$$\boldsymbol{A}^{-1}=\mathrm{diag}(\boldsymbol{A}_1^{-1},\boldsymbol{A}_2^{-1},\cdots,\boldsymbol{A}_s^{-1}).$$

例 1.4.5 设矩阵

$$\boldsymbol{A}=\begin{pmatrix}2&-1&0&0\\3&-2&0&0\\0&0&2&8\\0&0&0&2\end{pmatrix},$$

求$\boldsymbol{A}^{-1}$和$\boldsymbol{A}^9$.

解 容易看出$\boldsymbol{A}=\mathrm{diag}(\boldsymbol{A}_1,\boldsymbol{A}_2)$,其中

$$\boldsymbol{A}_1=\begin{pmatrix}2&-1\\3&-2\end{pmatrix},\quad \boldsymbol{A}_2=\begin{pmatrix}2&8\\0&2\end{pmatrix}.$$

经计算得

$$|\boldsymbol{A}_1|=-1,\quad \boldsymbol{A}_1^*=\begin{pmatrix}-2&1\\-3&2\end{pmatrix},\quad \boldsymbol{A}_1^{-1}=\frac{1}{|\boldsymbol{A}_1|}\boldsymbol{A}_1^*=\begin{pmatrix}2&-1\\3&-2\end{pmatrix},$$

$$\boldsymbol{A}_1^2=\begin{pmatrix}1&0\\0&1\end{pmatrix},\quad \boldsymbol{A}_1^8=\begin{pmatrix}1&0\\0&1\end{pmatrix},\quad \boldsymbol{A}_1^9=\boldsymbol{A}_1=\begin{pmatrix}2&-1\\3&-2\end{pmatrix};$$

$$|\boldsymbol{A}_2|=4,\quad \boldsymbol{A}_2^*=\begin{pmatrix}2&-8\\0&2\end{pmatrix},\quad \boldsymbol{A}_2^{-1}=\frac{1}{|\boldsymbol{A}_2|}\boldsymbol{A}_2^*=\begin{pmatrix}\frac{1}{2}&-2\\0&\frac{1}{2}\end{pmatrix},$$

$$\boldsymbol{A}_2=2\begin{pmatrix}1&4\\0&1\end{pmatrix},\quad \boldsymbol{A}_2^9=2^9\begin{pmatrix}1&4\\0&1\end{pmatrix}^9=2^9\begin{pmatrix}1&36\\0&1\end{pmatrix}=\begin{pmatrix}512&18\,432\\0&512\end{pmatrix},$$

所以

$$\boldsymbol{A}^{-1}=\begin{pmatrix}\boldsymbol{A}_1^{-1}&\boldsymbol{O}\\\boldsymbol{O}&\boldsymbol{A}_2^{-1}\end{pmatrix}=\left(\begin{array}{cc:cc}2&-1&0&0\\3&-2&0&0\\\hdashline 0&0&\frac{1}{2}&-2\\0&0&0&\frac{1}{2}\end{array}\right),\quad \boldsymbol{A}^9=\begin{pmatrix}\boldsymbol{A}_1^9&\boldsymbol{O}\\\boldsymbol{O}&\boldsymbol{A}_2^9\end{pmatrix}=\left(\begin{array}{cc:cc}2&-1&0&0\\3&-2&0&0\\\hdashline 0&0&512&18\,432\\0&0&0&512\end{array}\right).$$

■

习题 1－4

1. 设矩阵 $\boldsymbol{A}=\begin{pmatrix}2&1&0&0\\1&-2&0&0\\0&0&2&0\\0&0&2&2\end{pmatrix}$，求 $|\boldsymbol{A}^8|$ 和 $\boldsymbol{A}^8$.

2. 设矩阵 $\boldsymbol{A}=\begin{pmatrix}5&2&0&0\\2&1&0&0\\0&0&8&3\\0&0&5&2\end{pmatrix}$，求 $\boldsymbol{A}^{-1}$.

3. 设 $\boldsymbol{AP}=\boldsymbol{PB}$，其中矩阵 $\boldsymbol{P}=\begin{pmatrix}-1&-4\\1&1\end{pmatrix}$，$\boldsymbol{B}=\begin{pmatrix}-1&0\\0&2\end{pmatrix}$，求 $\boldsymbol{A}^{11}$.

4. 设 $\boldsymbol{A}$ 为 n 阶可逆矩阵，$\boldsymbol{D}$ 为 m 阶方阵，$\boldsymbol{B}$ 为 $n\times m$ 矩阵，$\boldsymbol{C}$ 为 $m\times n$ 矩阵，试计算

$$\begin{pmatrix}\boldsymbol{I}_n&\boldsymbol{O}\\-\boldsymbol{CA}^{-1}&\boldsymbol{I}_m\end{pmatrix}\begin{pmatrix}\boldsymbol{A}&\boldsymbol{B}\\\boldsymbol{C}&\boldsymbol{D}\end{pmatrix},$$

并由此证明：

$$\begin{vmatrix}\boldsymbol{A}&\boldsymbol{B}\\\boldsymbol{C}&\boldsymbol{D}\end{vmatrix}=|\boldsymbol{A}|\cdot|\boldsymbol{D}-\boldsymbol{CA}^{-1}\boldsymbol{B}|.$$

5. 设 $\boldsymbol{A}$ 为 n 阶方阵，$\boldsymbol{D}$ 为 m 阶可逆矩阵，$\boldsymbol{B}$ 为 $n\times m$ 矩阵，$\boldsymbol{C}$ 为 $m\times n$ 矩阵，证明：

$$\begin{vmatrix}\boldsymbol{A}&\boldsymbol{B}\\\boldsymbol{C}&\boldsymbol{D}\end{vmatrix}=|\boldsymbol{D}|\cdot|\boldsymbol{A}-\boldsymbol{BD}^{-1}\boldsymbol{C}|.$$

第二章

线性方程组与矩阵的初等变换

线性方程组的研究起源于古代中国，中国经典数学著作《九章算术》一书中就有关于线性方程组的介绍和研究，且有关解方程组的理论已经很完整. 历史上线性代数的第一个问题是解线性方程组，而线性方程组理论的发展促成了作为求解工具的矩阵和行列式理论的创立与发展. 最初的线性方程组问题大多数都是来源于生活实践，现在大量的科学技术和工程问题一般最终都归结为解线性方程组. 因此，线性方程组的基本理论自然是线性代数课程的主要内容.

消元法

本章首先介绍线性方程组的高斯(Gauss)消元法，然后系统地介绍矩阵的初等变换、初等矩阵以及矩阵的秩等相关内容，最后讨论线性方程组的可解性判断，并给出线性方程组可解时其通解的结构.

第一节　线性方程组消元法的形式化

一、消元法与矩阵的初等行变换

大约在公元 263 年，数学家刘徽在《九章算术注》一书中创立了方程组的“互乘相消法”，此法为线性方程组消元法的雏形.

例 2.1.1 解线性方程组

$$\begin{cases} x_1 - 2x_2 - x_3 = 1, & ① \\ x_1 - x_2 = 1, & ② \\ 2x_1 + 2x_2 + 3x_3 = 4. & ③ \end{cases}$$

解　利用消元法求解(消元过程始终保持变换前后的方程组同解)：

$$\text{原方程组} \xrightarrow[③-2\times①]{②-①} \begin{cases} x_1 - 2x_2 - x_3 = 1, & ① \\ x_2 + x_3 = 0, & ② \\ 6x_2 + 5x_3 = 2 & ③ \end{cases}$$

$$\xrightarrow[③-6\times②]{①+2\times②} \begin{cases} x_1 + x_3 = 1, & ① \\ x_2 + x_3 = 0, & ② \\ -x_3 = 2 & ③ \end{cases}$$

$$\xrightarrow[\substack{②+③\\(-1)\times③}]{①+③}\begin{cases}x_1=3,\\x_2=2,\\x_3=-2.\end{cases}$$

至此,原方程组解出. ■

在线性方程组消元的过程中,同解方程组的变换可用相应的增广矩阵的变换来表示,这样显得更清晰.历史上称此法为**高斯消元法**.

借用行列式在变换过程中所用的记号,例 2.1.1 利用高斯消元法的解题过程可改写如下:

高斯消元法

$$\begin{pmatrix}\begin{array}{ccc|c}1&-2&-1&1\\1&-1&0&1\\2&2&3&4\end{array}\end{pmatrix}\xrightarrow[r_3-2r_1]{r_2-r_1}\begin{pmatrix}\begin{array}{ccc|c}1&-2&-1&1\\0&1&1&0\\0&6&5&2\end{array}\end{pmatrix}\xrightarrow[r_3-6r_2]{r_1+2r_2}\begin{pmatrix}\begin{array}{ccc|c}1&0&1&1\\0&1&1&0\\0&0&-1&2\end{array}\end{pmatrix}$$

$$\xrightarrow[\substack{r_2+r_3\\-r_3}]{r_1+r_3}\begin{pmatrix}\begin{array}{ccc|c}1&0&0&3\\0&1&0&2\\0&0&1&-2\end{array}\end{pmatrix}.$$

由最后的增广矩阵,写出相应的线性方程组,便得到原方程组的解

$$\begin{cases}x_1=3,\\x_2=2,\\x_3=-2.\end{cases}$$

定义 2.1　下列三种变换称为矩阵的**初等行变换**:

(1) 交换矩阵的第 i,j 行,记作 $r_i\leftrightarrow r_j$;

(2) 用非零常数 k 乘以矩阵的第 i 行,记作 kr_i;

(3) 用常数 k 乘以矩阵的第 i 行元素后加到第 j 行相应的元素上,记作 r_j+kr_i.

若矩阵 $\boldsymbol{A}$ 经过有限次初等行变换化为矩阵 $\boldsymbol{B}$,则称矩阵 $\boldsymbol{A}$ 与 $\boldsymbol{B}$ **行等价**.

注 2.1　容易验证,与增广矩阵行等价的线性方程组同解.

可见,线性方程组的高斯消元法,实际上就是把线性方程组的消元法加以形式化处理,将同解方程组的变换过程表示成与之相应的增广矩阵的初等行变换过程.

例 2.1.2　用高斯消元法解线性方程组

$$\begin{cases}x_1-2x_2+3x_3-x_4=1,\\3x_1-x_2+5x_3-3x_4=2,\\2x_1+x_2+2x_3-2x_4=3.\end{cases}$$

解　对原方程组的增广矩阵 $(\boldsymbol{A},\boldsymbol{b})$ 施行初等行变换:

$$(\boldsymbol{A},\boldsymbol{b})=\begin{pmatrix}\begin{array}{cccc|c}1&-2&3&-1&1\\3&-1&5&-3&2\\2&1&2&-2&3\end{array}\end{pmatrix}\xrightarrow[r_3-2r_1]{r_2-3r_1}\begin{pmatrix}\begin{array}{cccc|c}1&-2&3&-1&1\\0&5&-4&0&-1\\0&5&-4&0&1\end{array}\end{pmatrix}$$

$$\xrightarrow{r_3-r_2}\begin{pmatrix}\begin{array}{cccc|c}1&-2&3&-1&1\\0&5&-4&0&-1\\0&0&0&0&2\end{array}\end{pmatrix}.$$

在最后的增广矩阵对应的方程组中,第 3 个方程为矛盾方程 $0=2$,它表明原方程组无解. ■

例 2.1.3　用高斯消元法解线性方程组

$$\begin{cases} x_1+10x_2-x_3-x_4=-1, \\ x_1-4x_2+x_3+3x_4=3, \\ 3x_1+16x_2-x_3+x_4=1. \end{cases}$$

解　方法 1　对原方程组的增广矩阵$(\boldsymbol{A},\boldsymbol{b})$ 施行初等行变换：

$$(\boldsymbol{A},\boldsymbol{b})=\left(\begin{array}{cccc:c} 1 & 10 & -1 & -1 & -1 \\ 1 & -4 & 1 & 3 & 3 \\ 3 & 16 & -1 & 1 & 1 \end{array}\right) \xrightarrow[r_3-3r_1]{r_2-r_1} \left(\begin{array}{cccc:c} 1 & 10 & -1 & -1 & -1 \\ 0 & -14 & 2 & 4 & 4 \\ 0 & -14 & 2 & 4 & 4 \end{array}\right)$$

$$\xrightarrow{r_3-r_2} \left(\begin{array}{cccc:c} 1 & 10 & -1 & -1 & -1 \\ 0 & -14 & 2 & 4 & 4 \\ 0 & 0 & 0 & 0 & 0 \end{array}\right) \xrightarrow[r_1-10r_2]{-\frac{1}{14}r_2} \left(\begin{array}{cccc:c} 1 & 0 & \frac{3}{7} & \frac{13}{7} & \frac{13}{7} \\ 0 & 1 & -\frac{1}{7} & -\frac{2}{7} & -\frac{2}{7} \\ 0 & 0 & 0 & 0 & 0 \end{array}\right).$$

于是，得同解方程组

$$\begin{cases} x_1 + \frac{3}{7}x_3+\frac{13}{7}x_4=\frac{13}{7}, \\ x_2-\frac{1}{7}x_3-\frac{2}{7}x_4=-\frac{2}{7}. \end{cases}$$

令 $x_3=k_1, x_4=k_2$，得原方程组的通解为

$$\begin{cases} x_1=-\frac{3}{7}k_1-\frac{13}{7}k_2+\frac{13}{7}, \\ x_2=\frac{1}{7}k_1+\frac{2}{7}k_2-\frac{2}{7}, \\ x_3=k_1, \\ x_4=k_2 \end{cases} \quad (k_1,k_2\text{ 为任意常数}).$$

将所得通解用向量形式表示，有

$$\begin{pmatrix} x_1 \\ x_2 \\ x_3 \\ x_4 \end{pmatrix}=k_1\begin{pmatrix} -\frac{3}{7} \\ \frac{1}{7} \\ 1 \\ 0 \end{pmatrix}+k_2\begin{pmatrix} -\frac{13}{7} \\ \frac{2}{7} \\ 0 \\ 1 \end{pmatrix}+\begin{pmatrix} \frac{13}{7} \\ -\frac{2}{7} \\ 0 \\ 0 \end{pmatrix}.$$

方法 2　对原方程组的增广矩阵$(\boldsymbol{A},\boldsymbol{b})$ 施行初等行变换，由方法 1 的变换过程可知，

$$(\boldsymbol{A},\boldsymbol{b})\xrightarrow{\text{初等行变换}}\left(\begin{array}{cccc:c} 1 & 10 & -1 & -1 & -1 \\ 0 & -14 & 2 & 4 & 4 \\ 0 & 0 & 0 & 0 & 0 \end{array}\right) \xrightarrow[r_1+r_2]{\frac{1}{2}r_2} \left(\begin{array}{cccc:c} 1 & 3 & 0 & 1 & 1 \\ 0 & -7 & 1 & 2 & 2 \\ 0 & 0 & 0 & 0 & 0 \end{array}\right),$$

于是得同解方程组

$$\begin{cases} x_1+3x_2 + x_4=1, \\ -7x_2+x_3+2x_4=2. \end{cases}$$

令 $x_2=k_1, x_4=k_2$，得原方程组的通解为

$$\begin{pmatrix} x_1 \\ x_2 \\ x_3 \\ x_4 \end{pmatrix} = k_1 \begin{pmatrix} -3 \\ 1 \\ 7 \\ 0 \end{pmatrix} + k_2 \begin{pmatrix} -1 \\ 0 \\ -2 \\ 1 \end{pmatrix} + \begin{pmatrix} 1 \\ 0 \\ 2 \\ 0 \end{pmatrix} \quad (k_1, k_2 \text{ 为任意常数}).$$ ■

注 2.2　如果以下两个条件成立：

(1) 对于任何一组常数 $k_1, k_2, \cdots, k_m$，

$$\boldsymbol{x} = k_1\boldsymbol{\xi}_1 + k_2\boldsymbol{\xi}_2 + \cdots + k_m\boldsymbol{\xi}_m + \boldsymbol{\eta}$$

都是方程组 $\boldsymbol{Ax} = \boldsymbol{b}$ 的解；

(2) 对于方程组 $\boldsymbol{Ax} = \boldsymbol{b}$ 的任何一个解 $\boldsymbol{x} = \boldsymbol{\xi}$，总存在唯一的一组常数 $k_1, k_2, \cdots, k_m$，使得

$$\boldsymbol{x} = k_1\boldsymbol{\xi}_1 + k_2\boldsymbol{\xi}_2 + \cdots + k_m\boldsymbol{\xi}_m + \boldsymbol{\eta},$$

则称线性方程组 $\boldsymbol{Ax} = \boldsymbol{b}$ 的通解为

$$\boldsymbol{x} = k_1\boldsymbol{\xi}_1 + k_2\boldsymbol{\xi}_2 + \cdots + k_m\boldsymbol{\xi}_m + \boldsymbol{\eta} \quad (k_1, k_2, \cdots, k_m \text{ 为任意常数}).$$

如果线性方程组的一组未知元具备如下两个条件：

(1) 这组未知元取任意一组值，方程组总有解；

(2) 这组未知元取定一组值之后，方程组的解是唯一的，

那么称这组未知元为该线性方程组的**自由未知元**.

例如，例 2.1.3 方法 1 中的 x_3, x_4 以及方法 2 中的 x_2, x_4 都是原线性方程组的一组自由未知元.

线性方程组

注 2.3　线性方程组的自由未知元选择不唯一，对应通解表示式也不唯一.

二、矩阵的行最简形

例 2.1.3 表明，线性方程组的高斯消元法灵活多变. 因此，我们有必要选择一种便于进一步做理论研究的算法. 有一种较理想且流行的算法，该算法建立在一种称为行最简形矩阵的特殊矩阵基础之上. 下面介绍行最简形矩阵的相关知识.

在例 2.1.1 和例 2.1.3 的方法 1 中，由增广矩阵变换得到的最后一个矩阵称为行最简形矩阵；而在例 2.1.2 和例 2.1.3 的方法 2 中，由增广矩阵变换得到的最后一个矩阵称为行阶梯形矩阵.

定义 2.2　称满足下列条件的矩阵为**行阶梯形矩阵**：

(1) 零行(元素全为 0 的行) 都位于矩阵的下方；

(2) 各非零行的**首非零元**(自左至右的首个不为 0 的元素) 的列标随着行标的增大而严格增大.

定义 2.3　称满足下列条件的行阶梯形矩阵为**行最简形矩阵**：

(1) 各非零行的首非零元都是 1；

(2) 每个首非零元所在列的其余元素都是 0.

我们称与矩阵 $\boldsymbol{A}$ 行等价的行最简形矩阵为矩阵 $\boldsymbol{A}$ 的行最简形.

例 2.1.4　把矩阵 $\boldsymbol{A}$ 化为行最简形，其中

$$A=\begin{pmatrix}1&-2&-3&0&18\\-1&2&3&3&-27\\2&-1&0&2&27\\1&1&3&5&0\end{pmatrix}.$$

解 对矩阵A施行初等行变换：

$$A=\begin{pmatrix}1&-2&-3&0&18\\-1&2&3&3&-27\\2&-1&0&2&27\\1&1&3&5&0\end{pmatrix}\xrightarrow[\substack{r_3-2r_1\\r_4-r_1}]{r_2+r_1}\begin{pmatrix}1&-2&-3&0&18\\0&0&0&3&-9\\0&3&6&2&-9\\0&3&6&5&-18\end{pmatrix}$$

$$\xrightarrow{r_2\leftrightarrow r_4}\begin{pmatrix}1&-2&-3&0&18\\0&3&6&5&-18\\0&3&6&2&-9\\0&0&0&3&-9\end{pmatrix}\xrightarrow{r_3-r_2}\begin{pmatrix}1&-2&-3&0&18\\0&3&6&5&-18\\0&0&0&-3&9\\0&0&0&3&-9\end{pmatrix}$$

$$\xrightarrow{r_4+r_3}\begin{pmatrix}1&-2&-3&0&18\\0&3&6&5&-18\\0&0&0&-3&9\\0&0&0&0&0\end{pmatrix}\xrightarrow[r_2-5r_3]{-\frac{1}{3}r_3}\begin{pmatrix}1&-2&-3&0&18\\0&3&6&0&-3\\0&0&0&1&-3\\0&0&0&0&0\end{pmatrix}$$

$$\xrightarrow[r_1+2r_2]{\frac{1}{3}r_2}\begin{pmatrix}1&0&1&0&16\\0&1&2&0&-1\\0&0&0&1&-3\\0&0&0&0&0\end{pmatrix}.$$

最后的矩阵就是矩阵A的行最简形. ■

注 2.4 *任何矩阵总可以经过有限次初等行变换化为行最简形.*

下面介绍把矩阵化为行最简形的方法：

给定一个$m\times n$矩阵$A=(a_{ij})$，为了叙述方便起见，不妨设它的第1列元素不全为0. 在矩阵A的第1列中，取一个非零元素，记为a_1，利用第1种初等行变换把a_1移到第1行、第1列的位置上，再利用第3种初等行变换将矩阵第1列的其余元素全化为0，于是矩阵A经初等行变换可化为

$$\begin{pmatrix}a_1&\times&\cdots&\times&\cdots\\&&&&A_1\end{pmatrix},$$

其中×处上的元素为某些数(可能空缺)，空白处元素全为0，A_1的第1列元素不全为0. 同理，矩阵A_1经初等行变换又可化为

$$\begin{pmatrix}a_2&\times&\cdots&\times&0\\&&&&A_2\end{pmatrix},$$

其中$a_2\neq0$，×处上的元素为某些数(可能空缺)，空白处元素全为0，A_2的第1列元素不全为0. 对矩阵A_2重复以上过程，直到某一矩阵A_r空缺为止. 最后，矩阵A便化为如下行阶梯形矩阵：

$$\begin{pmatrix} a_1 & \times & \cdots & \times & \times & \times & \cdots & \times & \times & \times & \cdots & \times \\ & & & & a_2 & \times & \cdots & \times & \times & \cdots & \times & \times \\ & & & & & & \ddots & & \vdots & \vdots & & \vdots \\ & & & & & & & & a_r & \times & \cdots & \times \\ & & & & & & & & & & & \end{pmatrix},$$

其中 $a_1a_2\cdots a_r\neq 0$，$r\leqslant\min\{m,n\}$，$\times$ 处上的元素为某些数（可能空缺），左下方、下方（可能空缺）空白处元素全为 0. 更进一步，利用第 3 种初等行变换，把 $a_i(i=1,2,\cdots,r)$ 所在列中位于 a_i 上方的元素全化为 0，同时利用第 2 种初等行变换，将 a_i 化为 1. 这样，矩阵 $\boldsymbol{A}$ 就化为如下行最简形：

$$\begin{pmatrix} 1 & \times & \cdots & \times & 0 & \times & \cdots & \times & 0 & \times & \cdots & \times \\ & & & & 1 & \times & \cdots & \times & 0 & \times & \cdots & \times \\ & & & & & & \ddots & & \vdots & \vdots & & \vdots \\ & & & & & & & & 1 & \times & \cdots & \times \\ & & & & & & & & & & & \end{pmatrix}.$$

三、线性方程组的行最简形解法

介绍了矩阵的行最简形之后，就可以利用它给出求解线性方程组的一种特定格式的消元解法，称之为线性方程组的行最简形解法：

（1）对于非齐次线性方程组 $\boldsymbol{Ax}=\boldsymbol{b}$，对其增广矩阵 $(\boldsymbol{A},\boldsymbol{b})$ 施行初等行变换，将它化为 $(\boldsymbol{A}_0,\boldsymbol{b}_0)$，其中 $\boldsymbol{A}_0$ 为 $\boldsymbol{A}$ 的行最简形，此时由同解方程组 $\boldsymbol{A}_0\boldsymbol{x}=\boldsymbol{b}_0$，便知其解；

（2）对于齐次线性方程组 $\boldsymbol{Ax}=\boldsymbol{0}$，对其系数矩阵 $\boldsymbol{A}$ 施行初等行变换，将它化为行最简形 $\boldsymbol{A}_0$，此时由同解方程组 $\boldsymbol{A}_0\boldsymbol{x}=\boldsymbol{0}$，便知其解.

例 2.1.5　解齐次线性方程组

$$\begin{cases} x_1+x_2+x_3+2x_4=0, \\ 2x_1+3x_2+x_3+x_4=0, \\ 2x_1+x_2+3x_3+7x_4=0. \end{cases}$$

解　把原方程组的系数矩阵 $\boldsymbol{A}$ 化为行最简形：

$$\boldsymbol{A}=\begin{pmatrix} 1 & 1 & 1 & 2 \\ 2 & 3 & 1 & 1 \\ 2 & 1 & 3 & 7 \end{pmatrix}\xrightarrow[r_3-2r_1]{r_2-2r_1}\begin{pmatrix} 1 & 1 & 1 & 2 \\ 0 & 1 & -1 & -3 \\ 0 & -1 & 1 & 3 \end{pmatrix}\xrightarrow[r_3+r_2]{r_1-r_2}\begin{pmatrix} 1 & 0 & 2 & 5 \\ 0 & 1 & -1 & -3 \\ 0 & 0 & 0 & 0 \end{pmatrix},$$

于是得同解方程组

$$\begin{cases} x_1 \qquad +2x_3+5x_4=0, \\ \qquad x_2-x_3-3x_4=0. \end{cases}$$

令自由未知元 $x_3=k_1$，$x_4=k_2$，得原方程组的通解为

$$\begin{pmatrix} x_1 \\ x_2 \\ x_3 \\ x_4 \end{pmatrix} = k_1 \begin{pmatrix} -2 \\ 1 \\ 1 \\ 0 \end{pmatrix} + k_2 \begin{pmatrix} -5 \\ 3 \\ 0 \\ 1 \end{pmatrix} \quad (k_1, k_2 \text{ 为任意常数}).$$ ■

例 2.1.6 解非齐次线性方程组

$$\begin{cases} x_1 - x_2 - x_3 + x_4 = 0, \\ x_1 - x_2 + x_3 - 3x_4 = 2, \\ 2x_1 - 2x_2 - 4x_3 + 6x_4 = -2. \end{cases}$$

解 把原方程组的增广矩阵$(\boldsymbol{A}, \boldsymbol{b})$化为行最简形：

$$(\boldsymbol{A}, \boldsymbol{b}) = \left(\begin{array}{cccc:c} 1 & -1 & -1 & 1 & 0 \\ 1 & -1 & 1 & -3 & 2 \\ 2 & -2 & -4 & 6 & -2 \end{array}\right) \xrightarrow[r_3 - 2r_1]{r_2 - r_1} \left(\begin{array}{cccc:c} 1 & -1 & -1 & 1 & 0 \\ 0 & 0 & 2 & -4 & 2 \\ 0 & 0 & -2 & 4 & -2 \end{array}\right)$$

$$\xrightarrow{r_3 + r_2} \left(\begin{array}{cccc:c} 1 & -1 & -1 & 1 & 0 \\ 0 & 0 & 2 & -4 & 2 \\ 0 & 0 & 0 & 0 & 0 \end{array}\right) \xrightarrow[r_1 + r_2]{\frac{1}{2} r_2} \left(\begin{array}{cccc:c} 1 & -1 & 0 & -1 & 1 \\ 0 & 0 & 1 & -2 & 1 \\ 0 & 0 & 0 & 0 & 0 \end{array}\right),$$

于是得同解方程组

$$\begin{cases} x_1 - x_2 \qquad - x_4 = 1, \\ \qquad\qquad x_3 - 2x_4 = 1. \end{cases}$$

令自由未知元 $x_2 = k_1, x_4 = k_2$，得原方程组的通解为

$$\begin{pmatrix} x_1 \\ x_2 \\ x_3 \\ x_4 \end{pmatrix} = k_1 \begin{pmatrix} 1 \\ 1 \\ 0 \\ 0 \end{pmatrix} + k_2 \begin{pmatrix} 1 \\ 0 \\ 2 \\ 1 \end{pmatrix} + \begin{pmatrix} 1 \\ 0 \\ 1 \\ 0 \end{pmatrix} \quad (k_1, k_2 \text{ 为任意常数}).$$ ■

习题 2－1

1. 把下列矩阵化为行最简形：

(1) $\begin{pmatrix} 0 & 2 & -3 & 1 \\ 0 & 3 & -4 & 3 \\ 0 & 4 & -7 & -1 \end{pmatrix}$； (2) $\begin{pmatrix} 2 & 3 & 1 & -3 & -7 \\ 1 & 2 & 0 & -2 & -4 \\ 3 & -2 & 8 & 3 & 0 \\ 2 & -3 & 7 & 4 & 3 \end{pmatrix}$.

2. 用高斯消元法解下列线性方程组：

(1) $\begin{cases} x_1 + 7x_2 - 8x_3 + 9x_4 = 0, \\ 2x_1 - 3x_2 + 3x_3 - 2x_4 = 0, \\ 4x_1 + 11x_2 - 13x_3 + 16x_4 = 0; \end{cases}$ (2) $\begin{cases} x_1 + 2x_2 + x_3 - x_4 = 0, \\ 5x_1 + 10x_2 + x_3 - 5x_4 = 0, \\ 7x_1 + 14x_2 + 3x_3 - 7x_4 = 0; \end{cases}$

(3) $\begin{cases} 2x_1 - x_2 + 3x_3 = 3, \\ 3x_1 + x_2 - 5x_3 = 0, \\ 4x_1 - x_2 + x_3 = 3, \\ x_1 + 3x_2 - 13x_3 = -6; \end{cases}$　(4) $\begin{cases} x_1 + 2x_2 + 3x_3 - x_4 = 5, \\ x_1 + x_2 + 2x_3 + x_4 = 5, \\ x_1 + 2x_2 + 3x_3 - 3x_4 = 3, \\ x_1 + x_2 + 2x_3 + 3x_4 = 7. \end{cases}$

3. 用行最简形解法解下列线性方程组：

(1) $\begin{cases} x_1 + 2x_2 - 2x_3 + 2x_4 = 2, \\ x_2 - x_3 - x_4 = 2, \\ x_1 + x_2 - x_3 + 3x_4 = a, \\ x_1 - x_2 + x_3 + 5x_4 = b; \end{cases}$　(2) $\begin{cases} x_1 - 2x_2 + 3x_3 - 4x_4 = 4, \\ x_2 - x_3 + x_4 = -3, \\ x_1 + 3x_2 + ax_3 + x_4 = -11, \\ x_1 - x_2 + 2x_3 + (b^2 - 4b)x_4 = b. \end{cases}$

第二节　矩阵的初等变换与初等矩阵

一、矩阵的初等变换

定义 2.4　下列三种变换称为矩阵的**初等列变换**：

(1) 交换矩阵的第 i, j 列，记作 $c_i \leftrightarrow c_j$；

(2) 用非零常数 k 乘以矩阵的第 i 列，记作 kc_i；

(3) 用常数 k 乘以矩阵的第 i 列元素后加到第 j 列相应的元素上，记作 $c_j + kc_i$.

若矩阵 $\boldsymbol{A}$ 经过有限次初等列变换化为矩阵 $\boldsymbol{B}$，则称矩阵 $\boldsymbol{A}$ 与 $\boldsymbol{B}$ **列等价**.

矩阵的初等行变换与初等列变换统称为矩阵的**初等变换**. 若矩阵 $\boldsymbol{A}$ 经过有限次初等变换化为矩阵 $\boldsymbol{B}$，则称矩阵 $\boldsymbol{A}$ 与 $\boldsymbol{B}$ **等价**，记作 $\boldsymbol{A} \cong \boldsymbol{B}$.

矩阵的等价关系具有以下基本性质：

(1) **反身性**　$\boldsymbol{A} \cong \boldsymbol{A}$；

(2) **对称性**　若 $\boldsymbol{A} \cong \boldsymbol{B}$，则 $\boldsymbol{B} \cong \boldsymbol{A}$；

(3) **传递性**　若 $\boldsymbol{A} \cong \boldsymbol{B}$，$\boldsymbol{B} \cong \boldsymbol{C}$，则 $\boldsymbol{A} \cong \boldsymbol{C}$.

利用初等行变换，将方程组的增广矩阵化为行最简形，可得出该方程组的解. 可见，讨论矩阵的某种结构简单而形式特定的等价矩阵，在理论和实际应用上都是必要而且有价值的.

对矩阵的行最简形再施行初等列变换，可得到一种结构最为简单的形式. 以例 2.1.4 中的矩阵 $\boldsymbol{A}$ 为例，矩阵 $\boldsymbol{A}$ 的行最简形为

$$\begin{pmatrix} 1 & 0 & 1 & 0 & 16 \\ 0 & 1 & 2 & 0 & -1 \\ 0 & 0 & 0 & 1 & -3 \\ 0 & 0 & 0 & 0 & 0 \end{pmatrix},$$

对其施行初等列变换：

$$c_3 - c_1, \quad c_5 - 16c_1, \quad c_3 - 2c_2, \quad c_5 + c_2, \quad c_5 + 3c_4, \quad c_3 \leftrightarrow c_4,$$

则可化为

$$F=\begin{pmatrix}1&0&0&0&0\\0&1&0&0&0\\0&0&1&0&0\\0&0&0&0&0\end{pmatrix},$$

称矩阵 $\boldsymbol{F}$ 为矩阵 $\boldsymbol{A}$ 的等价标准形. 一般地,我们称 $m\times n$ 矩阵

$$\boldsymbol{F}=\begin{pmatrix}\boldsymbol{I}_r & \boldsymbol{O}_{r\times(n-r)}\\ \boldsymbol{O}_{(m-r)\times r} & \boldsymbol{O}_{(m-r)\times(n-r)}\end{pmatrix}$$

为一个**标准形矩阵**. 注意,矩阵 $\boldsymbol{F}$ 下方的零行或右边的零列可能空缺.

定理 2.1 任何 $m\times n$ 矩阵 $\boldsymbol{A}$ 总可经过有限次初等变换化为标准形矩阵

$$\boldsymbol{F}=\begin{pmatrix}\boldsymbol{I}_r & \boldsymbol{O}_{r\times(n-r)}\\ \boldsymbol{O}_{(m-r)\times r} & \boldsymbol{O}_{(m-r)\times(n-r)}\end{pmatrix}.$$

我们称与矩阵 $\boldsymbol{A}$ 等价的标准形矩阵为 $\boldsymbol{A}$ 的**等价标准形**. 由行列式的性质可知,行列式不为 0 的方阵,其等价矩阵的行列式也不为 0. 因此,可逆矩阵的等价矩阵也为可逆矩阵.

于是,我们有:矩阵可逆的充要条件是它的行最简形为单位矩阵.

二、初等矩阵

下面进一步介绍矩阵的初等变换的相关知识,这些知识涉及一类特殊矩阵——初等矩阵.

初等矩阵

定义 2.5 由单位矩阵经过一次初等变换而得的矩阵称为**初等矩阵**.

相应于矩阵的三种初等行(或列)变换,初等矩阵有以下三种:

(1) $\boldsymbol{E}(i,j)$,即由单位矩阵交换第 i,j 行(或列)而得的矩阵;

(2) $\boldsymbol{E}(i(k))$,即由单位矩阵的第 i 行(或列)乘以非零常数 k 而得的矩阵;

(3) $\boldsymbol{E}(j,i(k))$,即用常数 k 乘以单位矩阵的第 i 行(或 j 列)元素后加到第 j 行(或 i 列)相应的元素上而得的矩阵.

这里,我们仅列举所有的三阶初等矩阵(其他的高阶初等矩阵可类似写出):

(1) 三阶初等矩阵 $\boldsymbol{E}(i,j)$ 有

$$\boldsymbol{E}(1,2)=\begin{pmatrix}0&1&0\\1&0&0\\0&0&1\end{pmatrix},\quad \boldsymbol{E}(1,3)=\begin{pmatrix}0&0&1\\0&1&0\\1&0&0\end{pmatrix},\quad \boldsymbol{E}(2,3)=\begin{pmatrix}1&0&0\\0&0&1\\0&1&0\end{pmatrix}.$$

(2) 三阶初等矩阵 $\boldsymbol{E}(i(k))$(k 为非零常数)有

$$\boldsymbol{E}(1(k))=\begin{pmatrix}k&0&0\\0&1&0\\0&0&1\end{pmatrix},\quad \boldsymbol{E}(2(k))=\begin{pmatrix}1&0&0\\0&k&0\\0&0&1\end{pmatrix},\quad \boldsymbol{E}(3(k))=\begin{pmatrix}1&0&0\\0&1&0\\0&0&k\end{pmatrix}.$$

(3) 三阶初等矩阵 $\boldsymbol{E}(j,i(k))$(k 为常数)有

$$E(1,2(k))=\begin{pmatrix}1&k&0\\0&1&0\\0&0&1\end{pmatrix},\quad E(1,3(k))=\begin{pmatrix}1&0&k\\0&1&0\\0&0&1\end{pmatrix},$$

$$E(2,1(k))=\begin{pmatrix}1&0&0\\k&1&0\\0&0&1\end{pmatrix},\quad E(2,3(k))=\begin{pmatrix}1&0&0\\0&1&k\\0&0&1\end{pmatrix},$$

$$E(3,1(k))=\begin{pmatrix}1&0&0\\0&1&0\\k&0&1\end{pmatrix},\quad E(3,2(k))=\begin{pmatrix}1&0&0\\0&1&0\\0&k&1\end{pmatrix}.$$

注 2.5　$\boldsymbol{E}(j,i(k))$ 与 $\boldsymbol{E}(i,j(k))$ 是不同的矩阵，$\boldsymbol{E}(i,j)$ 与 $\boldsymbol{E}(j,i)$ 是同一矩阵.

在矩阵的初等变换与初等矩阵之间，存在着一种本质的关系. 下面的定理 2.2 就说明了这种关系.

定理 2.2　设 $\boldsymbol{A}=(a_{ij})$ 是一个 $m\times n$ 矩阵，

(1) 对矩阵 $\boldsymbol{A}$ 施行某种初等行变换得到的矩阵，等于用同种类型的 m 阶初等矩阵左乘 $\boldsymbol{A}$；

(2) 对矩阵 $\boldsymbol{A}$ 施行某种初等列变换得到的矩阵，等于用同种类型的 n 阶初等矩阵右乘 $\boldsymbol{A}$.

证明　这里仅证明第 3 种初等列变换的情形，其余情形类似可证.

将矩阵 $\boldsymbol{A}$ 和 n 阶单位矩阵 $\boldsymbol{I}$ 按列分块，有

$$\boldsymbol{A}=(\boldsymbol{a}_1,\boldsymbol{a}_2,\cdots,\boldsymbol{a}_n),$$
$$\boldsymbol{I}=(\boldsymbol{e}_1,\boldsymbol{e}_2,\cdots,\boldsymbol{e}_n).$$

经初等列变换 c_t+kc_s，矩阵 $\boldsymbol{A}$ 和单位矩阵 $\boldsymbol{I}$ 分别变换为

$$\boldsymbol{B}=(\boldsymbol{a}_1,\boldsymbol{a}_2,\cdots,\boldsymbol{a}_{t-1},\boldsymbol{a}_t+k\boldsymbol{a}_s,\boldsymbol{a}_{t+1},\cdots,\boldsymbol{a}_n),$$
$$\boldsymbol{E}(s,t(k))=(\boldsymbol{e}_1,\boldsymbol{e}_2,\cdots,\boldsymbol{e}_{t-1},\boldsymbol{e}_t+k\boldsymbol{e}_s,\boldsymbol{e}_{t+1},\cdots,\boldsymbol{e}_n).$$

又由例 1.4.2 可知，$\boldsymbol{A}\boldsymbol{e}_j=\boldsymbol{a}_j\,(j=1,2,\cdots,n)$，于是

$$\begin{aligned}\boldsymbol{A}\boldsymbol{E}(s,t(k))&=\boldsymbol{A}(\boldsymbol{e}_1,\boldsymbol{e}_2,\cdots,\boldsymbol{e}_{t-1},\boldsymbol{e}_t+k\boldsymbol{e}_s,\boldsymbol{e}_{t+1},\cdots,\boldsymbol{e}_n)\\&=(\boldsymbol{a}_1,\boldsymbol{a}_2,\cdots,\boldsymbol{a}_{t-1},\boldsymbol{a}_t+k\boldsymbol{a}_s,\boldsymbol{a}_{t+1},\cdots,\boldsymbol{a}_n)=\boldsymbol{B}.\end{aligned}$$ ■

由于

$$\begin{aligned}\boldsymbol{E}(j,i(k))&=(\boldsymbol{e}_1,\boldsymbol{e}_2,\cdots,\boldsymbol{e}_{i-1},\boldsymbol{e}_i+k\boldsymbol{e}_j,\boldsymbol{e}_{i+1},\cdots,\boldsymbol{e}_n)\\&\xrightarrow{c_i-kc_j}(\boldsymbol{e}_1,\boldsymbol{e}_2,\cdots,\boldsymbol{e}_{i-1},\boldsymbol{e}_i,\boldsymbol{e}_{i+1},\cdots,\boldsymbol{e}_n)=\boldsymbol{I},\end{aligned}$$

因此由定理 2.2 可知，

$$\boldsymbol{E}(j,i(k))\boldsymbol{E}(j,i(-k))=\boldsymbol{I},$$

于是

$$[\boldsymbol{E}(j,i(k))]^{-1}=\boldsymbol{E}(j,i(-k)).$$

类似地可知，

$$[\boldsymbol{E}(i,j)]^{-1}=\boldsymbol{E}(i,j),\quad [\boldsymbol{E}(i(k))]^{-1}=\boldsymbol{E}\left(i\left(\frac{1}{k}\right)\right).$$

注 2.6　初等矩阵可逆，其逆矩阵也为同种类型的初等矩阵.

定理 2.3　n 阶方阵 $\boldsymbol{A}$ 为可逆矩阵的充要条件是 $\boldsymbol{A}$ 可以表示成若干个初等矩阵的乘积.

证明　**充分性**　若 $\boldsymbol{A}$ 可表示成若干个初等矩阵的乘积，则由初等矩阵可逆可知，$\boldsymbol{A}$

可逆.

必要性 若 $\boldsymbol{A}$ 可逆，则 $\boldsymbol{A}$ 的行最简形为单位矩阵 $\boldsymbol{I}$. 由定理 2.2 可知，存在若干个初等矩阵 $\boldsymbol{P}_1,\boldsymbol{P}_2,\cdots,\boldsymbol{P}_k$，使得 $\boldsymbol{P}_k\cdots\boldsymbol{P}_2\boldsymbol{P}_1\boldsymbol{A}=\boldsymbol{I}$，于是 $\boldsymbol{A}=\boldsymbol{P}_1^{-1}\boldsymbol{P}_2^{-1}\cdots\boldsymbol{P}_k^{-1}$. ■

由定理 2.2 和定理 2.3 立即得到定理 2.4.

定理 2.4 设 $\boldsymbol{A},\boldsymbol{B}$ 为 $m\times n$ 矩阵，

(1) 矩阵 $\boldsymbol{A}$ 与 $\boldsymbol{B}$ 行等价的充要条件是存在 m 阶可逆矩阵 $\boldsymbol{P}$，使得 $\boldsymbol{B}=\boldsymbol{PA}$；

(2) 矩阵 $\boldsymbol{A}$ 与 $\boldsymbol{B}$ 列等价的充要条件是存在 n 阶可逆矩阵 $\boldsymbol{Q}$，使得 $\boldsymbol{B}=\boldsymbol{AQ}$.

三、矩阵方程的初等变换解法

对于一般形式的矩阵方程，可以通过矩阵的有关运算转化为标准形式的矩阵方程，然后解之. 因此，这里主要介绍标准形式的矩阵方程 $\boldsymbol{AX}=\boldsymbol{B}$，$\boldsymbol{XA}=\boldsymbol{B}$ 的初等变换解法.

设 $\boldsymbol{A}$ 为可逆矩阵，则矩阵方程 $\boldsymbol{AX}=\boldsymbol{B}$ 的解为 $\boldsymbol{X}=\boldsymbol{A}^{-1}\boldsymbol{B}$. 由于

$$\boldsymbol{A}^{-1}(\boldsymbol{A},\boldsymbol{B})=(\boldsymbol{I},\boldsymbol{A}^{-1}\boldsymbol{B}),$$

因此由定理 2.4 可知，$(\boldsymbol{A},\boldsymbol{B})$ 经若干次初等行变换可以化为 $(\boldsymbol{I},\boldsymbol{A}^{-1}\boldsymbol{B})$. 对矩阵方程 $\boldsymbol{XA}=\boldsymbol{B}$ 可做类似的分析. 因此，矩阵方程有如下的初等变换解法：

(1) 矩阵方程 $\boldsymbol{AX}=\boldsymbol{B}$ 的初等行变换解法为

$$(\boldsymbol{A},\boldsymbol{B})\xrightarrow{\text{初等行变换}}(\boldsymbol{I},\boldsymbol{A}^{-1}\boldsymbol{B})=(\boldsymbol{I},\boldsymbol{X}).$$

特别地，取 $\boldsymbol{B}=\boldsymbol{I}$，则得到逆矩阵的初等行变换求法为

$$(\boldsymbol{A},\boldsymbol{I})\xrightarrow{\text{初等行变换}}(\boldsymbol{I},\boldsymbol{A}^{-1}).$$

(2) 矩阵方程 $\boldsymbol{XA}=\boldsymbol{B}$ 的初等列变换解法为

$$\begin{pmatrix}\boldsymbol{A}\\ \boldsymbol{B}\end{pmatrix}\xrightarrow{\text{初等列变换}}\begin{pmatrix}\boldsymbol{I}\\ \boldsymbol{BA}^{-1}\end{pmatrix}=\begin{pmatrix}\boldsymbol{I}\\ \boldsymbol{X}\end{pmatrix}.$$

特别地，取 $\boldsymbol{B}=\boldsymbol{I}$，则得到逆矩阵的初等列变换求法为

$$\begin{pmatrix}\boldsymbol{A}\\ \boldsymbol{I}\end{pmatrix}\xrightarrow{\text{初等列变换}}\begin{pmatrix}\boldsymbol{I}\\ \boldsymbol{A}^{-1}\end{pmatrix}.$$

例 2.2.1 设矩阵

$$\boldsymbol{A}=\begin{pmatrix}1&2&3\\1&3&4\\2&1&2\end{pmatrix},$$

求 $\boldsymbol{A}^{-1}$.

解 按逆矩阵的初等行变换求法，有

$$(\boldsymbol{A},\boldsymbol{I})=\left(\begin{array}{ccc:ccc}1&2&3&1&0&0\\1&3&4&0&1&0\\2&1&2&0&0&1\end{array}\right)\xrightarrow[r_3-2r_1]{r_2-r_1}\left(\begin{array}{ccc:ccc}1&2&3&1&0&0\\0&1&1&-1&1&0\\0&-3&-4&-2&0&1\end{array}\right)$$

$$\xrightarrow[r_3+3r_2]{r_1-2r_2}\left(\begin{array}{ccc:ccc}1&0&1&3&-2&0\\0&1&1&-1&1&0\\0&0&-1&-5&3&1\end{array}\right)\xrightarrow[\substack{r_2+r_3\\-r_3}]{r_1+r_3}\left(\begin{array}{ccc:ccc}1&0&0&-2&1&1\\0&1&0&-6&4&1\\0&0&1&5&-3&-1\end{array}\right),$$

所以

$$A^{-1}=\begin{pmatrix}-2&1&1\\-6&4&1\\5&-3&-1\end{pmatrix}.$$ ■

例 2.2.2 设矩阵

$$A=\begin{pmatrix}2&1&-3\\1&2&-2\\-1&3&2\end{pmatrix},\quad b_1=\begin{pmatrix}1\\2\\-2\end{pmatrix},\quad b_2=\begin{pmatrix}-1\\0\\5\end{pmatrix},$$

求线性方程组 $Ax=b_1$ 和 $Ax=b_2$ 的解.

解　设 $Ax_1=b_1, Ax_2=b_2$，记 $X=(x_1,x_2)$，$B=(b_1,b_2)$，则两个线性方程组可写成一个矩阵方程 $AX=B$.

按矩阵方程 $AX=B$ 的初等行变换解法，有

$$(A,B)=\left(\begin{array}{ccc:cc}2&1&-3&1&-1\\1&2&-2&2&0\\-1&3&2&-2&5\end{array}\right)\xrightarrow{r_2\leftrightarrow r_1}\left(\begin{array}{ccc:cc}1&2&-2&2&0\\2&1&-3&1&-1\\-1&3&2&-2&5\end{array}\right)$$

$$\xrightarrow[r_3+r_1]{r_2-2r_1}\left(\begin{array}{ccc:cc}1&2&-2&2&0\\0&-3&1&-3&-1\\0&5&0&0&5\end{array}\right)\xrightarrow{r_3\leftrightarrow r_2}\left(\begin{array}{ccc:cc}1&2&-2&2&0\\0&5&0&0&5\\0&-3&1&-3&-1\end{array}\right)$$

$$\xrightarrow[r_3+3r_2]{\frac{1}{5}r_2}\left(\begin{array}{ccc:cc}1&2&-2&2&0\\0&1&0&0&1\\0&0&1&-3&2\end{array}\right)\xrightarrow[r_1+2r_3]{r_1-2r_2}\left(\begin{array}{ccc:cc}1&0&0&-4&2\\0&1&0&0&1\\0&0&1&-3&2\end{array}\right),$$

所以线性方程组 $Ax=b_1$ 和 $Ax=b_2$ 的解依次为

$$x_1=\begin{pmatrix}-4\\0\\-3\end{pmatrix}\quad 和\quad x_2=\begin{pmatrix}2\\1\\2\end{pmatrix}.$$ ■

注 2.7　例 2.2.2 的解法实际上就是利用线性方程组的行最简形解法，同时解线性方程组 $Ax=b_1$ 和 $Ax=b_2$. 当矩阵 A 不可逆时，也可以用此方法求解矩阵方程 $AX=B$.

例 2.2.3 设矩阵

$$A=\begin{pmatrix}2&1&-1\\2&1&0\\1&-1&1\end{pmatrix},\quad B=\begin{pmatrix}1&-1&3\\4&3&2\end{pmatrix},$$

求解矩阵方程 $XA=B$.

解　按矩阵方程 $XA=B$ 的初等列变换解法，有

$$\begin{pmatrix}A\\B\end{pmatrix}=\left(\begin{array}{ccc}2&1&-1\\2&1&0\\1&-1&1\\\hdashline 1&-1&3\\4&3&2\end{array}\right)\xrightarrow[c_2+c_3]{c_1-c_3}\left(\begin{array}{ccc}3&0&-1\\2&1&0\\0&0&1\\\hdashline -2&2&3\\2&5&2\end{array}\right)$$

$$\xrightarrow{c_1-2c_2}\begin{pmatrix}3&0&-1\\0&1&0\\0&0&1\\ \hdashline -6&2&3\\-8&5&2\end{pmatrix}\xrightarrow[c_3+c_1]{\frac{1}{3}c_1}\begin{pmatrix}1&0&0\\0&1&0\\0&0&1\\ \hdashline -2&2&1\\-\frac{8}{3}&5&-\frac{2}{3}\end{pmatrix},$$

所以

$$\boldsymbol{X}=\boldsymbol{B}\boldsymbol{A}^{-1}=\begin{pmatrix}-2&2&1\\-\frac{8}{3}&5&-\frac{2}{3}\end{pmatrix}.$$ ■

四、矩阵的分块初等变换

定义 2.6 分块矩阵的下列三种变换称为**分块矩阵的初等行变换**：

(1) 对换分块矩阵的两行；

(2) 用可逆矩阵 $\boldsymbol{C}$ 左乘分块矩阵的某一行($\boldsymbol{C}$ 的阶数与该行子矩阵的行数相等)；

(3) 用矩阵 $\boldsymbol{C}$ 左乘分块矩阵的第 i 行后加到第 j 行上($\boldsymbol{C}$ 的列数与第 i 行子矩阵的行数相等，且 $\boldsymbol{C}$ 的行数与第 j 行子矩阵的行数相等).

把定义 2.6 中的“行”换成“列”，“左乘”换成“右乘”，即得**分块矩阵的初等列变换**的定义. 分块矩阵的初等行变换与初等列变换统称为**分块矩阵的初等变换**或**矩阵的分块初等变换**.

对矩阵施行一次分块初等变换，就是对矩阵施行若干次初等变换：

(1) **对矩阵施行一次第 1 种分块初等变换，就是对矩阵施行若干次第 1 种初等变换.**

(2) **对矩阵施行一次第 2 种分块初等变换，就是对矩阵施行若干次初等变换.**

这里以第 2 种分块初等列变换为例加以说明. 设矩阵 $\boldsymbol{A}$ 分块为

$$\boldsymbol{A}=(\boldsymbol{A}_1,\boldsymbol{A}_2,\cdots,\boldsymbol{A}_i,\cdots,\boldsymbol{A}_n),$$

其中子矩阵 $\boldsymbol{A}_i$ 的列数为 n_i. 以 n_i 阶可逆矩阵 $\boldsymbol{C}$ 右乘分块矩阵 $\boldsymbol{A}$ 的第 i 列，得分块矩阵

$$\boldsymbol{B}=(\boldsymbol{A}_1,\boldsymbol{A}_2,\cdots,\boldsymbol{A}_i\boldsymbol{C},\cdots,\boldsymbol{A}_n),$$

则由定理 2.4 可知，分块矩阵 $\boldsymbol{B}$ 是分块矩阵 $\boldsymbol{A}$ 对子矩阵 $\boldsymbol{A}_i$ 施行若干次初等列变换而得的.

(3) **对矩阵施行一次第 3 种分块初等变换，就是对矩阵施行若干次第 3 种初等变换.**

这里以第 3 种分块初等列变换为例加以说明. 为了叙述方便起见，这里只考虑分块矩阵 $(\boldsymbol{A},\boldsymbol{B})$ 变换为分块矩阵 $(\boldsymbol{A},\boldsymbol{B}+\boldsymbol{A}\boldsymbol{C})$，其中子矩阵 $\boldsymbol{A}$ 为 $m\times s$ 矩阵，子矩阵 $\boldsymbol{B}$ 为 $m\times t$ 矩阵，矩阵 $\boldsymbol{C}=(c_{ij})$ 为 $s\times t$ 矩阵. 分别将子矩阵 $\boldsymbol{A},\boldsymbol{B}$ 按列分块为

$$\boldsymbol{A}=(\boldsymbol{a}_1,\boldsymbol{a}_2,\cdots,\boldsymbol{a}_s),\quad \boldsymbol{B}=(\boldsymbol{b}_1,\boldsymbol{b}_2,\cdots,\boldsymbol{b}_t),$$

按矩阵的分块运算，有

$$\boldsymbol{B}+\boldsymbol{A}\boldsymbol{C}=(\boldsymbol{d}_1,\boldsymbol{d}_2,\cdots,\boldsymbol{d}_t),$$

其中

$$\boldsymbol{d}_j=\boldsymbol{b}_j+c_{1j}\boldsymbol{a}_1+c_{2j}\boldsymbol{a}_2+\cdots+c_{sj}\boldsymbol{a}_s\quad(j=1,2,\cdots,t).$$

由此可见，若用 c_{1j} 乘以子矩阵 $\boldsymbol{A}$ 的第 1 列，用 c_{2j} 乘以子矩阵 $\boldsymbol{A}$ 的第 2 列 …… 用 c_{sj} 乘以子矩

阵 $\boldsymbol{A}$ 的第 s 列，再全部都加到子矩阵 $\boldsymbol{B}$ 的第 j 列上（$j=1,2,\cdots,t$），则分块矩阵 $(\boldsymbol{A},\boldsymbol{B})$ 变换为分块矩阵 $(\boldsymbol{A},\boldsymbol{B}+\boldsymbol{A}\boldsymbol{C})$.

例 2.2.4　设 $\boldsymbol{A}$ 为 m 阶可逆矩阵，$\boldsymbol{D}$ 为 n 阶可逆矩阵，求分块矩阵

$$\boldsymbol{T}=\begin{pmatrix}\boldsymbol{A} & \boldsymbol{B}\\ \boldsymbol{O} & \boldsymbol{D}\end{pmatrix}$$

的逆矩阵.

解　对分块矩阵

$$(\boldsymbol{T},\boldsymbol{I})=\left(\begin{array}{cc:cc}\boldsymbol{A} & \boldsymbol{B} & \boldsymbol{I}_m & \boldsymbol{O}\\ \boldsymbol{O} & \boldsymbol{D} & \boldsymbol{O} & \boldsymbol{I}_n\end{array}\right)$$

施行初等行变换. 分别用矩阵 $\boldsymbol{A}^{-1}$ 和 $\boldsymbol{D}^{-1}$ 左乘上述分块矩阵的第 1 行和第 2 行，得矩阵

$$\left(\begin{array}{cc:cc}\boldsymbol{I}_m & \boldsymbol{A}^{-1}\boldsymbol{B} & \boldsymbol{A}^{-1} & \boldsymbol{O}\\ \boldsymbol{O} & \boldsymbol{I}_n & \boldsymbol{O} & \boldsymbol{D}^{-1}\end{array}\right),$$

再用矩阵 $-\boldsymbol{A}^{-1}\boldsymbol{B}$ 左乘上述分块矩阵的第 2 行后加到第 1 行上，得矩阵

$$\left(\begin{array}{cc:cc}\boldsymbol{I}_m & \boldsymbol{O} & \boldsymbol{A}^{-1} & -\boldsymbol{A}^{-1}\boldsymbol{B}\boldsymbol{D}^{-1}\\ \boldsymbol{O} & \boldsymbol{I}_n & \boldsymbol{O} & \boldsymbol{D}^{-1}\end{array}\right),$$

所以

$$\boldsymbol{T}^{-1}=\begin{pmatrix}\boldsymbol{A}^{-1} & -\boldsymbol{A}^{-1}\boldsymbol{B}\boldsymbol{D}^{-1}\\ \boldsymbol{O} & \boldsymbol{D}^{-1}\end{pmatrix}.$$ ■

例 2.2.5　设 $\boldsymbol{A}$ 为 n 阶可逆矩阵，$\boldsymbol{D}$ 为 m 阶方阵，化分块矩阵

$$\boldsymbol{G}=\begin{pmatrix}\boldsymbol{A} & \boldsymbol{B}\\ \boldsymbol{C} & \boldsymbol{D}\end{pmatrix}$$

为分块对角矩阵.

解　用矩阵 $-\boldsymbol{C}\boldsymbol{A}^{-1}$ 左乘分块矩阵 $\boldsymbol{G}$ 的第 1 行后加到第 2 行上，再用矩阵 $-\boldsymbol{A}^{-1}\boldsymbol{B}$ 右乘分块矩阵 $\boldsymbol{G}$ 的第 1 列后加到第 2 列上，分块矩阵 $\boldsymbol{G}$ 便可化为分块对角矩阵

$$\boldsymbol{H}=\begin{pmatrix}\boldsymbol{A} & \boldsymbol{O}\\ \boldsymbol{O} & \boldsymbol{D}-\boldsymbol{C}\boldsymbol{A}^{-1}\boldsymbol{B}\end{pmatrix}.$$ ■

注 2.8　由定理 2.4 可知，本例中对分块矩阵 $\boldsymbol{G}$ 施行分块初等变换，相当于矩阵等式

$$\begin{pmatrix}\boldsymbol{I}_n & \boldsymbol{O}\\ -\boldsymbol{C}\boldsymbol{A}^{-1} & \boldsymbol{I}_m\end{pmatrix}\begin{pmatrix}\boldsymbol{A} & \boldsymbol{B}\\ \boldsymbol{C} & \boldsymbol{D}\end{pmatrix}\begin{pmatrix}\boldsymbol{I}_n & -\boldsymbol{A}^{-1}\boldsymbol{B}\\ \boldsymbol{O} & \boldsymbol{I}_m\end{pmatrix}=\begin{pmatrix}\boldsymbol{A} & \boldsymbol{O}\\ \boldsymbol{O} & \boldsymbol{D}-\boldsymbol{C}\boldsymbol{A}^{-1}\boldsymbol{B}\end{pmatrix}. \tag{2.1}$$

事实上，根据定理 2.4，对于可逆矩阵 $\boldsymbol{P},\boldsymbol{Q}$，由 $\boldsymbol{P}(\boldsymbol{G},\boldsymbol{I})=(\boldsymbol{P}\boldsymbol{G},\boldsymbol{P})$ 可知，$(\boldsymbol{G},\boldsymbol{I})\xrightarrow{\text{初等行变换}}(\boldsymbol{P}\boldsymbol{G},\boldsymbol{P})$；而由 $\begin{pmatrix}\boldsymbol{P}\boldsymbol{G}\\ \boldsymbol{I}\end{pmatrix}\boldsymbol{Q}=\begin{pmatrix}\boldsymbol{P}\boldsymbol{G}\boldsymbol{Q}\\ \boldsymbol{Q}\end{pmatrix}$ 可知，$\begin{pmatrix}\boldsymbol{P}\boldsymbol{G}\\ \boldsymbol{I}\end{pmatrix}\xrightarrow{\text{初等列变换}}\begin{pmatrix}\boldsymbol{P}\boldsymbol{G}\boldsymbol{Q}\\ \boldsymbol{Q}\end{pmatrix}$. 在本例所用的分块初等行、列变换下，单位矩阵 $\boldsymbol{I}$ 分别变换为

$$\boldsymbol{P}=\begin{pmatrix}\boldsymbol{I}_n & \boldsymbol{O}\\ -\boldsymbol{C}\boldsymbol{A}^{-1} & \boldsymbol{I}_m\end{pmatrix},\quad \boldsymbol{Q}=\begin{pmatrix}\boldsymbol{I}_n & -\boldsymbol{A}^{-1}\boldsymbol{B}\\ \boldsymbol{O} & \boldsymbol{I}_m\end{pmatrix},$$

而分块矩阵 $\boldsymbol{G}$ 变换为分块对角矩阵 $\boldsymbol{H}=\boldsymbol{P}\boldsymbol{G}\boldsymbol{Q}$. 将各矩阵的分块形式代入，便得式(2.1).

利用例 2.2.5 的结果,可以得到定理 2.5.

定理 2.5 设 $\boldsymbol{A}$ 为可逆矩阵,$\boldsymbol{D}$ 为方阵,则有**舒尔**(Schur)**公式**

$$\begin{vmatrix} \boldsymbol{A} & \boldsymbol{B} \\ \boldsymbol{C} & \boldsymbol{D} \end{vmatrix} = |\boldsymbol{A}| \cdot |\boldsymbol{D} - \boldsymbol{C}\boldsymbol{A}^{-1}\boldsymbol{B}|.$$

证明 由例 2.2.5 可知,分块矩阵

$$\begin{pmatrix} \boldsymbol{A} & \boldsymbol{B} \\ \boldsymbol{C} & \boldsymbol{D} \end{pmatrix}$$

经过若干次第 3 种初等变换可化为分块对角矩阵

$$\begin{pmatrix} \boldsymbol{A} & \boldsymbol{O} \\ \boldsymbol{O} & \boldsymbol{D} - \boldsymbol{C}\boldsymbol{A}^{-1}\boldsymbol{B} \end{pmatrix},$$

所以

$$\begin{vmatrix} \boldsymbol{A} & \boldsymbol{B} \\ \boldsymbol{C} & \boldsymbol{D} \end{vmatrix} = \begin{vmatrix} \boldsymbol{A} & \boldsymbol{O} \\ \boldsymbol{O} & \boldsymbol{D} - \boldsymbol{C}\boldsymbol{A}^{-1}\boldsymbol{B} \end{vmatrix} = |\boldsymbol{A}| \cdot |\boldsymbol{D} - \boldsymbol{C}\boldsymbol{A}^{-1}\boldsymbol{B}|.$$ ■

注 2.9 舒尔公式也可以由式(2.1)两边取行列式得到,这一证法相当于以上的证法. 对舒尔公式更简捷的证明方法参见习题1-4的第4题. 而习题1-4的第5题则给出舒尔公式的另一形式.

习题 2-2

1. 用矩阵的初等行变换求下列矩阵的逆矩阵:

(1) $\begin{pmatrix} 1 & 0 & 0 & 0 \\ -1 & 1 & 0 & 0 \\ -1 & -1 & 1 & 0 \\ -1 & -1 & -1 & 1 \end{pmatrix}$; (2) $\begin{pmatrix} 1 & 2 & 3 & 4 \\ 2 & 3 & 1 & 2 \\ 1 & 1 & 1 & -1 \\ 1 & 0 & -2 & -6 \end{pmatrix}$.

2. 已知矩阵

$$\boldsymbol{A} = \begin{pmatrix} 1 & 2 & 1 \\ 1 & 1 & -1 \\ -1 & 0 & 1 \end{pmatrix}, \quad \boldsymbol{B} = \begin{pmatrix} 1 & 4 & 1 \\ 1 & 3 & 2 \\ 3 & 2 & 5 \end{pmatrix},$$

用矩阵的初等行变换解矩阵方程 $\boldsymbol{AX} = \boldsymbol{B}$.

3. 已知矩阵

$$\boldsymbol{A} = \begin{pmatrix} 0 & 2 & 1 \\ 2 & -1 & 3 \\ -3 & 3 & -4 \end{pmatrix}, \quad \boldsymbol{B} = \begin{pmatrix} 1 & 2 & 3 \\ 2 & -3 & 1 \end{pmatrix},$$

用矩阵的初等列变换解矩阵方程 $\boldsymbol{XA} = \boldsymbol{B}$.

4. 设 $\boldsymbol{A}$ 为 n 阶可逆矩阵,$\boldsymbol{D}$ 为 m 阶可逆矩阵,$\boldsymbol{C}$ 为 $m \times n$ 矩阵,求分块矩阵

$$\boldsymbol{T}=\begin{pmatrix}\boldsymbol{A} & \boldsymbol{O}\\ \boldsymbol{C} & \boldsymbol{D}\end{pmatrix}$$

的逆矩阵.

5. 设 $\boldsymbol{A},\boldsymbol{B},\boldsymbol{C},\boldsymbol{D}$ 为 n 阶方阵,且 $\boldsymbol{A}$ 可逆,$\boldsymbol{AC}=\boldsymbol{CA}$,证明:

$$\begin{vmatrix}\boldsymbol{A} & \boldsymbol{B}\\ \boldsymbol{C} & \boldsymbol{D}\end{vmatrix}=|\boldsymbol{AD}-\boldsymbol{CB}|.$$

6. 设 $\boldsymbol{A},\boldsymbol{B}$ 分别为 $n\times m$ 和 $m\times n$ 矩阵,证明:

$$|\boldsymbol{I}_n-\boldsymbol{AB}|=|\boldsymbol{I}_m-\boldsymbol{BA}|.$$

7.(2018 年全国硕士研究生入学统一考试数学二试题)设 a 为常数,且矩阵 $\boldsymbol{A}=\begin{pmatrix}1 & 2 & a\\ 1 & 3 & 0\\ 2 & 7 & -a\end{pmatrix}$ 可经初等变换化为矩阵 $\boldsymbol{B}=\begin{pmatrix}1 & a & 2\\ 0 & 1 & 1\\ -1 & 1 & 1\end{pmatrix}$.

(1) 求 a;

(2) 求满足 $\boldsymbol{AP}=\boldsymbol{B}$ 的可逆矩阵 $\boldsymbol{P}$.

第三节　矩 阵 的 秩

一、等价标准形的唯一性

由第二节可知,对于任意一个 $m\times n$ 矩阵 $\boldsymbol{A}$,总可经过初等变换把它化为等价标准形

$$\boldsymbol{F}=\begin{pmatrix}\boldsymbol{I}_r & \boldsymbol{O}_{r\times(n-r)}\\ \boldsymbol{O}_{(m-r)\times r} & \boldsymbol{O}_{(m-r)\times(n-r)}\end{pmatrix},$$

这个 $m\times n$ 标准形矩阵 $\boldsymbol{F}$ 由数 r 完全确定,称数 r 为**标准形矩阵 $\boldsymbol{F}$ 的秩**. 容易看出,秩不相等的两个标准形矩阵不可能行等价或列等价,那么秩不相等的两个标准形矩阵一定不等价吗? 下述定理 2.6 回答了这一问题.

定理 2.6　秩不相等的两个标准形矩阵不等价.

* **证明**　显然不同型的两个矩阵一定不等价. 设有两个 $m\times n$ 标准形矩阵

$$\boldsymbol{F}_1=\begin{pmatrix}\boldsymbol{I}_r & \boldsymbol{O}_{r\times(n-r)}\\ \boldsymbol{O}_{(m-r)\times r} & \boldsymbol{O}_{(m-r)\times(n-r)}\end{pmatrix},\quad \boldsymbol{F}_2=\begin{pmatrix}\boldsymbol{I}_s & \boldsymbol{O}_{s\times(n-s)}\\ \boldsymbol{O}_{(m-s)\times s} & \boldsymbol{O}_{(m-s)\times(n-s)}\end{pmatrix},$$

它们的秩不相等,不妨设 $r>s$,我们要证明 $\boldsymbol{F}_1$ 与 $\boldsymbol{F}_2$ 不等价. 利用反证法. 假设 $\boldsymbol{F}_1$ 与 $\boldsymbol{F}_2$ 等价,则由定理 2.4 可知,存在可逆矩阵 $\boldsymbol{P},\boldsymbol{Q}$,使得

$$\boldsymbol{PF}_1\boldsymbol{Q}=\boldsymbol{F}_2,$$

即

$$\boldsymbol{PF}_1=\boldsymbol{F}_2\boldsymbol{Q}^{-1}.$$

将 $\boldsymbol{P},\boldsymbol{Q}^{-1}$ 相应分块为

$$\boldsymbol{P}=\begin{pmatrix}\boldsymbol{P}_1 & \boldsymbol{P}_2\\ \boldsymbol{P}_3 & \boldsymbol{P}_4\end{pmatrix},\quad \boldsymbol{Q}^{-1}=\begin{pmatrix}\boldsymbol{Q}_1 & \boldsymbol{Q}_2\\ \boldsymbol{Q}_3 & \boldsymbol{Q}_4\end{pmatrix},$$

其中 $\boldsymbol{P}_1$ 为 $r\times r$ 矩阵，$\boldsymbol{Q}_1$ 为 $s\times s$ 矩阵. 由 $\boldsymbol{P}\boldsymbol{F}_1=\boldsymbol{F}_2\boldsymbol{Q}^{-1}$ 得

$$\begin{pmatrix}\boldsymbol{P}_1 & \boldsymbol{O}_{r\times(n-r)}\\ \boldsymbol{P}_3 & \boldsymbol{O}_{(m-r)\times(n-r)}\end{pmatrix}=\begin{pmatrix}\boldsymbol{Q}_1 & \boldsymbol{Q}_2\\ \boldsymbol{O}_{(m-s)\times s} & \boldsymbol{O}_{(m-s)\times(n-s)}\end{pmatrix},$$

故由 $r>s$ 可知，$\boldsymbol{P}_3=\boldsymbol{O}$ 或空缺，$\boldsymbol{P}_1$ 的第 r 行元素全为 0，于是 $|\boldsymbol{P}_1|=0$. 由此可知，$|\boldsymbol{P}|=0$，这与 $\boldsymbol{P}$ 可逆矛盾. 因此，假设不成立，即 $\boldsymbol{F}_1$ 与 $\boldsymbol{F}_2$ 不等价. ■

由定理 2.6 可以推出定理 2.7.

定理 2.7 对于任何一个给定的矩阵，它的等价标准形是唯一的.

二、矩阵的秩及其性质

因为矩阵 $\boldsymbol{A}$ 的等价标准形 $\boldsymbol{F}$ 是唯一的，所以标准形矩阵 $\boldsymbol{F}$ 的秩 r 是由矩阵 $\boldsymbol{A}$ 完全确定的，我们也称 r 为矩阵 $\boldsymbol{A}$ 的秩.

矩阵的秩

定义 2.7 如果 $m\times n$ 矩阵 $\boldsymbol{A}$ 的等价标准形为

$$\boldsymbol{F}=\begin{pmatrix}\boldsymbol{I}_r & \boldsymbol{O}_{r\times(n-r)}\\ \boldsymbol{O}_{(m-r)\times r} & \boldsymbol{O}_{(m-r)\times(n-r)}\end{pmatrix},$$

那么称 r 为矩阵 $\boldsymbol{A}$ 的**秩**，记作 $\mathrm{R}(\boldsymbol{A})$. 规定零矩阵的秩等于 0.

满秩矩阵

显然，$m\times n$ 标准形矩阵 $\boldsymbol{F}$ 中单位矩阵的阶数 $r\leqslant\min\{m,n\}$. 因此，对于 $m\times n$ 矩阵 $\boldsymbol{A}$，它的秩 $\mathrm{R}(\boldsymbol{A})\leqslant\min\{m,n\}$. 当 $\mathrm{R}(\boldsymbol{A})=m$ 时，称矩阵 $\boldsymbol{A}$ 为**行满秩矩阵**；当 $\mathrm{R}(\boldsymbol{A})=n$ 时，称矩阵 $\boldsymbol{A}$ 为**列满秩矩阵**.

由于矩阵的等价具有传递性，因此两个等价的矩阵有相同的等价标准形，从而有相等的秩. 由定理 2.4 可知，如果 $\boldsymbol{P},\boldsymbol{Q}$ 为可逆矩阵，则 $\boldsymbol{PAQ}$（假定有意义）与矩阵 $\boldsymbol{A}$ 等价，于是有

$$\mathrm{R}(\boldsymbol{PAQ})=\mathrm{R}(\boldsymbol{A}).$$

对于秩为 r 的标准形矩阵 $\boldsymbol{F}$，它的转置矩阵 $\boldsymbol{F}^{\mathrm{T}}$ 也是一个秩为 r 的标准形矩阵. 容易看出，如果 $\boldsymbol{F}$ 为矩阵 $\boldsymbol{A}$ 的等价标准形，则 $\boldsymbol{F}^{\mathrm{T}}$ 为转置矩阵 $\boldsymbol{A}^{\mathrm{T}}$ 的等价标准形. 因此，有

$$\mathrm{R}(\boldsymbol{A}^{\mathrm{T}})=\mathrm{R}(\boldsymbol{A}).$$

设矩阵 $\boldsymbol{A}$ 为行阶梯形矩阵，它的非零行数为 r，则 $\boldsymbol{A}$ 的等价标准形为

$$\boldsymbol{F}=\begin{pmatrix}\boldsymbol{I}_r & \boldsymbol{O}\\ \boldsymbol{O} & \boldsymbol{O}\end{pmatrix},$$

因此 $\mathrm{R}(\boldsymbol{A})=r$.

我们知道，可逆矩阵的等价矩阵也为可逆矩阵. 因此，n 阶方阵 $\boldsymbol{A}$ 可逆的充要条件是 $\boldsymbol{A}$ 的等价标准形为单位矩阵，即 $\mathrm{R}(\boldsymbol{A})=n$.

将上述结论归纳起来，即可得到矩阵秩的如下基本性质：

性质 1 $\mathrm{R}(\boldsymbol{A}_{m\times n})\leqslant\min\{m,n\}$.

性质 2 等价矩阵有相等的秩.

性质 3 设 $\boldsymbol{P},\boldsymbol{Q}$ 为可逆矩阵，则 $\mathrm{R}(\boldsymbol{PAQ})=\mathrm{R}(\boldsymbol{A})$（假定 $\boldsymbol{PAQ}$ 有意义）.

性质 4　$R(\boldsymbol{A}^{T}) = R(\boldsymbol{A})$.

性质 5　行阶梯形矩阵的秩等于其非零行的行数.

性质 6　n 阶方阵 $\boldsymbol{A}$ 可逆的充要条件是 $R(\boldsymbol{A}) = n$.

由上述的性质 2 和性质 5 求矩阵的秩，只要利用矩阵的初等变换把矩阵化为行阶梯形矩阵，则所得行阶梯形矩阵的非零行的行数就是矩阵的秩.

例 2.3.1　求矩阵

$$\boldsymbol{A} = \begin{pmatrix} 1 & 2 & 3 \\ 4 & 5 & 6 \\ 5 & 7 & 9 \end{pmatrix}$$

的秩.

解　对矩阵 $\boldsymbol{A}$ 施行初等变换，把它化为行阶梯形矩阵：

$$\boldsymbol{A} = \begin{pmatrix} 1 & 2 & 3 \\ 4 & 5 & 6 \\ 5 & 7 & 9 \end{pmatrix} \xrightarrow[r_3 - 5r_1]{r_2 - 4r_1} \begin{pmatrix} 1 & 2 & 3 \\ 0 & -3 & -6 \\ 0 & -3 & -6 \end{pmatrix} \xrightarrow{r_3 - r_2} \begin{pmatrix} 1 & 2 & 3 \\ 0 & -3 & -6 \\ 0 & 0 & 0 \end{pmatrix}.$$

由所得到的行阶梯形矩阵可知，$R(\boldsymbol{A}) = 2$. ■

下面再介绍几个关于矩阵秩的常用性质.

性质 7　矩阵的秩不小于它的子矩阵的秩.

性质 8　设矩阵

$$\boldsymbol{C} = \begin{pmatrix} \boldsymbol{A} & \boldsymbol{O} \\ \boldsymbol{O} & \boldsymbol{B} \end{pmatrix},$$

则 $R(\boldsymbol{C}) = R(\boldsymbol{A}) + R(\boldsymbol{B})$.

性质 7 和性质 8 的证明留给读者完成.

性质 9　$R(\boldsymbol{A}+\boldsymbol{B}) \leqslant R(\boldsymbol{A}) + R(\boldsymbol{B})$.

证明　将分块矩阵

$$\begin{pmatrix} \boldsymbol{A} & \boldsymbol{O} \\ \boldsymbol{O} & \boldsymbol{B} \end{pmatrix}$$

的第 2 行和第 1 列分别加到第 1 行和第 2 列上，得等价矩阵

$$\begin{pmatrix} \boldsymbol{A} & \boldsymbol{A}+\boldsymbol{B} \\ \boldsymbol{O} & \boldsymbol{B} \end{pmatrix}.$$

根据矩阵秩的性质 2、性质 7 和性质 8，有

$$R(\boldsymbol{A}+\boldsymbol{B}) \leqslant R\begin{pmatrix} \boldsymbol{A} & \boldsymbol{A}+\boldsymbol{B} \\ \boldsymbol{O} & \boldsymbol{B} \end{pmatrix} = R\begin{pmatrix} \boldsymbol{A} & \boldsymbol{O} \\ \boldsymbol{O} & \boldsymbol{B} \end{pmatrix} = R(\boldsymbol{A}) + R(\boldsymbol{B}).$$ ■

性质 10　$R(\boldsymbol{AB}) \leqslant \min\{R(\boldsymbol{A}), R(\boldsymbol{B})\}$.

证明　用矩阵 $\boldsymbol{B}$ 右乘分块矩阵 $(\boldsymbol{A}, \boldsymbol{O})$ 的第 1 列后加到第 2 列上，得等价矩阵 $(\boldsymbol{A}, \boldsymbol{AB})$. 注意到 $R(\boldsymbol{A}, \boldsymbol{O}) = R(\boldsymbol{A})$，故根据矩阵秩的性质 2 和性质 7，有

$$R(\boldsymbol{AB}) \leqslant R(\boldsymbol{A}, \boldsymbol{AB}) = R(\boldsymbol{A}, \boldsymbol{O}) = R(\boldsymbol{A}).$$

类似可证 $R(\boldsymbol{AB}) \leqslant R(\boldsymbol{B})$. 两式合起来，即为

$$R(\boldsymbol{AB}) \leqslant \min\{R(\boldsymbol{A}), R(\boldsymbol{B})\}.$$ ■

性质 11 设矩阵

$$\boldsymbol{D} = \begin{pmatrix} \boldsymbol{A} & \boldsymbol{O} \\ \boldsymbol{C} & \boldsymbol{B} \end{pmatrix},$$

则 $R(\boldsymbol{D}) \geqslant R(\boldsymbol{A}) + R(\boldsymbol{B})$.

证明 设 $R(\boldsymbol{A}) = r, R(\boldsymbol{B}) = s$,则

$$\boldsymbol{A} \cong \begin{pmatrix} \boldsymbol{I}_r & \boldsymbol{O} \\ \boldsymbol{O} & \boldsymbol{O} \end{pmatrix}, \quad \boldsymbol{B} \cong \begin{pmatrix} \boldsymbol{I}_s & \boldsymbol{O} \\ \boldsymbol{O} & \boldsymbol{O} \end{pmatrix}.$$

由此可知,

$$\boldsymbol{D} \cong \boldsymbol{G} = \left(\begin{array}{cc:cc} \boldsymbol{I}_r & \boldsymbol{O} & \boldsymbol{O} & \boldsymbol{O} \\ \boldsymbol{O} & \boldsymbol{O} & \boldsymbol{O} & \boldsymbol{O} \\ \hdashline \boldsymbol{C}_1 & \boldsymbol{C}_2 & \boldsymbol{I}_s & \boldsymbol{O} \\ \boldsymbol{C}_3 & \boldsymbol{C}_4 & \boldsymbol{O} & \boldsymbol{O} \end{array}\right) \cong \boldsymbol{H} = \begin{pmatrix} \boldsymbol{I}_r & \boldsymbol{O} & \boldsymbol{O} & \boldsymbol{O} \\ \boldsymbol{O} & \boldsymbol{I}_s & \boldsymbol{O} & \boldsymbol{O} \\ \boldsymbol{O} & \boldsymbol{O} & \boldsymbol{C}_4 & \boldsymbol{O} \\ \boldsymbol{O} & \boldsymbol{O} & \boldsymbol{O} & \boldsymbol{O} \end{pmatrix},$$

其中分块矩阵 $\boldsymbol{G}$ 中的第 2,4 行、列处的矩阵可能空缺. 由矩阵秩的性质 8 可知,

$$R(\boldsymbol{H}) = r + s + R(\boldsymbol{C}_4) \geqslant R(\boldsymbol{A}) + R(\boldsymbol{B}).$$

再由矩阵秩的性质 2 可知,

$$R(\boldsymbol{D}) = R(\boldsymbol{H}) \geqslant R(\boldsymbol{A}) + R(\boldsymbol{B}).$$ ■

性质 12 设 $\boldsymbol{A}$ 为 $m \times n$ 矩阵,$\boldsymbol{B}$ 为 $n \times l$ 矩阵,则

$$R(\boldsymbol{AB}) \geqslant R(\boldsymbol{A}) + R(\boldsymbol{B}) - n.$$

证明 记矩阵

$$\boldsymbol{C} = \begin{pmatrix} \boldsymbol{A} & \boldsymbol{O} \\ -\boldsymbol{I}_n & \boldsymbol{B} \end{pmatrix},$$

利用分块初等变换可得

$$\boldsymbol{C} \cong \begin{pmatrix} \boldsymbol{A} & \boldsymbol{AB} \\ -\boldsymbol{I}_n & \boldsymbol{O} \end{pmatrix} \cong \begin{pmatrix} -\boldsymbol{I}_n & \boldsymbol{O} \\ \boldsymbol{A} & \boldsymbol{AB} \end{pmatrix} \cong \boldsymbol{D} = \begin{pmatrix} -\boldsymbol{I}_n & \boldsymbol{O} \\ \boldsymbol{O} & \boldsymbol{AB} \end{pmatrix}.$$

于是

$$R(\boldsymbol{A}) + R(\boldsymbol{B}) \leqslant R(\boldsymbol{C}) = R(\boldsymbol{D}) = R(-\boldsymbol{I}_n) + R(\boldsymbol{AB}) = n + R(\boldsymbol{AB}),$$

即得所证. ■

由性质 12 可推出定理 2.8.

定理 2.8 设 $\boldsymbol{A}$ 为 $m \times n$ 矩阵,$\boldsymbol{B}$ 为 $n \times l$ 矩阵. 如果 $\boldsymbol{AB} = \boldsymbol{O}$,那么

$$R(\boldsymbol{A}) + R(\boldsymbol{B}) \leqslant n.$$

推论 1 如果 $\boldsymbol{A}$ 为列满秩矩阵,那么矩阵方程 $\boldsymbol{AX} = \boldsymbol{O}$ 只有零解 $\boldsymbol{X} = \boldsymbol{O}$.

推论 2 设 $\boldsymbol{A}$ 为列满秩矩阵. 如果 $\boldsymbol{AX} = \boldsymbol{AY}$,那么 $\boldsymbol{X} = \boldsymbol{Y}$.

三、基本子式定理

在初等变换下,矩阵的秩是一个不变量,这一特定的不变量可以用另一个概念来表述.

定义 2.8 在 $m \times n$ 矩阵 $\boldsymbol{A}$ 中,任取 k 行与 k 列($k \leqslant m, k \leqslant n$),位于这些行、列交叉处

的 k^2 个元素，不改变它们在 $\boldsymbol{A}$ 中所处的位置次序而得的 k 阶行列式，称为矩阵 $\boldsymbol{A}$ 的 k **阶子式**.

定义 2.9　如果矩阵 $\boldsymbol{A}$ 中有一个不等于 0 的 r 阶子式 D，且所有高于 r 阶的子式(如果存在的话) 全等于 0，那么称 D 为矩阵 $\boldsymbol{A}$ 的**最高阶非零子式**.

任一矩阵的最高阶非零子式的阶数在初等变换下也是一个不变量. 实际上，有下面的**基本子式定理**.

定理 2.9　任一矩阵的最高阶非零子式的阶数等于该矩阵的秩.

* **证明**　由行列式的性质及矩阵秩的性质可知，对换 $m\times n$ 矩阵 $\boldsymbol{A}$ 的行、列，其最高阶非零子式的阶数不变，矩阵 $\boldsymbol{A}$ 的秩也不变. 因此，不妨设矩阵 $\boldsymbol{A}$ 有如下分块形式

$$\boldsymbol{A}=\begin{pmatrix}\boldsymbol{P} & \boldsymbol{Q}\\ \boldsymbol{S} & \boldsymbol{T}\end{pmatrix},$$

其中 $\boldsymbol{P}$ 为 r 阶可逆矩阵，而 r 为 $\boldsymbol{A}$ 的最高阶非零子式的阶数.

由例 2.2.5 可知，分块矩阵 $\boldsymbol{A}$ 可经分块初等变换化为分块对角矩阵

$$\boldsymbol{B}=\begin{pmatrix}\boldsymbol{P} & \boldsymbol{O}\\ \boldsymbol{O} & \boldsymbol{T}-\boldsymbol{S}\boldsymbol{P}^{-1}\boldsymbol{Q}\end{pmatrix}.$$

记 $\boldsymbol{S}_i\,(i=1,2,\cdots,m-r)$ 为 $\boldsymbol{S}$ 的第 i 行，$\boldsymbol{Q}_j\,(j=1,2,\cdots,n-r)$ 为 $\boldsymbol{Q}$ 的第 j 列，$\boldsymbol{T}=(t_{ij})$，$\boldsymbol{T}-\boldsymbol{S}\boldsymbol{P}^{-1}\boldsymbol{Q}=(c_{ij})$，则

$$c_{ij}=t_{ij}-\boldsymbol{S}_i\boldsymbol{P}^{-1}\boldsymbol{Q}_j\quad(i=1,2,\cdots,m-r;j=1,2,\cdots,n-r).$$

由舒尔公式可知，矩阵 $\boldsymbol{A}$ 的 $r+1$ 阶子式

$$\begin{vmatrix}\boldsymbol{P} & \boldsymbol{Q}_j\\ \boldsymbol{S}_i & t_{ij}\end{vmatrix}=c_{ij}\,|\boldsymbol{P}|\quad(i=1,2,\cdots,m-r;j=1,2,\cdots,n-r).$$

因为 $|\boldsymbol{P}|\neq 0$，且矩阵 $\boldsymbol{A}$ 的 $r+1$ 阶子式都等于 0，所以

$$c_{ij}=0\quad(i=1,2,\cdots,m-r;j=1,2,\cdots,n-r),$$

于是

$$\boldsymbol{B}=\begin{pmatrix}\boldsymbol{P} & \boldsymbol{O}\\ \boldsymbol{O} & \boldsymbol{O}\end{pmatrix}.$$

因此，由矩阵秩的性质可知，

$$\mathrm{R}(\boldsymbol{A})=\mathrm{R}(\boldsymbol{B})=\mathrm{R}(\boldsymbol{P})=r.$$ ■

习题 2－3

1. 求下列矩阵的行最简形和秩：

(1) $\begin{pmatrix}1 & 4 & 1 & 0\\ 2 & 1 & -1 & -3\\ 1 & 0 & -3 & -1\\ 0 & 2 & -6 & 3\end{pmatrix}$；　　(2) $\begin{pmatrix}1 & -2 & -1 & 0 & 2\\ -2 & 4 & 2 & 6 & -6\\ 2 & -1 & 0 & 2 & 3\\ 3 & 3 & 3 & 3 & 4\end{pmatrix}$.

2. 设矩阵 $\boldsymbol{A}=\begin{pmatrix}1 & -2 & 3k\\ -1 & 2k & -3\\ k & -2 & 3\end{pmatrix}$，问：

(1) k 为何值时，$\mathrm{R}(\boldsymbol{A})=1$？

(2) k 为何值时,$\mathrm{R}(\boldsymbol{A})=2$?

(3) k 为何值时,$\mathrm{R}(\boldsymbol{A})=3$?

3. 设 $\boldsymbol{A}$ 为 n 阶方阵,证明:$\mathrm{R}(\boldsymbol{A}+\boldsymbol{I})+\mathrm{R}(\boldsymbol{A}-\boldsymbol{I})\geqslant n$.

4. 设 n 阶方阵 $\boldsymbol{A}$ 满足 $\boldsymbol{A}^2=\boldsymbol{A}$,证明:$\mathrm{R}(\boldsymbol{A})+\mathrm{R}(\boldsymbol{A}-\boldsymbol{I})=n$.

5. 证明:n 阶方阵的伴随矩阵的秩只能是 0,1 或 n.

第四节　线性方程组的解

一、线性方程组的可解性

必要时,适当交换未知元的次序(例如,在例 2.1.6 中,交换含 x_2,x_3 的项的次序),总可以使得线性方程组的系数矩阵的行最简形为如下的**标准形式**:

$$\begin{pmatrix}\boldsymbol{I}_r & \boldsymbol{B}\\ \boldsymbol{O} & \boldsymbol{O}\end{pmatrix}.$$

考虑含有 m 个方程、n 个未知元的线性方程组 $\boldsymbol{Ax}=\boldsymbol{b}$. 为了叙述方便,不妨设系数矩阵 $\boldsymbol{A}$ 的行最简形为

$$\begin{pmatrix}\boldsymbol{I}_r & \boldsymbol{B}\\ \boldsymbol{O} & \boldsymbol{O}\end{pmatrix},$$

其中 $r=\mathrm{R}(\boldsymbol{A})$. 显然,增广矩阵 $(\boldsymbol{A},\boldsymbol{b})$ 的秩只能是 r 或 $r+1$.

(1) 当 $\mathrm{R}(\boldsymbol{A},\boldsymbol{b})=r+1$ 时,增广矩阵 $(\boldsymbol{A},\boldsymbol{b})$ 的行最简形为

$$\begin{pmatrix}\boldsymbol{I}_r & \boldsymbol{B} & \boldsymbol{d}\\ \boldsymbol{O} & \boldsymbol{O} & \boldsymbol{e}\end{pmatrix},\quad \text{其中 } \boldsymbol{e}=\begin{pmatrix}1\\ \boldsymbol{0}\end{pmatrix}.$$

由上述行最简形可以看出,其对应的同解方程组中的第 $r+1$ 个方程为矛盾方程 $0=1$,因此线性方程组 $\boldsymbol{Ax}=\boldsymbol{b}$ 无解.

(2) 当 $\mathrm{R}(\boldsymbol{A},\boldsymbol{b})=r=n$ 时,增广矩阵 $(\boldsymbol{A},\boldsymbol{b})$ 的行最简形为

$$\begin{pmatrix}\boldsymbol{I}_n & \boldsymbol{d}\\ \boldsymbol{O} & \boldsymbol{0}\end{pmatrix}.$$

此时,线性方程组 $\boldsymbol{Ax}=\boldsymbol{b}$ 有唯一解 $\boldsymbol{x}=\boldsymbol{d}$.

(3) 当 $\mathrm{R}(\boldsymbol{A},\boldsymbol{b})=r<n$ 时,增广矩阵 $(\boldsymbol{A},\boldsymbol{b})$ 的行最简形为

$$\begin{pmatrix}\boldsymbol{I}_r & \boldsymbol{B} & \boldsymbol{d}\\ \boldsymbol{O} & \boldsymbol{O} & \boldsymbol{0}\end{pmatrix}.$$

此时,线性方程组 $\boldsymbol{Ax}=\boldsymbol{b}$ 的同解方程组为

$$\begin{pmatrix}\boldsymbol{I}_r & \boldsymbol{B}\\ \boldsymbol{O} & \boldsymbol{O}\end{pmatrix}\boldsymbol{x}=\begin{pmatrix}\boldsymbol{d}\\ \boldsymbol{0}\end{pmatrix}.$$

记 $\boldsymbol{y}=(x_1,x_2,\cdots,x_r)^{\mathrm{T}}$，$\boldsymbol{z}=(x_{r+1},x_{r+2},\cdots,x_n)^{\mathrm{T}}$，则上述方程组可化为

$$\boldsymbol{y}+\boldsymbol{Bz}=\boldsymbol{d}.$$

令 $\boldsymbol{z}=\boldsymbol{k}=(k_1,k_2,\cdots,k_{n-r})^{\mathrm{T}}$，得

$$\boldsymbol{x}=\begin{pmatrix}\boldsymbol{y}\\ \boldsymbol{z}\end{pmatrix}=\begin{pmatrix}\boldsymbol{d}-\boldsymbol{Bk}\\ \boldsymbol{k}\end{pmatrix}=\begin{pmatrix}-\boldsymbol{Bk}\\ \boldsymbol{k}\end{pmatrix}+\begin{pmatrix}\boldsymbol{d}\\ \boldsymbol{0}\end{pmatrix}=\begin{pmatrix}-\boldsymbol{B}\\ \boldsymbol{I}_{n-r}\end{pmatrix}\boldsymbol{k}+\begin{pmatrix}\boldsymbol{d}\\ \boldsymbol{0}\end{pmatrix}.$$

于是，线性方程组 $\boldsymbol{Ax}=\boldsymbol{b}$ 的通解为

$$\boldsymbol{x}=k_1\boldsymbol{\xi}_1+k_2\boldsymbol{\xi}_2+\cdots+k_{n-r}\boldsymbol{\xi}_{n-r}+\boldsymbol{\eta}\quad(k_1,k_2,\cdots,k_{n-r}\text{ 为任意常数}),\tag{2.2}$$

其中

$$(\boldsymbol{\xi}_1,\boldsymbol{\xi}_2,\cdots,\boldsymbol{\xi}_{n-r})=\begin{pmatrix}-\boldsymbol{B}\\ \boldsymbol{I}_{n-r}\end{pmatrix},\quad \boldsymbol{\eta}=\begin{pmatrix}\boldsymbol{d}\\ \boldsymbol{0}\end{pmatrix}.$$

注 2.10　在上述讨论中，显然有 $\mathrm{R}(\boldsymbol{\xi}_1,\boldsymbol{\xi}_2,\cdots,\boldsymbol{\xi}_{n-r})=n-r$. 这个条件在后面讨论齐次线性方程组的基础解系时将起到关键性的作用.

综上所述，有定理 2.10.

定理 2.10　设有 n 元线性方程组 $\boldsymbol{Ax}=\boldsymbol{b}$.

(1) 当 $\mathrm{R}(\boldsymbol{A},\boldsymbol{b})>\mathrm{R}(\boldsymbol{A})$ 时，方程组无解；

(2) 当 $\mathrm{R}(\boldsymbol{A},\boldsymbol{b})=\mathrm{R}(\boldsymbol{A})=n$ 时，方程组有唯一解；

(3) 当 $\mathrm{R}(\boldsymbol{A},\boldsymbol{b})=\mathrm{R}(\boldsymbol{A})<n$ 时，方程组有无穷多个解.

例 2.4.1　a 取什么值时，线性方程组

$$\begin{cases}ax_1+x_2+x_3=a+1,\\ x_1+ax_2+x_3=3a-1,\\ x_1+x_2+ax_3=3-a\end{cases}$$

(1) 有唯一解？(2) 无解？(3) 有无穷多个解？

解　化方程组的增广矩阵 $(\boldsymbol{A},\boldsymbol{b})$ 为行阶梯形矩阵：

$$(\boldsymbol{A},\boldsymbol{b})=\left(\begin{array}{ccc:c}a&1&1&a+1\\1&a&1&3a-1\\1&1&a&3-a\end{array}\right)\xrightarrow{r_1\leftrightarrow r_3}\left(\begin{array}{ccc:c}1&1&a&3-a\\1&a&1&3a-1\\a&1&1&a+1\end{array}\right)$$

$$\xrightarrow[r_3-ar_1]{r_2-r_1}\left(\begin{array}{ccc:c}1&1&a&3-a\\0&a-1&1-a&4a-4\\0&1-a&1-a^2&1-2a+a^2\end{array}\right)$$

$$\xrightarrow{r_3+r_2}\left(\begin{array}{ccc:c}1&1&a&3-a\\0&a-1&1-a&4a-4\\0&0&2-a-a^2&a^2+2a-3\end{array}\right).$$

(1) 当 $a\neq1,-2$ 时，$\mathrm{R}(\boldsymbol{A},\boldsymbol{b})=\mathrm{R}(\boldsymbol{A})=3$，方程组有唯一解.

(2) 当 $a=-2$ 时，$\mathrm{R}(\boldsymbol{A},\boldsymbol{b})=3>\mathrm{R}(\boldsymbol{A})=2$，方程组无解.

(3) 当 $a=1$ 时，$\mathrm{R}(\boldsymbol{A},\boldsymbol{b})=\mathrm{R}(\boldsymbol{A})=1<3$，方程组一定有无穷多个解. ■

齐次线性方程组 $\boldsymbol{Ax}=\boldsymbol{0}$ 必有零解 $\boldsymbol{x}=\boldsymbol{0}$. 我们关心的是，齐次线性方程组 $\boldsymbol{Ax}=\boldsymbol{0}$ 何时有非零解？

由定理 2.10 可以得出推论 1.

推论 1 n 元齐次线性方程组 $\boldsymbol{Ax}=\boldsymbol{0}$ 有非零解的充要条件是 $\mathrm{R}(\boldsymbol{A})<n$. 特别地，有：

(1) 当方程个数小于未知元个数时，齐次线性方程组一定有非零解；

(2) 当 $\boldsymbol{A}$ 为 n 阶方阵时，$\boldsymbol{Ax}=\boldsymbol{0}$ 有非零解的充要条件是系数行列式 $|\boldsymbol{A}|=0$.

例 2.4.2 λ 取什么值时，齐次线性方程组

$$\begin{cases}\lambda x_1-2x_2+2x_3=0,\\-2x_1+(\lambda-3)x_2+4x_3=0,\\2x_1+4x_2+(\lambda-3)x_3=0\end{cases}$$

有非零解？

解 方程组的系数行列式为

$$|\boldsymbol{A}|=\begin{vmatrix}\lambda&-2&2\\-2&\lambda-3&4\\2&4&\lambda-3\end{vmatrix}\xlongequal{r_3+r_2}\begin{vmatrix}\lambda&-2&2\\-2&\lambda-3&4\\0&\lambda+1&\lambda+1\end{vmatrix}$$

$$\xlongequal{c_2-c_3}\begin{vmatrix}\lambda&-4&2\\-2&\lambda-7&4\\0&0&\lambda+1\end{vmatrix}=(\lambda+1)\begin{vmatrix}\lambda&-4\\-2&\lambda-7\end{vmatrix}$$

$$=(\lambda+1)(\lambda^2-7\lambda-8)=(\lambda-8)(\lambda+1)^2,$$

所以当 $\lambda=-1$ 或 $\lambda=8$ 时，$|\boldsymbol{A}|=0$，方程组有非零解. ■

二、线性方程组解的结构

如果 $\boldsymbol{x}=\boldsymbol{\xi}$ 为方程组 $\boldsymbol{Ax}=\boldsymbol{b}$ 的一个解，或说 $\boldsymbol{\xi}$ 为方程组 $\boldsymbol{Ax}=\boldsymbol{b}$ 的一个解，或说 $\boldsymbol{\xi}$ 为方程组 $\boldsymbol{Ax}=\boldsymbol{b}$ 的一个解向量，那么容易验证，线性方程组的解具有如下基本性质.

性质 1 设 $\boldsymbol{\xi}_1,\boldsymbol{\xi}_2$ 为齐次线性方程组 $\boldsymbol{Ax}=\boldsymbol{0}$ 的任意两个解，k_1,k_2 为任意两个常数，则 $k_1\boldsymbol{\xi}_1+k_2\boldsymbol{\xi}_2$ 也是方程组 $\boldsymbol{Ax}=\boldsymbol{0}$ 的解.

性质 2 设 $\boldsymbol{\eta}_1,\boldsymbol{\eta}_2$ 为非齐次线性方程组 $\boldsymbol{Ax}=\boldsymbol{b}$ 的两个解，则 $\boldsymbol{\eta}_2-\boldsymbol{\eta}_1$ 是齐次线性方程组 $\boldsymbol{Ax}=\boldsymbol{0}$ 的解.

性质 3 设 $\boldsymbol{\xi}$ 为齐次线性方程组 $\boldsymbol{Ax}=\boldsymbol{0}$ 的解，$\boldsymbol{\eta}$ 为非齐次线性方程组 $\boldsymbol{Ax}=\boldsymbol{b}$ 的解，则 $\boldsymbol{\xi}+\boldsymbol{\eta}$ 也是非齐次线性方程组 $\boldsymbol{Ax}=\boldsymbol{b}$ 的解.

我们称非齐次线性方程组 $\boldsymbol{Ax}=\boldsymbol{b}$ 的任意一个解为**特解**，称齐次线性方程组 $\boldsymbol{Ax}=\boldsymbol{0}$ 为非齐次线性方程组 $\boldsymbol{Ax}=\boldsymbol{b}$ 的**导出组**.

方程组的通解

对于 n 元齐次线性方程组 $\boldsymbol{Ax}=\boldsymbol{0}$，当 $\mathrm{R}(\boldsymbol{A})=n$ 时，方程组只有零解；而当 $\mathrm{R}(\boldsymbol{A})<n$ 时，方程组有无穷多个解，由式(2.2)可知(当 $\boldsymbol{b}=\boldsymbol{0}$ 时，$\boldsymbol{\eta}=\boldsymbol{0}$)，此时

方程组的通解可表示为

$$\boldsymbol{x}=k_1\boldsymbol{\xi}_1+k_2\boldsymbol{\xi}_2+\cdots+k_{n-r}\boldsymbol{\xi}_{n-r}\quad(k_1,k_2,\cdots,k_{n-r}\text{ 为任意常数}),\tag{2.3}$$

其中 $r=\mathrm{R}(\boldsymbol{A})$，且 $\mathrm{R}(\boldsymbol{\xi}_1,\boldsymbol{\xi}_2,\cdots,\boldsymbol{\xi}_{n-r})=n-r$. 注意 $\boldsymbol{\xi}_1,\boldsymbol{\xi}_2,\cdots,\boldsymbol{\xi}_{n-r}$ 为齐次线性方程组 $\boldsymbol{Ax}=\boldsymbol{0}$ 的一组解.

定义 2.10　设 $\boldsymbol{\xi}_1,\boldsymbol{\xi}_2,\cdots,\boldsymbol{\xi}_m$ 为齐次线性方程组 $\boldsymbol{Ax}=\boldsymbol{0}$ 的一组解. 如果齐次线性方程组 $\boldsymbol{Ax}=\boldsymbol{0}$ 的通解可表示为

$$\boldsymbol{x}=k_1\boldsymbol{\xi}_1+k_2\boldsymbol{\xi}_2+\cdots+k_m\boldsymbol{\xi}_m\quad(k_1,k_2,\cdots,k_m\text{ 为任意常数}),$$

则称 $\boldsymbol{\xi}_1,\boldsymbol{\xi}_2,\cdots,\boldsymbol{\xi}_m$ 为齐次线性方程组 $\boldsymbol{Ax}=\boldsymbol{0}$ 的一个**基础解系**.

在式(2.3)中，$\boldsymbol{\xi}_1,\boldsymbol{\xi}_2,\cdots,\boldsymbol{\xi}_{n-r}$ 就是 n 元齐次线性方程组 $\boldsymbol{Ax}=\boldsymbol{0}$ 的一个基础解系，且它满足条件 $\mathrm{R}(\boldsymbol{\xi}_1,\boldsymbol{\xi}_2,\cdots,\boldsymbol{\xi}_{n-r})=n-r$，其中 $r=\mathrm{R}(\boldsymbol{A})$. 更一般地，可得出定理 2.11.

定理 2.11　设 $\boldsymbol{\xi}_1,\boldsymbol{\xi}_2,\cdots,\boldsymbol{\xi}_m$ 为 n 元齐次线性方程组 $\boldsymbol{Ax}=\boldsymbol{0}$ 的一组解，那么 $\boldsymbol{\xi}_1,\boldsymbol{\xi}_2,\cdots,\boldsymbol{\xi}_m$ 为方程组 $\boldsymbol{Ax}=\boldsymbol{0}$ 的一个基础解系的充要条件是

$$\mathrm{R}(\boldsymbol{\xi}_1,\boldsymbol{\xi}_2,\cdots,\boldsymbol{\xi}_m)=m=n-\mathrm{R}(\boldsymbol{A}).$$

***证明**　记分块矩阵 $\boldsymbol{B}=(\boldsymbol{\xi}_1,\boldsymbol{\xi}_2,\cdots,\boldsymbol{\xi}_m)$.

必要性　因为 $\boldsymbol{\xi}_1,\boldsymbol{\xi}_2,\cdots,\boldsymbol{\xi}_m$ 为方程组 $\boldsymbol{Ax}=\boldsymbol{0}$ 的一个基础解系，所以 m 元齐次线性方程组 $\boldsymbol{By}=\boldsymbol{0}$ 只有零解. 于是，由定理 2.10 的推论 1 可知，$\mathrm{R}(\boldsymbol{B})=m$. 由于

$$\boldsymbol{AB}=\boldsymbol{A}(\boldsymbol{\xi}_1,\boldsymbol{\xi}_2,\cdots,\boldsymbol{\xi}_m)=(\boldsymbol{A\xi}_1,\boldsymbol{A\xi}_2,\cdots,\boldsymbol{A\xi}_m)=\boldsymbol{O},$$

因此由定理 2.8 可知，

$$\mathrm{R}(\boldsymbol{A})+\mathrm{R}(\boldsymbol{B})\leqslant n.\tag{2.4}$$

由式(2.3)可知，齐次线性方程组 $\boldsymbol{Ax}=\boldsymbol{0}$ 存在一组解 $\boldsymbol{\xi}'_1,\boldsymbol{\xi}'_2,\cdots,\boldsymbol{\xi}'_{n-r}$ 满足条件 $\mathrm{R}(\boldsymbol{\xi}'_1,\boldsymbol{\xi}'_2,\cdots,\boldsymbol{\xi}'_{n-r})=n-r$，其中 $r=\mathrm{R}(\boldsymbol{A})$. 因为 $\boldsymbol{\xi}_1,\boldsymbol{\xi}_2,\cdots,\boldsymbol{\xi}_m$ 为齐次线性方程组 $\boldsymbol{Ax}=\boldsymbol{0}$ 的一个基础解系，所以存在 $m\times(n-r)$ 矩阵 $\boldsymbol{K}=(k_{ij})$，使得

$$\boldsymbol{\xi}'_j=k_{1j}\boldsymbol{\xi}_1+k_{2j}\boldsymbol{\xi}_2+\cdots+k_{mj}\boldsymbol{\xi}_m\quad(j=1,2,\cdots,n-r).$$

记分块矩阵 $\boldsymbol{C}=(\boldsymbol{\xi}'_1,\boldsymbol{\xi}'_2,\cdots,\boldsymbol{\xi}'_{n-r})$，则 $\boldsymbol{C}=\boldsymbol{BK}$. 由矩阵秩的性质 10 可知，

$$\mathrm{R}(\boldsymbol{B})\geqslant\mathrm{R}(\boldsymbol{BK})=\mathrm{R}(\boldsymbol{C})=n-r=n-\mathrm{R}(\boldsymbol{A}).\tag{2.5}$$

由式(2.4)和式(2.5)即可推出 $\mathrm{R}(\boldsymbol{B})=n-\mathrm{R}(\boldsymbol{A})$.

充分性　首先，由线性方程组解的性质 1 可知，对于任何一组常数 $k_1,k_2,\cdots,k_m$，$\boldsymbol{x}=k_1\boldsymbol{\xi}_1+k_2\boldsymbol{\xi}_2+\cdots+k_m\boldsymbol{\xi}_m$ 都是齐次线性方程组 $\boldsymbol{Ax}=\boldsymbol{0}$ 的解.

其次，设 $\boldsymbol{\xi}$ 为齐次线性方程组 $\boldsymbol{Ax}=\boldsymbol{0}$ 的任意一个解，则

$$\boldsymbol{A}(\boldsymbol{B},\boldsymbol{\xi})=\boldsymbol{A}(\boldsymbol{\xi}_1,\boldsymbol{\xi}_2,\cdots,\boldsymbol{\xi}_m,\boldsymbol{\xi})=(\boldsymbol{A\xi}_1,\boldsymbol{A\xi}_2,\cdots,\boldsymbol{A\xi}_m,\boldsymbol{A\xi})=\boldsymbol{O}.$$

因此，由定理 2.8 可知，$\mathrm{R}(\boldsymbol{A})+\mathrm{R}(\boldsymbol{B},\boldsymbol{\xi})\leqslant n$. 又由矩阵秩的性质 7 可知，

$$\mathrm{R}(\boldsymbol{B},\boldsymbol{\xi})\geqslant\mathrm{R}(\boldsymbol{B})=m=n-\mathrm{R}(\boldsymbol{A}),$$

所以 $\mathrm{R}(\boldsymbol{B},\boldsymbol{\xi})=\mathrm{R}(\boldsymbol{B})=m$. 于是由定理 2.10 可知，$m$ 元线性方程组 $\boldsymbol{By}=\boldsymbol{\xi}$ 有唯一解

$$\boldsymbol{y}=(k_1,k_2,\cdots,k_m)^{\mathrm{T}},$$

即存在唯一的一组常数 $k_1,k_2,\cdots,k_m$，使得

$$\boldsymbol{\xi}=(\boldsymbol{\xi}_1,\boldsymbol{\xi}_2,\cdots,\boldsymbol{\xi}_m)\begin{pmatrix}k_1\\k_2\\\vdots\\k_m\end{pmatrix}=k_1\boldsymbol{\xi}_1+k_2\boldsymbol{\xi}_2+\cdots+k_m\boldsymbol{\xi}_m.$$

因此，$\boldsymbol{\xi}_1,\boldsymbol{\xi}_2,\cdots,\boldsymbol{\xi}_m$ 为齐次线性方程组 $\boldsymbol{A}\boldsymbol{x}=\boldsymbol{0}$ 的一个基础解系. ■

由线性方程组解的性质 2 和性质 3 可得出定理 2.12.

定理 2.12 设 $\boldsymbol{\eta}$ 是非齐次线性方程组 $\boldsymbol{A}\boldsymbol{x}=\boldsymbol{b}$ 的一个特解，$\boldsymbol{\xi}_1,\boldsymbol{\xi}_2,\cdots,\boldsymbol{\xi}_m$ 是其导出组 $\boldsymbol{A}\boldsymbol{x}=\boldsymbol{0}$ 的一个基础解系，则 $\boldsymbol{A}\boldsymbol{x}=\boldsymbol{b}$ 的通解为

$$\boldsymbol{x}=k_1\boldsymbol{\xi}_1+k_2\boldsymbol{\xi}_2+\cdots+k_m\boldsymbol{\xi}_m+\boldsymbol{\eta}\quad(k_1,k_2,\cdots,k_m\text{ 为任意常数}).$$

例 2.4.3 已知四元非齐次线性方程组 $\boldsymbol{A}\boldsymbol{x}=\boldsymbol{b}$ 有三个特解分别为

$$\boldsymbol{\eta}_1=\begin{pmatrix}1\\2\\3\\4\end{pmatrix},\quad\boldsymbol{\eta}_2=\begin{pmatrix}2\\3\\1\\5\end{pmatrix},\quad\boldsymbol{\eta}_3=\begin{pmatrix}0\\1\\0\\1\end{pmatrix},$$

且 $\mathrm{R}(\boldsymbol{A})=2$，求 $\boldsymbol{A}\boldsymbol{x}=\boldsymbol{b}$ 的通解.

解 原方程组的导出组 $\boldsymbol{A}\boldsymbol{x}=\boldsymbol{0}$ 的未知元个数为 $n=4$，因为 $n-\mathrm{R}(\boldsymbol{A})=2$，所以如果 $\boldsymbol{\xi}_1$，$\boldsymbol{\xi}_2$ 为 $\boldsymbol{A}\boldsymbol{x}=\boldsymbol{0}$ 的两个解，且 $\mathrm{R}(\boldsymbol{\xi}_1,\boldsymbol{\xi}_2)=2$，那么 $\boldsymbol{\xi}_1,\boldsymbol{\xi}_2$ 为 $\boldsymbol{A}\boldsymbol{x}=\boldsymbol{0}$ 的一个基础解系.

因为 $\boldsymbol{\eta}_1,\boldsymbol{\eta}_2,\boldsymbol{\eta}_3$ 均为 $\boldsymbol{A}\boldsymbol{x}=\boldsymbol{b}$ 的解，所以

$$\boldsymbol{\xi}_1=\boldsymbol{\eta}_1-\boldsymbol{\eta}_3=\begin{pmatrix}1\\1\\3\\3\end{pmatrix}\quad\text{和}\quad\boldsymbol{\xi}_2=\boldsymbol{\eta}_2-\boldsymbol{\eta}_3=\begin{pmatrix}2\\2\\1\\4\end{pmatrix}$$

为 $\boldsymbol{A}\boldsymbol{x}=\boldsymbol{0}$ 的两个解. 又由

$$(\boldsymbol{\xi}_1,\boldsymbol{\xi}_2)=\begin{pmatrix}1&2\\1&2\\3&1\\3&4\end{pmatrix}\xrightarrow[\substack{r_3-3r_1\\r_4-3r_1}]{r_2-r_1}\begin{pmatrix}1&2\\0&0\\0&-5\\0&-2\end{pmatrix}\xrightarrow[\substack{-\frac{1}{2}r_2\\r_3+5r_2}]{r_2\leftrightarrow r_4}\begin{pmatrix}1&2\\0&1\\0&0\\0&0\end{pmatrix}$$

可知，$\mathrm{R}(\boldsymbol{\xi}_1,\boldsymbol{\xi}_2)=2$，所以 $\boldsymbol{\xi}_1,\boldsymbol{\xi}_2$ 为 $\boldsymbol{A}\boldsymbol{x}=\boldsymbol{0}$ 的一个基础解系.

因此，原方程组 $\boldsymbol{A}\boldsymbol{x}=\boldsymbol{b}$ 的通解为

$$\boldsymbol{x}=k_1\boldsymbol{\xi}_1+k_2\boldsymbol{\xi}_2+\boldsymbol{\eta}_1=k_1\begin{pmatrix}1\\1\\3\\3\end{pmatrix}+k_2\begin{pmatrix}2\\2\\1\\4\end{pmatrix}+\begin{pmatrix}1\\2\\3\\4\end{pmatrix}\quad(k_1,k_2\text{ 为任意常数}).$$ ■

注 2.11 在上面的通解表示式中，$\boldsymbol{\eta}_1$ 也可用 $\boldsymbol{\eta}_2$ 或 $\boldsymbol{\eta}_3$ 代替.

注 2.12 如果求得非齐次线性方程组 $\boldsymbol{A}\boldsymbol{x}=\boldsymbol{b}$ 的通解为

$$\boldsymbol{x}=k_1\boldsymbol{\xi}_1+k_2\boldsymbol{\xi}_2+\cdots+k_m\boldsymbol{\xi}_m+\boldsymbol{\eta}\quad(k_1,k_2,\cdots,k_m\text{ 为任意常数}),$$

那么可同时求得其导出组 $\boldsymbol{Ax}=\boldsymbol{0}$ 的一个基础解系为 $\boldsymbol{\xi}_1,\boldsymbol{\xi}_2,\cdots,\boldsymbol{\xi}_m$.

例 2.4.4 求以下非齐次线性方程组的通解及其导出组的一个基础解系：

$$\begin{cases}2x_1-x_2+x_3+x_4=5,\\ x_1+2x_2-x_3+4x_4=10,\\ x_1+7x_2-4x_3+11x_4=25.\end{cases}$$

解 把原方程组的增广矩阵 $(\boldsymbol{A},\boldsymbol{b})$ 化为行最简形：

$$(\boldsymbol{A},\boldsymbol{b})=\left(\begin{array}{cccc:c}2&-1&1&1&5\\1&2&-1&4&10\\1&7&-4&11&25\end{array}\right)\xrightarrow{r_1\leftrightarrow r_2}\left(\begin{array}{cccc:c}1&2&-1&4&10\\2&-1&1&1&5\\1&7&-4&11&25\end{array}\right)$$

$$\xrightarrow[r_3-r_1]{r_2-2r_1}\left(\begin{array}{cccc:c}1&2&-1&4&10\\0&-5&3&-7&-15\\0&5&-3&7&15\end{array}\right)\xrightarrow[\substack{-\frac{1}{5}r_2\\ r_1-2r_2}]{r_3+r_2}\left(\begin{array}{cccc:c}1&0&\frac{1}{5}&\frac{6}{5}&4\\0&1&-\frac{3}{5}&\frac{7}{5}&3\\0&0&0&0&0\end{array}\right).$$

于是，得同解方程组

$$\begin{cases}x_1+\dfrac{1}{5}x_3+\dfrac{6}{5}x_4=4,\\ x_2-\dfrac{3}{5}x_3+\dfrac{7}{5}x_4=3.\end{cases}$$

令自由未知元 $x_3=5k_1,x_4=5k_2$，则得原方程组的通解为

$$\begin{pmatrix}x_1\\x_2\\x_3\\x_4\end{pmatrix}=k_1\begin{pmatrix}-1\\3\\5\\0\end{pmatrix}+k_2\begin{pmatrix}-6\\-7\\0\\5\end{pmatrix}+\begin{pmatrix}4\\3\\0\\0\end{pmatrix}\quad(k_1,k_2\text{ 为任意常数}).$$

由此可知，原方程组的导出组有一个基础解系为

$$\boldsymbol{\xi}_1=\begin{pmatrix}-1\\3\\5\\0\end{pmatrix},\quad\boldsymbol{\xi}_2=\begin{pmatrix}-6\\-7\\0\\5\end{pmatrix}.$$

■

习题 2-4

1. 设齐次线性方程组

$$\begin{cases}ax_1+x_2-x_3=0,\\ x_1+ax_2-x_3=0,\\ 2x_1-x_2+x_3=0.\end{cases}$$

问:a 取什么值时,该方程组有非零解?

2. 设线性方程组

$$\begin{cases} ax_1 + x_2 + x_3 = 1, \\ x_1 + ax_2 + x_3 = a, \\ x_1 + x_2 + ax_3 = a^2. \end{cases}$$

问:a 取什么值时,该方程组(1) 有唯一解?(2) 无解?(3) 有无穷多个解?此时,求出它的通解.

3. 设线性方程组

$$\begin{cases} x_1 + 2x_2 + 2x_3 = 2, \\ x_1 + 3x_2 + x_3 = 3, \\ x_1 + x_2 + ax_3 = b. \end{cases}$$

问:a,b 取什么值时,该方程组(1) 有唯一解?(2) 无解?(3) 有无穷多个解?此时,求出它的通解.

4. 求齐次线性方程组

$$\begin{cases} 3x_1 + 4x_2 - 5x_3 + 7x_4 = 0, \\ 2x_1 - 3x_2 + 3x_3 - 2x_4 = 0, \\ 7x_1 - 2x_2 + x_3 + 3x_4 = 0 \end{cases}$$

的一个基础解系.

5. 求非齐次线性方程组

$$\begin{cases} 2x_1 + x_2 - x_3 + x_4 = 1, \\ 4x_1 + 2x_2 - 2x_3 + x_4 = 2, \\ 2x_1 + x_2 - x_3 - x_4 = 1 \end{cases}$$

的通解及其导出组的一个基础解系.

6. 设四元非齐次线性方程组的系数矩阵的秩为 3,已知 $\boldsymbol{\eta}_1,\boldsymbol{\eta}_2,\boldsymbol{\eta}_3$ 是它的三个特解,且

$$\boldsymbol{\eta}_1 = \begin{pmatrix} 2 \\ 3 \\ 4 \\ 5 \end{pmatrix}, \quad \boldsymbol{\eta}_2 + \boldsymbol{\eta}_3 = \begin{pmatrix} 1 \\ 2 \\ 3 \\ 4 \end{pmatrix},$$

求该方程组的通解.

7.(2016 年全国硕士研究生入学统一考试数学二试题) 设矩阵

$$\boldsymbol{A} = \begin{pmatrix} 1 & 1 & 1-a \\ 1 & 0 & a \\ a+1 & 1 & a+1 \end{pmatrix}, \quad \boldsymbol{\beta} = \begin{pmatrix} 0 \\ 1 \\ 2a-2 \end{pmatrix},$$

且方程组 $\boldsymbol{Ax} = \boldsymbol{\beta}$ 无解.

(1) 求常数 a;

(2) 求方程组 $\boldsymbol{A}^{\mathrm{T}}\boldsymbol{Ax} = \boldsymbol{A}^{\mathrm{T}}\boldsymbol{\beta}$ 的通解.

第三章

向量空间初步

在解析几何中引入向量概念后，许多问题的处理变得更为简洁和清晰. 在向量基础上对问题进一步抽象，形成与数域相联系的向量空间概念. 向量空间的相关理论起源于对线性方程组解集（所有解组成的集合）的研究，其进一步抽象化及一般化而发展起来的理论和方法，使得很多数学问题的解法得以系统化.

本章介绍向量空间理论的初步知识，包括 n 维向量组的线性相关性及其秩、向量空间的基本概念及其性质、欧氏空间的基础理论.

第一节　向量组的线性关系

一、向量组的线性组合

若干个同维行（或列）向量的集合称为**向量组**. 向量组的子集称为该向量组的**部分组**.

例 3.1.1 设 $\boldsymbol{e}_1=(1,0,\cdots,0)$，$\boldsymbol{e}_2=(0,1,\cdots,0)$，$\cdots$，$\boldsymbol{e}_n=(0,0,\cdots,1)$，则称 $\boldsymbol{e}_1,\boldsymbol{e}_2,\cdots,\boldsymbol{e}_n$ 为 n **维单位坐标向量组**. 任一向量 $\boldsymbol{a}=(a_1,a_2,\cdots,a_n)$ 均可唯一地表示为

$$\boldsymbol{a}=a_1\boldsymbol{e}_1+a_2\boldsymbol{e}_2+\cdots+a_n\boldsymbol{e}_n.$$ ■

例 3.1.2 设 $\boldsymbol{\xi}_1,\boldsymbol{\xi}_2,\cdots,\boldsymbol{\xi}_m$ 为齐次线性方程组 $\boldsymbol{Ax}=\boldsymbol{0}$ 的一个基础解系，则对于 $\boldsymbol{Ax}=\boldsymbol{0}$ 的任一解向量 $\boldsymbol{x}=\boldsymbol{\xi}$，均存在唯一一组常数 $k_1,k_2,\cdots,k_m$，使得

$$\boldsymbol{\xi}=k_1\boldsymbol{\xi}_1+k_2\boldsymbol{\xi}_2+\cdots+k_m\boldsymbol{\xi}_m.$$ ■

定义 3.1 给定向量组 $\boldsymbol{a}_1,\boldsymbol{a}_2,\cdots,\boldsymbol{a}_m$，对于任何一组常数 $k_1,k_2,\cdots,k_m$，称表示式

$$k_1\boldsymbol{a}_1+k_2\boldsymbol{a}_2+\cdots+k_m\boldsymbol{a}_m$$

为向量组 $\boldsymbol{a}_1,\boldsymbol{a}_2,\cdots,\boldsymbol{a}_m$ 的一个**线性组合**，$k_1,k_2,\cdots,k_m$ 称为这个**线性组合的系数**.

定义 3.2 如果向量 $\boldsymbol{b}$ 为向量组 $\boldsymbol{a}_1,\boldsymbol{a}_2,\cdots,\boldsymbol{a}_m$ 的一个线性组合，那么称向量 $\boldsymbol{b}$ 可由向量组 $\boldsymbol{a}_1,\boldsymbol{a}_2,\cdots,\boldsymbol{a}_m$ **线性表示**.

设 $n\times m$ 矩阵 $\boldsymbol{A}=(\boldsymbol{a}_1,\boldsymbol{a}_2,\cdots,\boldsymbol{a}_m)$. 方程组 $\boldsymbol{Ax}=\boldsymbol{b}$ 有一个解

$$\boldsymbol{x}=(k_1,k_2,\cdots,k_m)^{\mathrm{T}},$$

等价于有如下等式成立：

$$\boldsymbol{b}=k_1\boldsymbol{a}_1+k_2\boldsymbol{a}_2+\cdots+k_m\boldsymbol{a}_m.$$

由此可知，线性方程组 $\boldsymbol{Ax}=\boldsymbol{b}$ 有解的充要条件是向量 $\boldsymbol{b}$ 可由系数矩阵 $\boldsymbol{A}$ 的列向量组 $\boldsymbol{a}_1$，$\boldsymbol{a}_2,\cdots,\boldsymbol{a}_m$ 线性表示.

注 3.1 当向量参与矩阵运算时，约定向量用列形式，且看作列矩阵.

例 3.1.3 设向量 $\boldsymbol{a}_1=(1,2,-1)$，$\boldsymbol{a}_2=(2,-1,1)$，$\boldsymbol{b}=(4,3,t)$，讨论向量 $\boldsymbol{b}$ 可否由向量组 $\boldsymbol{a}_1,\boldsymbol{a}_2$ 线性表示. 若可以，写出表示式.

解 考虑线性方程组 $(\boldsymbol{a}_1^{\mathrm{T}},\boldsymbol{a}_2^{\mathrm{T}})\boldsymbol{x}=\boldsymbol{b}^{\mathrm{T}}$ 的解的情况，便知向量 $\boldsymbol{b}$ 可否由向量组 $\boldsymbol{a}_1,\boldsymbol{a}_2$ 线性表示，以及可线性表示时的表示式.

$$(\boldsymbol{a}_1^{\mathrm{T}},\boldsymbol{a}_2^{\mathrm{T}},\boldsymbol{b}^{\mathrm{T}})=\begin{pmatrix}1&2&4\\2&-1&3\\-1&1&t\end{pmatrix}\xrightarrow[r_3+r_1]{r_2-2r_1}\begin{pmatrix}1&2&4\\0&-5&-5\\0&3&t+4\end{pmatrix}$$

$$\xrightarrow{-\frac{1}{5}r_2}\begin{pmatrix}1&2&4\\0&1&1\\0&3&t+4\end{pmatrix}\xrightarrow[r_3-3r_2]{r_1-2r_2}\begin{pmatrix}1&0&2\\0&1&1\\0&0&t+1\end{pmatrix}.$$

当 $t\neq-1$ 时，线性方程组 $(\boldsymbol{a}_1^{\mathrm{T}},\boldsymbol{a}_2^{\mathrm{T}})\boldsymbol{x}=\boldsymbol{b}^{\mathrm{T}}$ 无解. 由此可知，向量 $\boldsymbol{b}$ 不可由向量组 $\boldsymbol{a}_1,\boldsymbol{a}_2$ 线性表示.

当 $t=-1$ 时，线性方程组 $(\boldsymbol{a}_1^{\mathrm{T}},\boldsymbol{a}_2^{\mathrm{T}})\boldsymbol{x}=\boldsymbol{b}^{\mathrm{T}}$ 的解为 $\boldsymbol{x}=(2,1)^{\mathrm{T}}$. 由此可知，向量 $\boldsymbol{b}$ 可由向量组 $\boldsymbol{a}_1,\boldsymbol{a}_2$ 线性表示，且有 $\boldsymbol{b}_1=2\boldsymbol{a}_1+\boldsymbol{a}_2$. ■

二、向量组的线性相关性

若线性方程组 $\boldsymbol{Ax}=\boldsymbol{b}$ 有无穷多个解，则向量 $\boldsymbol{b}$ 可由矩阵 $\boldsymbol{A}=(\boldsymbol{a}_1,\boldsymbol{a}_2,\cdots,\boldsymbol{a}_m)$ 的列向量组线性表示，且表示式有无穷多个.

设向量 $\boldsymbol{b}$ 有两个表示式

$$\boldsymbol{b}=h_1\boldsymbol{a}_1+h_2\boldsymbol{a}_2+\cdots+h_m\boldsymbol{a}_m$$

和

$$\boldsymbol{b}=l_1\boldsymbol{a}_1+l_2\boldsymbol{a}_2+\cdots+l_m\boldsymbol{a}_m,$$

则有

$$(h_1-l_1)\boldsymbol{a}_1+(h_2-l_2)\boldsymbol{a}_2+\cdots+(h_m-l_m)\boldsymbol{a}_m=\boldsymbol{0}.$$

因为 $\boldsymbol{b}$ 的上述两个表示式不同，故存在一组不全为 0 的常数

$$k_1=h_1-l_1,\quad k_2=h_2-l_2,\quad \cdots,\quad k_m=h_m-l_m,$$

使得

$$k_1\boldsymbol{a}_1+k_2\boldsymbol{a}_2+\cdots+k_m\boldsymbol{a}_m=\boldsymbol{0}.$$

定义 3.3 对于向量组 $\boldsymbol{a}_1,\boldsymbol{a}_2,\cdots,\boldsymbol{a}_m$，若存在一组不全为 0 的常数 $k_1,k_2,\cdots,k_m$，使得

$$k_1\boldsymbol{a}_1+k_2\boldsymbol{a}_2+\cdots+k_m\boldsymbol{a}_m=\boldsymbol{0},$$

则称向量组 $\boldsymbol{a}_1,\boldsymbol{a}_2,\cdots,\boldsymbol{a}_m$ **线性相关**；否则，称向量组 $\boldsymbol{a}_1,\boldsymbol{a}_2,\cdots,\boldsymbol{a}_m$ **线性无关**.

易知，向量组的线性相关性具有下列性质.

性质 1 含有零向量的向量组必线性相关.

性质 2 若向量组有一个部分组线性相关，则整个向量组也线性相关.

性质 3　若向量组线性无关,则向量组的任一部分组也线性无关.

注 3.2　定义 3.3 是对有限向量组而言的. 所谓**有限向量组**,就是由有限多个向量组成的向量组. 因此,上述各性质中所述向量组都是有限向量组.

性质 4　若向量 $\boldsymbol{b}$ 可由向量组 $\boldsymbol{a}_1,\boldsymbol{a}_2,\cdots,\boldsymbol{a}_m$ 线性表示,则向量组 $\boldsymbol{a}_1,\boldsymbol{a}_2,\cdots,\boldsymbol{a}_m,\boldsymbol{b}$ 线性相关.

性质 5　设向量 $\boldsymbol{b}$ 可由向量组 $\boldsymbol{a}_1,\boldsymbol{a}_2,\cdots,\boldsymbol{a}_m$ 线性表示. 若向量组 $\boldsymbol{a}_1,\boldsymbol{a}_2,\cdots,\boldsymbol{a}_m$ 线性相关,则表示式不唯一;若向量组 $\boldsymbol{a}_1,\boldsymbol{a}_2,\cdots,\boldsymbol{a}_m$ 线性无关,则表示式唯一.

向量组 $\boldsymbol{a}_1,\boldsymbol{a}_2,\cdots,\boldsymbol{a}_m$ 线性无关,即关于向量组 $\boldsymbol{a}_1,\boldsymbol{a}_2,\cdots,\boldsymbol{a}_m$ 的方程

$$x_1\boldsymbol{a}_1+x_2\boldsymbol{a}_2+\cdots+x_m\boldsymbol{a}_m=\boldsymbol{0}$$

只有零解,也即 m 元齐次线性方程组 $\boldsymbol{Ax}=\boldsymbol{0}$ 只有零解,其中 $\boldsymbol{A}=(\boldsymbol{a}_1,\boldsymbol{a}_2,\cdots,\boldsymbol{a}_m)$. 我们知道,$m$ 元齐次线性方程组 $\boldsymbol{Ax}=\boldsymbol{0}$ 只有零解的充要条件是 $\mathrm{R}(\boldsymbol{A})=m$. 这样,就有定理 3.1.

定理 3.1　设矩阵 $\boldsymbol{A}=(\boldsymbol{a}_1,\boldsymbol{a}_2,\cdots,\boldsymbol{a}_m)$,则 $\boldsymbol{A}$ 的列向量组 $\boldsymbol{a}_1,\boldsymbol{a}_2,\cdots,\boldsymbol{a}_m$ 线性无关的充要条件是 $\mathrm{R}(\boldsymbol{A})=m$.

推论 1　齐次线性方程组的基础解系线性无关.

推论 2　方阵 $\boldsymbol{A}$ 的列向量组线性相关的充要条件是 $|\boldsymbol{A}|=0$.

推论 3　设 $\boldsymbol{a}_1,\boldsymbol{a}_2,\cdots,\boldsymbol{a}_m$ 为 n 维向量组. 若 $m>n$,则向量组 $\boldsymbol{a}_1,\boldsymbol{a}_2,\cdots,\boldsymbol{a}_m$ 线性相关.

例 3.1.4　讨论向量组 $\boldsymbol{a}_1=(1,-1,1),\boldsymbol{a}_2=(1,a,-1),\boldsymbol{a}_3=(a,1,2)$ 的线性相关性.

解　**方法 1**　设方阵 $\boldsymbol{A}=(\boldsymbol{a}_1^{\mathrm{T}},\boldsymbol{a}_2^{\mathrm{T}},\boldsymbol{a}_3^{\mathrm{T}})$,则

$$\boldsymbol{A}=\begin{pmatrix}1&1&a\\-1&a&1\\1&-1&2\end{pmatrix}\xrightarrow[r_3-r_1]{r_2+r_1}\begin{pmatrix}1&1&a\\0&a+1&a+1\\0&-2&2-a\end{pmatrix}$$

$$\xrightarrow{r_2\leftrightarrow r_3}\begin{pmatrix}1&1&a\\0&-2&2-a\\0&a+1&a+1\end{pmatrix}\xrightarrow[r_3+(a+1)r_2]{2r_3}\begin{pmatrix}1&1&a\\0&-2&2-a\\0&0&(a+1)(4-a)\end{pmatrix}.$$

当 $a\neq-1,4$ 时,$\mathrm{R}(\boldsymbol{A})=3$,向量组 $\boldsymbol{a}_1,\boldsymbol{a}_2,\boldsymbol{a}_3$ 线性无关.

当 $a=-1$ 或 $a=4$ 时,$\mathrm{R}(\boldsymbol{A})=2$,向量组 $\boldsymbol{a}_1,\boldsymbol{a}_2,\boldsymbol{a}_3$ 线性相关.

方法 2　设方阵 $\boldsymbol{A}=(\boldsymbol{a}_1^{\mathrm{T}},\boldsymbol{a}_2^{\mathrm{T}},\boldsymbol{a}_3^{\mathrm{T}})$,则

$$|\boldsymbol{A}|=\begin{vmatrix}1&1&a\\-1&a&1\\1&-1&2\end{vmatrix}=(a+1)(4-a).$$

当 $a\neq-1,4$ 时,$|\boldsymbol{A}|\neq0$,向量组 $\boldsymbol{a}_1,\boldsymbol{a}_2,\boldsymbol{a}_3$ 线性无关.

当 $a=-1$ 或 $a=4$ 时,$|\boldsymbol{A}|=0$,向量组 $\boldsymbol{a}_1,\boldsymbol{a}_2,\boldsymbol{a}_3$ 线性相关. ■

例 3.1.5　设向量组 $\boldsymbol{a}_1,\boldsymbol{a}_2,\boldsymbol{a}_3$ 线性无关. 令

$$\boldsymbol{b}_1=\boldsymbol{a}_1-\boldsymbol{a}_2+2\boldsymbol{a}_3,\quad \boldsymbol{b}_2=-\boldsymbol{a}_1+2\boldsymbol{a}_2+2\boldsymbol{a}_3,\quad \boldsymbol{b}_3=\boldsymbol{a}_2+3\boldsymbol{a}_3,$$

试证:向量组 $\boldsymbol{b}_1,\boldsymbol{b}_2,\boldsymbol{b}_3$ 也线性无关.

证明　**方法 1**　设存在一组常数 x_1,x_2,x_3,使得

$$x_1\boldsymbol{b}_1+x_2\boldsymbol{b}_2+x_3\boldsymbol{b}_3=\boldsymbol{0}.$$

将 $\boldsymbol{b}_1,\boldsymbol{b}_2,\boldsymbol{b}_3$ 的表示式代入上式,并整理得

$$(x_1-x_2)\boldsymbol{a}_1+(-x_1+2x_2+x_3)\boldsymbol{a}_2+(2x_1+2x_2+3x_3)\boldsymbol{a}_3=\boldsymbol{0}.$$

因向量组 $\boldsymbol{a}_1,\boldsymbol{a}_2,\boldsymbol{a}_3$ 线性无关,故有

$$\begin{cases} x_1-x_2=0, \\ -x_1+2x_2+x_3=0, \\ 2x_1+2x_2+3x_3=0. \end{cases}$$

由于上述齐次线性方程组的系数行列式为

$$\begin{vmatrix} 1 & -1 & 0 \\ -1 & 2 & 1 \\ 2 & 2 & 3 \end{vmatrix}=-1\neq 0,$$

所以上述齐次线性方程组只有零解 $x_1=0,x_2=0,x_3=0$,从而向量组 $\boldsymbol{b}_1,\boldsymbol{b}_2,\boldsymbol{b}_3$ 线性无关.

方法 2 把已知条件写成

$$(\boldsymbol{b}_1,\boldsymbol{b}_2,\boldsymbol{b}_3)=(\boldsymbol{a}_1,\boldsymbol{a}_2,\boldsymbol{a}_3)\begin{pmatrix} 1 & -1 & 0 \\ -1 & 2 & 1 \\ 2 & 2 & 3 \end{pmatrix},$$

记作 $\boldsymbol{B}=\boldsymbol{AK}$. 因 $|\boldsymbol{K}|=-1$,故 $\boldsymbol{K}$ 可逆,于是 $\mathrm{R}(\boldsymbol{B})=\mathrm{R}(\boldsymbol{A})$.

因 $\boldsymbol{A}$ 的列向量组 $\boldsymbol{a}_1,\boldsymbol{a}_2,\boldsymbol{a}_3$ 线性无关,故由定理 3.1 可知,$\mathrm{R}(\boldsymbol{A})=3$,从而 $\mathrm{R}(\boldsymbol{B})=3$. 因此,同样由定理 3.1 可知,$\boldsymbol{B}$ 的列向量组 $\boldsymbol{b}_1,\boldsymbol{b}_2,\boldsymbol{b}_3$ 线性无关. ■

定理 3.2 设向量组 $\boldsymbol{a}_1,\boldsymbol{a}_2,\cdots,\boldsymbol{a}_r$ 线性无关. 若向量组 $\boldsymbol{a}_1,\boldsymbol{a}_2,\cdots,\boldsymbol{a}_r,\boldsymbol{b}$ 线性相关,则向量 $\boldsymbol{b}$ 可由向量组 $\boldsymbol{a}_1,\boldsymbol{a}_2,\cdots,\boldsymbol{a}_r$ 线性表示.

证明 因向量组 $\boldsymbol{a}_1,\boldsymbol{a}_2,\cdots,\boldsymbol{a}_r,\boldsymbol{b}$ 线性相关,故存在一组不全为 0 的常数 $k_1,k_2,\cdots,k_r,k$,使得

$$k_1\boldsymbol{a}_1+k_2\boldsymbol{a}_2+\cdots+k_r\boldsymbol{a}_r+k\boldsymbol{b}=\boldsymbol{0}.$$

假设 $k=0$,则 $k_1,k_2,\cdots,k_r$ 不全为 0,且有

$$k_1\boldsymbol{a}_1+k_2\boldsymbol{a}_2+\cdots+k_r\boldsymbol{a}_r=\boldsymbol{0}.$$

这与向量组 $\boldsymbol{a}_1,\boldsymbol{a}_2,\cdots,\boldsymbol{a}_r$ 线性无关矛盾,因此 $k\neq 0$,从而有

$$\boldsymbol{b}=-\frac{1}{k}(k_1\boldsymbol{a}_1+k_2\boldsymbol{a}_2+\cdots+k_r\boldsymbol{a}_r).$$ ■

定理 3.2 的逆否命题即为定理 3.3.

定理 3.3 设向量组 $\boldsymbol{a}_1,\boldsymbol{a}_2,\cdots,\boldsymbol{a}_r$ 线性无关. 若向量 $\boldsymbol{b}$ 不可由向量组 $\boldsymbol{a}_1,\boldsymbol{a}_2,\cdots,\boldsymbol{a}_r$ 线性表示,则向量组 $\boldsymbol{a}_1,\boldsymbol{a}_2,\cdots,\boldsymbol{a}_r,\boldsymbol{b}$ 线性无关.

例 3.1.6 设向量组 $\boldsymbol{a}_1,\boldsymbol{a}_2,\boldsymbol{a}_3$ 线性相关,向量组 $\boldsymbol{a}_2,\boldsymbol{a}_3,\boldsymbol{a}_4$ 线性无关. 证明:

(1) $\boldsymbol{a}_1$ 可由向量组 $\boldsymbol{a}_2,\boldsymbol{a}_3$ 线性表示;

(2) $\boldsymbol{a}_4$ 不可由向量组 $\boldsymbol{a}_1,\boldsymbol{a}_2,\boldsymbol{a}_3$ 线性表示.

证明 (1) 因为向量组 $\boldsymbol{a}_2,\boldsymbol{a}_3,\boldsymbol{a}_4$ 线性无关,所以其部分组 $\boldsymbol{a}_2,\boldsymbol{a}_3$ 也线性无关. 而向量组 $\boldsymbol{a}_1,\boldsymbol{a}_2,\boldsymbol{a}_3$ 线性相关,于是由定理 3.2 可知,$\boldsymbol{a}_1$ 可由向量组 $\boldsymbol{a}_2,\boldsymbol{a}_3$ 线性表示.

(2) 用反证法. 假设 $\boldsymbol{a}_4$ 可由向量组 $\boldsymbol{a}_1,\boldsymbol{a}_2,\boldsymbol{a}_3$ 线性表示，而由(1)可知，$\boldsymbol{a}_1$ 可由向量组 $\boldsymbol{a}_2,\boldsymbol{a}_3$ 线性表示，因此 $\boldsymbol{a}_4$ 可由向量组 $\boldsymbol{a}_2,\boldsymbol{a}_3$ 线性表示. 于是，由向量组的性质4可知，向量组 $\boldsymbol{a}_2,\boldsymbol{a}_3,\boldsymbol{a}_4$ 线性相关. 这与向量组 $\boldsymbol{a}_2,\boldsymbol{a}_3,\boldsymbol{a}_4$ 线性无关矛盾，故 $\boldsymbol{a}_4$ 不可由向量组 $\boldsymbol{a}_1,\boldsymbol{a}_2,\boldsymbol{a}_3$ 线性表示. ■

习题 3－1

1. 设向量 $\boldsymbol{a}_1=(1+\lambda,1,1)$，$\boldsymbol{a}_2=(1,1+\lambda,1)$，$\boldsymbol{a}_3=(1,1,1+\lambda)$，$\boldsymbol{b}=(0,\lambda,\lambda^2)$，问：$\lambda$ 取何值时，

(1) $\boldsymbol{b}$ 可由向量组 $\boldsymbol{a}_1,\boldsymbol{a}_2,\boldsymbol{a}_3$ 线性表示，且表示式唯一？

(2) $\boldsymbol{b}$ 可由向量组 $\boldsymbol{a}_1,\boldsymbol{a}_2,\boldsymbol{a}_3$ 线性表示，但表示式不唯一？

(3) $\boldsymbol{b}$ 不可由向量组 $\boldsymbol{a}_1,\boldsymbol{a}_2,\boldsymbol{a}_3$ 线性表示？

2. 当 t 为何值时，向量组

$$\boldsymbol{a}_1=(0,4,2-t),\quad \boldsymbol{a}_2=(2,3-t,1),\quad \boldsymbol{a}_3=(1-t,2,3)$$

线性相关？

3. 设向量组 $\boldsymbol{a},\boldsymbol{b},\boldsymbol{c}$ 线性无关，证明：向量组

$$3\boldsymbol{a}+2\boldsymbol{b}+\boldsymbol{c},\quad 2\boldsymbol{a}-3\boldsymbol{b}-4\boldsymbol{c},\quad -5\boldsymbol{a}+4\boldsymbol{b}-\boldsymbol{c}$$

也线性无关.

4. 设 $\boldsymbol{A}$ 是 $n\times m$ 矩阵，$\boldsymbol{B}$ 是 $m\times n$ 矩阵，其中 $n\leqslant m$. 若 $\boldsymbol{AB}=\boldsymbol{I}$，证明：$\boldsymbol{B}$ 的列向量组线性无关.

5. 设 $\boldsymbol{\eta}$ 是非齐次线性方程组 $\boldsymbol{Ax}=\boldsymbol{b}$ 的一个解，$\boldsymbol{\xi}_1,\boldsymbol{\xi}_2,\cdots,\boldsymbol{\xi}_m$ 是 $\boldsymbol{Ax}=\boldsymbol{0}$ 的一个基础解系. 证明：

(1) $\boldsymbol{\eta},\boldsymbol{\xi}_1,\boldsymbol{\xi}_2,\cdots,\boldsymbol{\xi}_m$ 线性无关；

(2) $\boldsymbol{\eta},\boldsymbol{\eta}+\boldsymbol{\xi}_1,\boldsymbol{\eta}+\boldsymbol{\xi}_2,\cdots,\boldsymbol{\eta}+\boldsymbol{\xi}_m$ 线性无关.

第二节　向量组的秩

一、向量组的秩及最大无关组

设 A 为一个 n 维向量组($A\neq\{\boldsymbol{0}\}$)，由定理3.1的推论3可知，向量组 A 的任一线性无关部分组所含向量个数都不会超过 n. 因此，必存在一个正整数 r，使得向量组 A 中有 r 个向量线性无关，而向量组 A 中任一所含向量个数多于 r 的部分组(如果存在的话)必线性相关.

最大无关组

向量组的秩

定义 3.4 如果向量组 A 中存在 r 个向量 $\boldsymbol{a}_1,\boldsymbol{a}_2,\cdots,\boldsymbol{a}_r$ 线性无关，而向量组 A 中任一所含向量个数多于 r 的部分组（如果存在的话）线性相关，那么称 r 为向量组 A 的**秩**，记作 $\mathrm{R}(A)$，并称向量组 $\boldsymbol{a}_1,\boldsymbol{a}_2,\cdots,\boldsymbol{a}_r$ 为向量组 A 的一个**最大线性无关组**，简称**最大无关组**或**极大无关组**.

注 3.3 仅由零向量组成的向量组没有最大无关组，规定其秩为 0.

设 $\boldsymbol{a}_1,\boldsymbol{a}_2,\cdots,\boldsymbol{a}_r$ 是向量组 A 的一个线性无关部分组. 如果 $\boldsymbol{a}_1,\boldsymbol{a}_2,\cdots,\boldsymbol{a}_r$ 为向量组 A 的一个最大无关组，则对于向量组 A 中的任一向量 $\boldsymbol{b}$，当 $\boldsymbol{b}$ 不是 $\boldsymbol{a}_1,\boldsymbol{a}_2,\cdots,\boldsymbol{a}_r$ 中的向量时，$\boldsymbol{a}_1,\boldsymbol{a}_2,\cdots,\boldsymbol{a}_r,\boldsymbol{b}$ 线性相关，于是由定理 3.2 可知，$\boldsymbol{b}$ 可由 $\boldsymbol{a}_1,\boldsymbol{a}_2,\cdots,\boldsymbol{a}_r$ 线性表示；当 $\boldsymbol{b}$ 是 $\boldsymbol{a}_1,\boldsymbol{a}_2,\cdots,\boldsymbol{a}_r$ 中的某一向量时，显然 $\boldsymbol{b}$ 可由 $\boldsymbol{a}_1,\boldsymbol{a}_2,\cdots,\boldsymbol{a}_r$ 线性表示. 这样，我们就证明了定理 3.4 的必要性条件.

定理 3.4 设 $\boldsymbol{a}_1,\boldsymbol{a}_2,\cdots,\boldsymbol{a}_r$ 为向量组 A 的一个线性无关部分组，则 $\boldsymbol{a}_1,\boldsymbol{a}_2,\cdots,\boldsymbol{a}_r$ 为向量组 A 的一个最大无关组的充要条件是向量组 A 中的任一向量都可由向量组 $\boldsymbol{a}_1,\boldsymbol{a}_2,\cdots,\boldsymbol{a}_r$ 线性表示.

证明 必要性已证明，现证明充分性. 要证明 $\boldsymbol{a}_1,\boldsymbol{a}_2,\cdots,\boldsymbol{a}_r$ 为向量组 A 的一个最大无关组，只要证明向量组 A 中任一所含向量个数多于 r 的部分组（如果存在的话）线性相关. 因为向量组 A 中的任一向量都可由向量组 $\boldsymbol{a}_1,\boldsymbol{a}_2,\cdots,\boldsymbol{a}_r$ 线性表示，所以对于向量组 A 中的任意一组向量 $\boldsymbol{b}_1,\boldsymbol{b}_2,\cdots,\boldsymbol{b}_s\,(s>r)$，存在一组常数 $k_{ij}\,(i=1,2,\cdots,r;j=1,2,\cdots,s)$，使得

$$\boldsymbol{b}_j=k_{1j}\boldsymbol{a}_1+k_{2j}\boldsymbol{a}_2+\cdots+k_{rj}\boldsymbol{a}_r\quad(j=1,2,\cdots,s).$$

记矩阵 $\boldsymbol{A}=(\boldsymbol{a}_1,\boldsymbol{a}_2,\cdots,\boldsymbol{a}_r)$，$\boldsymbol{B}=(\boldsymbol{b}_1,\boldsymbol{b}_2,\cdots,\boldsymbol{b}_s)$，$\boldsymbol{K}=(k_{ij})_{r\times s}$，则 $\boldsymbol{B}=\boldsymbol{AK}$，于是

$$\mathrm{R}(\boldsymbol{B})=\mathrm{R}(\boldsymbol{AK})\leqslant\mathrm{R}(\boldsymbol{A})\leqslant r<s.$$

因此，向量组 $\boldsymbol{b}_1,\boldsymbol{b}_2,\cdots,\boldsymbol{b}_s$ 线性相关. ■

例 3.2.1 设 n 元齐次线性方程组 $\boldsymbol{Ax}=\boldsymbol{0}$ 的解集为 S. 若 $\boldsymbol{\xi}_1,\boldsymbol{\xi}_2,\cdots,\boldsymbol{\xi}_m$ 为方程组 $\boldsymbol{Ax}=\boldsymbol{0}$ 的一个基础解系，则向量组 $\boldsymbol{\xi}_1,\boldsymbol{\xi}_2,\cdots,\boldsymbol{\xi}_m$ 线性无关，且解集 S 中的任一解均可由向量组 $\boldsymbol{\xi}_1,\boldsymbol{\xi}_2,\cdots,\boldsymbol{\xi}_m$ 线性表示. 因此，由定理 3.4 可知，向量组 $\boldsymbol{\xi}_1,\boldsymbol{\xi}_2,\cdots,\boldsymbol{\xi}_m$ 为解集 S 的一个最大无关组. 由基础解系的性质可知，$m=n-\mathrm{R}(\boldsymbol{A})$，故

$$\mathrm{R}(S)=m=n-\mathrm{R}(\boldsymbol{A}).$$ ■

例 3.2.2 证明：$\mathrm{R}(\boldsymbol{A}^{\mathrm{T}}\boldsymbol{A})=\mathrm{R}(\boldsymbol{A})$.

证明 设 $\boldsymbol{A}$ 为 $m\times n$ 矩阵，$\boldsymbol{x}$ 为 n 维列向量.

若 $\boldsymbol{x}$ 满足 $\boldsymbol{Ax}=\boldsymbol{0}$，则 $\boldsymbol{A}^{\mathrm{T}}(\boldsymbol{Ax})=\boldsymbol{0}$，即 $(\boldsymbol{A}^{\mathrm{T}}\boldsymbol{A})\boldsymbol{x}=\boldsymbol{0}$.

若 $\boldsymbol{x}$ 满足 $(\boldsymbol{A}^{\mathrm{T}}\boldsymbol{A})\boldsymbol{x}=\boldsymbol{0}$，则 $\boldsymbol{x}^{\mathrm{T}}(\boldsymbol{A}^{\mathrm{T}}\boldsymbol{A})\boldsymbol{x}=0$，即 $(\boldsymbol{Ax})^{\mathrm{T}}(\boldsymbol{Ax})=0$，由此可知，$\boldsymbol{Ax}=\boldsymbol{0}$.

综上可知，方程组 $\boldsymbol{Ax}=\boldsymbol{0}$ 与 $(\boldsymbol{A}^{\mathrm{T}}\boldsymbol{A})\boldsymbol{x}=\boldsymbol{0}$ 同解. 设它们的解集为 S，则

$$\mathrm{R}(\boldsymbol{A}^{\mathrm{T}}\boldsymbol{A})=\mathrm{R}(\boldsymbol{A})=n-\mathrm{R}(S).$$ ■

定理 3.5 给出了求有限向量组的最大无关组的一个算法，我们称之为**最大无关组的行最简形解法**.

定理 3.5 设 $n\times m$ 矩阵 $\boldsymbol{A}=(\boldsymbol{a}_1,\boldsymbol{a}_2,\cdots,\boldsymbol{a}_m)$ 的行最简形为

$$\begin{pmatrix}\boldsymbol{I}_r & \boldsymbol{B}\\ \boldsymbol{O} & \boldsymbol{O}\end{pmatrix},$$

则 r 为矩阵 $\boldsymbol{A}$ 的列向量组的秩，$\boldsymbol{a}_1,\boldsymbol{a}_2,\cdots,\boldsymbol{a}_r$ 为矩阵 $\boldsymbol{A}$ 的列向量组的一个最大无关组，且有

$$\boldsymbol{a}_{r+j}=b_{1j}\boldsymbol{a}_1+b_{2j}\boldsymbol{a}_2+\cdots+b_{rj}\boldsymbol{a}_r\quad(j=1,2,\cdots,m-r),$$

其中 $b_{1j},b_{2j},\cdots,b_{rj}$ 为矩阵 $\boldsymbol{B}$ 的第 j 列元素.

证明　记 $\boldsymbol{b}_j=(b_{1j},b_{2j},\cdots,b_{rj})^{\mathrm{T}}$，由所给条件有

$$(\boldsymbol{a}_1,\boldsymbol{a}_2,\cdots,\boldsymbol{a}_r)\xrightarrow{\text{初等行变换}}\begin{pmatrix}\boldsymbol{I}_r\\ \boldsymbol{O}\end{pmatrix},\tag{3.1}$$

$$(\boldsymbol{a}_1,\boldsymbol{a}_2,\cdots,\boldsymbol{a}_r,\boldsymbol{a}_{r+j})\xrightarrow{\text{初等行变换}}\begin{pmatrix}\boldsymbol{I}_r & \boldsymbol{b}_j\\ \boldsymbol{O} & \boldsymbol{0}\end{pmatrix}\quad(j=1,2,\cdots,m-r).\tag{3.2}$$

由式(3.1)可知，$\mathrm{R}(\boldsymbol{a}_1,\boldsymbol{a}_2,\cdots,\boldsymbol{a}_r)=r$，所以向量组 $\boldsymbol{a}_1,\boldsymbol{a}_2,\cdots,\boldsymbol{a}_r$ 线性无关. 由式(3.2)可知，方程组

$$(\boldsymbol{a}_1,\boldsymbol{a}_2,\cdots,\boldsymbol{a}_r)\boldsymbol{x}=\boldsymbol{a}_{r+j}\quad(j=1,2,\cdots,m-r)$$

的解为 $\boldsymbol{x}=\boldsymbol{b}_j$，即

$$\boldsymbol{a}_{r+j}=b_{1j}\boldsymbol{a}_1+b_{2j}\boldsymbol{a}_2+\cdots+b_{rj}\boldsymbol{a}_r\quad(j=1,2,\cdots,m-r).$$

因此，由定理 3.4 可知，$\boldsymbol{a}_1,\boldsymbol{a}_2,\cdots,\boldsymbol{a}_r$ 为矩阵 $\boldsymbol{A}$ 的列向量组的一个最大无关组，从而 r 为矩阵 $\boldsymbol{A}$ 的列向量组的秩. ■

例 3.2.3　设

$$(\boldsymbol{a}_1,\boldsymbol{a}_2,\boldsymbol{a}_3,\boldsymbol{a}_4)\xrightarrow{\text{初等行变换}}\begin{pmatrix}1&0&2&3\\0&1&4&5\\0&0&0&0\end{pmatrix},$$

则由定理 3.5 可知，向量组 $\boldsymbol{a}_1,\boldsymbol{a}_2,\boldsymbol{a}_3,\boldsymbol{a}_4$ 的秩为 2，一个最大无关组为 $\boldsymbol{a}_1,\boldsymbol{a}_2$，且有

$$\boldsymbol{a}_3=2\boldsymbol{a}_1+4\boldsymbol{a}_2,\quad \boldsymbol{a}_4=3\boldsymbol{a}_1+5\boldsymbol{a}_2.$$ ■

例 3.2.4　设

$$(\boldsymbol{a}_1,\boldsymbol{a}_2,\boldsymbol{a}_3,\boldsymbol{a}_4,\boldsymbol{a}_5)=\begin{pmatrix}1&-2&-3&0&18\\1&1&3&8&-9\\2&-1&0&2&27\\-1&2&3&3&-27\end{pmatrix},$$

求向量组 $\boldsymbol{a}_1,\boldsymbol{a}_2,\boldsymbol{a}_3,\boldsymbol{a}_4,\boldsymbol{a}_5$ 的秩和一个最大无关组，并把其余向量用该最大无关组线性表示.

解　把矩阵$(\boldsymbol{a}_1,\boldsymbol{a}_2,\boldsymbol{a}_3,\boldsymbol{a}_4,\boldsymbol{a}_5)$化为行最简形：

$$(\boldsymbol{a}_1,\boldsymbol{a}_2,\boldsymbol{a}_3,\boldsymbol{a}_4,\boldsymbol{a}_5)=\begin{pmatrix}1&-2&-3&0&18\\1&1&3&8&-9\\2&-1&0&2&27\\-1&2&3&3&-27\end{pmatrix}\xrightarrow[\substack{r_3-2r_1\\r_4+r_1}]{r_2-r_1}\begin{pmatrix}1&-2&-3&0&18\\0&3&6&8&-27\\0&3&6&2&-9\\0&0&0&3&-9\end{pmatrix}$$

$$\xrightarrow{r_3-r_2}\begin{pmatrix}1&-2&-3&0&18\\0&3&6&8&-27\\0&0&0&-6&18\\0&0&0&3&-9\end{pmatrix}\xrightarrow[\substack{r_4-3r_3\\r_2-8r_3}]{-\frac{1}{6}r_3}\begin{pmatrix}1&-2&-3&0&18\\0&3&6&0&-3\\0&0&0&1&-3\\0&0&0&0&0\end{pmatrix}$$

$$\xrightarrow[r_1+2r_2]{\frac{1}{3}r_2}\begin{pmatrix}1&0&1&0&16\\0&1&2&0&-1\\0&0&0&1&-3\\0&0&0&0&0\end{pmatrix}.$$

由此可知,对换矩阵$(\boldsymbol{a}_1,\boldsymbol{a}_2,\boldsymbol{a}_3,\boldsymbol{a}_4,\boldsymbol{a}_5)$的第3,4列后所得矩阵$(\boldsymbol{a}_1,\boldsymbol{a}_2,\boldsymbol{a}_4,\boldsymbol{a}_3,\boldsymbol{a}_5)$的行最简形为

$$\begin{pmatrix}1&0&0&1&16\\0&1&0&2&-1\\0&0&1&0&-3\\0&0&0&0&0\end{pmatrix},$$

故由定理3.5可知,向量组$\boldsymbol{a}_1,\boldsymbol{a}_2,\boldsymbol{a}_3,\boldsymbol{a}_4,\boldsymbol{a}_5$的秩为3,一个最大无关组为$\boldsymbol{a}_1,\boldsymbol{a}_2,\boldsymbol{a}_4$,且有

$$\boldsymbol{a}_3=\boldsymbol{a}_1+2\boldsymbol{a}_2,\quad \boldsymbol{a}_5=16\boldsymbol{a}_1-\boldsymbol{a}_2-3\boldsymbol{a}_4.$$ ■

注 3.4 利用初等行变换找列向量组的最大无关组时,可能要对列向量进行位置交换,注意交换后列向量所对应的标号.

一般地,矩阵$(\boldsymbol{a}_1,\boldsymbol{a}_2,\cdots,\boldsymbol{a}_m)$的行最简形可能不是标准形式

$$\begin{pmatrix}\boldsymbol{I}_r&\boldsymbol{B}\\\boldsymbol{O}&\boldsymbol{O}\end{pmatrix},$$

但适当交换列向量$\boldsymbol{a}_1,\boldsymbol{a}_2,\cdots,\boldsymbol{a}_m$的次序,化为$\boldsymbol{b}_1,\boldsymbol{b}_2,\cdots,\boldsymbol{b}_m$后,矩阵$(\boldsymbol{b}_1,\boldsymbol{b}_2,\cdots,\boldsymbol{b}_m)$的行最简形可以为标准形式.因此,由定理3.5可知,任一矩阵$\boldsymbol{A}$的列向量组的秩(称为**列秩**)都等于矩阵$\boldsymbol{A}$的秩.而矩阵$\boldsymbol{A}$的行向量组的秩(称为**行秩**)等于矩阵$\boldsymbol{A}^{\mathrm{T}}$的列秩,从而等于$\mathrm{R}(\boldsymbol{A}^{\mathrm{T}})$,也就等于$\mathrm{R}(\boldsymbol{A})$.这样,我们就得到定理3.6.

定理 3.6 矩阵的行秩与列秩相等,且都等于矩阵的秩.

注 3.5 由定理3.6可知,对于列向量组$\boldsymbol{a}_1,\boldsymbol{a}_2,\cdots,\boldsymbol{a}_m$,记号$\mathrm{R}(\boldsymbol{a}_1,\boldsymbol{a}_2,\cdots,\boldsymbol{a}_m)$既可理解为向量组$\boldsymbol{a}_1,\boldsymbol{a}_2,\cdots,\boldsymbol{a}_m$的秩,也可理解为矩阵$(\boldsymbol{a}_1,\boldsymbol{a}_2,\cdots,\boldsymbol{a}_m)$的秩.

二、向量组间的线性关系

设行数相等的两个矩阵$\boldsymbol{A}=(\boldsymbol{a}_1,\boldsymbol{a}_2,\cdots,\boldsymbol{a}_m)$,$\boldsymbol{B}=(\boldsymbol{b}_1,\boldsymbol{b}_2,\cdots,\boldsymbol{b}_l)$.矩阵方程$\boldsymbol{AX}=\boldsymbol{B}$有解

$$\boldsymbol{X}=\boldsymbol{K}=\begin{pmatrix}k_{11}&k_{12}&\cdots&k_{1l}\\k_{21}&k_{22}&\cdots&k_{2l}\\\vdots&\vdots&&\vdots\\k_{m1}&k_{m2}&\cdots&k_{ml}\end{pmatrix},$$

等价于有如下等式成立:

$$(\boldsymbol{a}_1,\boldsymbol{a}_2,\cdots,\boldsymbol{a}_m)\begin{pmatrix}k_{11}&k_{12}&\cdots&k_{1l}\\k_{21}&k_{22}&\cdots&k_{2l}\\\vdots&\vdots&&\vdots\\k_{m1}&k_{m2}&\cdots&k_{ml}\end{pmatrix}=(\boldsymbol{b}_1,\boldsymbol{b}_2,\cdots,\boldsymbol{b}_l),$$

即

$$\boldsymbol{b}_j = k_{1j}\boldsymbol{a}_1 + k_{2j}\boldsymbol{a}_2 + \cdots + k_{mj}\boldsymbol{a}_m \quad (j = 1,2,\cdots,l).$$

由此可知,矩阵方程 $\boldsymbol{AX} = \boldsymbol{B}$ 有解的充要条件是矩阵 $\boldsymbol{B}$ 的任一列向量都可由矩阵 $\boldsymbol{A}$ 的列向量组线性表示.

定义 3.5 若向量组 B 中的任一向量都可由向量组 A 线性表示,则称**向量组 B 可由向量组 A 线性表示**. 此时,若向量组 A 也可由向量组 B 线性表示,则称**向量组 B 与向量组 A 等价**.

等价向量组

向量组的线性表示具有如下性质:

(1) **反身性**　向量组 A 可由向量组 A 线性表示;

(2) **对称性**　若向量组 A 与向量组 B 等价,则向量组 B 与向量组 A 也等价;

(3) **传递性**　若向量组 A 可由向量组 B 线性表示,而向量组 B 又可由向量组 C 线性表示,则向量组 A 也可由向量组 C 线性表示.

显然,向量组 A 的任一部分组可由向量组 A 线性表示. 而由定理 3.4 可知,向量组 A 可由其任一最大无关组线性表示. 因此,向量组与其任一最大无关组都等价.

设向量组 A_0:$\boldsymbol{a}_1,\boldsymbol{a}_2,\cdots,\boldsymbol{a}_r$ 为向量组 A 的一个最大无关组,则向量组 A 与向量组 A_0 等价. 如果向量组 B 可由向量组 A 线性表示,那么由线性表示的传递性可知,向量组 B 可由向量组 A_0 线性表示,所以由向量组 A 和 B 组成的向量组(记作 $A \cup B$) 也可由向量组 A_0 线性表示,从而由定理 3.4 可知,向量组 A_0 为向量组 $A \cup B$ 的一个最大无关组,因此 $\mathrm{R}(A \cup B) = r$. 反之,如果 $\mathrm{R}(A \cup B) = r$,则向量组 A_0 为向量组 $A \cup B$ 的一个最大无关组,从而由定理 3.4 可知,向量组 B 可由向量组 A_0 线性表示,即向量组 B 可由向量组 A 线性表示. 这样,我们就得到定理 3.7.

定理 3.7 向量组 B 可由向量组 A 线性表示的充要条件是

$$\mathrm{R}(A) = \mathrm{R}(A \cup B).$$

由定理 3.7 可推出定理 3.8.

定理 3.8 向量组 A 与向量组 B 等价的充要条件是

$$\mathrm{R}(A) = \mathrm{R}(B) = \mathrm{R}(A \cup B).$$

例 3.2.5 设向量

$$\boldsymbol{a}_1 = \begin{pmatrix} 1 \\ -1 \\ 1 \end{pmatrix},\quad \boldsymbol{a}_2 = \begin{pmatrix} 3 \\ 1 \\ 1 \end{pmatrix},\quad \boldsymbol{b}_1 = \begin{pmatrix} 2 \\ 0 \\ 1 \end{pmatrix},\quad \boldsymbol{b}_2 = \begin{pmatrix} 1 \\ 1 \\ 0 \end{pmatrix},\quad \boldsymbol{b}_3 = \begin{pmatrix} 3 \\ -1 \\ 2 \end{pmatrix},$$

证明:向量组 $\boldsymbol{a}_1,\boldsymbol{a}_2$ 与向量组 $\boldsymbol{b}_1,\boldsymbol{b}_2,\boldsymbol{b}_3$ 等价.

证明　记矩阵 $\boldsymbol{A} = (\boldsymbol{a}_1,\boldsymbol{a}_2)$,$\boldsymbol{B} = (\boldsymbol{b}_1,\boldsymbol{b}_2,\boldsymbol{b}_3)$,把矩阵 $(\boldsymbol{A},\boldsymbol{B})$ 化为行阶梯形矩阵:

$$(\boldsymbol{A},\boldsymbol{B}) = \left(\begin{array}{cc:ccc} 1 & 3 & 2 & 1 & 3 \\ -1 & 1 & 0 & 1 & -1 \\ 1 & 1 & 1 & 0 & 2 \end{array}\right) \xrightarrow[r_3 - r_1]{r_2 + r_1} \left(\begin{array}{cc:ccc} 1 & 3 & 2 & 1 & 3 \\ 0 & 4 & 2 & 2 & 2 \\ 0 & -2 & -1 & -1 & -1 \end{array}\right)$$

$$\xrightarrow[r_3 + r_2]{\frac{1}{2}r_2} \left(\begin{array}{cc:ccc} 1 & 3 & 2 & 1 & 3 \\ 0 & 2 & 1 & 1 & 1 \\ 0 & 0 & 0 & 0 & 0 \end{array}\right).$$

由此可知，$R(\boldsymbol{A})=R(\boldsymbol{A},\boldsymbol{B})=2$. 又易知，$\boldsymbol{b}_1,\boldsymbol{b}_2$ 线性无关，所以 $R(\boldsymbol{B})\geqslant 2$. 再由

$$R(\boldsymbol{B})\leqslant R(\boldsymbol{A},\boldsymbol{B})=2$$

便知，$R(\boldsymbol{B})=2$. 因此，

$$R(\boldsymbol{A})=R(\boldsymbol{B})=R(\boldsymbol{A},\boldsymbol{B}).$$

由定理 3.8 可知，向量组 $\boldsymbol{a}_1,\boldsymbol{a}_2$ 与向量组 $\boldsymbol{b}_1,\boldsymbol{b}_2,\boldsymbol{b}_3$ 等价. ■

注 3.6 *容易看出，两个非零向量 $\boldsymbol{a},\boldsymbol{b}$ 线性相关的充要条件是存在不等于 0 的常数 k，使得 $\boldsymbol{b}=k\boldsymbol{a}$. 由此易推得，例 3.2.5 中 $\boldsymbol{b}_1,\boldsymbol{b}_2$ 线性无关，$\boldsymbol{a}_1,\boldsymbol{a}_2$ 也线性无关.*

我们知道，矩阵方程 $\boldsymbol{AX}=\boldsymbol{B}$ 有解的充要条件是矩阵 $\boldsymbol{B}$ 的列向量组可由矩阵 $\boldsymbol{A}$ 的列向量组线性表示. 于是，由定理 3.7 立即得到定理 3.9.

定理 3.9 矩阵方程 $\boldsymbol{AX}=\boldsymbol{B}$ 有解的充要条件是

$$R(\boldsymbol{A})=R(\boldsymbol{A},\boldsymbol{B}).$$

例 3.2.6 设 $\boldsymbol{A}$ 为 $m\times n$ 矩阵，证明：矩阵方程 $\boldsymbol{AX}=\boldsymbol{I}_m$ 有解的充要条件是

$$R(\boldsymbol{A})=m.$$

证明 **必要性** 若矩阵方程 $\boldsymbol{AX}=\boldsymbol{I}_m$ 有解，则

$$R(\boldsymbol{A})=R(\boldsymbol{A},\boldsymbol{I}_m)\geqslant R(\boldsymbol{I}_m)=m.$$

又因为 $R(\boldsymbol{A})\leqslant m$，所以 $R(\boldsymbol{A})=m$.

充分性 若 $R(\boldsymbol{A})=m$，则 $R(\boldsymbol{A},\boldsymbol{I}_m)\geqslant R(\boldsymbol{A})=m$. 又因为 $R(\boldsymbol{A},\boldsymbol{I}_m)\leqslant m$，所以

$$R(\boldsymbol{A},\boldsymbol{I}_m)=m=R(\boldsymbol{A}),$$

从而矩阵方程 $\boldsymbol{AX}=\boldsymbol{I}_m$ 有解. ■

注 3.7 *矩阵 $\boldsymbol{A}$ 存在右逆矩阵的充要条件是矩阵 $\boldsymbol{A}$ 的秩等于矩阵 $\boldsymbol{A}$ 的行数. 考虑转置便知，矩阵 $\boldsymbol{A}$ 存在左逆矩阵的充要条件是矩阵 $\boldsymbol{A}$ 的秩等于矩阵 $\boldsymbol{A}$ 的列数.*

习题 3－2

1. 求下列矩阵的列向量组的秩和一个最大无关组，并把其余列向量用该最大无关组线性表示：

(1) $(\boldsymbol{a}_1,\boldsymbol{a}_2,\boldsymbol{a}_3,\boldsymbol{a}_4)=\begin{pmatrix}2&-3&8&2\\2&12&-2&12\\1&3&1&4\end{pmatrix}$;

(2) $(\boldsymbol{a}_1,\boldsymbol{a}_2,\boldsymbol{a}_3,\boldsymbol{a}_4,\boldsymbol{a}_5)=\begin{pmatrix}1&-2&-1&0&2\\-2&4&2&6&-6\\2&-1&0&2&3\\3&3&3&3&4\end{pmatrix}$.

2. 设矩阵 $\boldsymbol{A}=(\boldsymbol{a}_1,\boldsymbol{a}_2,\boldsymbol{a}_3,\boldsymbol{a}_4)$，其中 $\boldsymbol{a}_2,\boldsymbol{a}_3,\boldsymbol{a}_4$ 线性无关，$\boldsymbol{a}_1=2\boldsymbol{a}_2-\boldsymbol{a}_3$. 已知向量

$$\boldsymbol{b}=\boldsymbol{a}_1+\boldsymbol{a}_2+\boldsymbol{a}_3+\boldsymbol{a}_4,$$

求方程组 $\boldsymbol{Ax}=\boldsymbol{b}$ 的通解.

3. 已知三阶方阵 $\boldsymbol{A}$ 与三维列向量 $\boldsymbol{x}$ 满足 $\boldsymbol{A}^3\boldsymbol{x} = 3\boldsymbol{A}\boldsymbol{x} - \boldsymbol{A}^2\boldsymbol{x}$，且向量组 $\boldsymbol{x},\boldsymbol{A}\boldsymbol{x},\boldsymbol{A}^2\boldsymbol{x}$ 线性无关.

(1) 记矩阵 $\boldsymbol{P} = (\boldsymbol{x},\boldsymbol{A}\boldsymbol{x},\boldsymbol{A}^2\boldsymbol{x})$，求三阶方阵 $\boldsymbol{B}$，使得 $\boldsymbol{AP} = \boldsymbol{PB}$；

(2) 求行列式 $|\boldsymbol{A}|$.

4. 设矩阵 $(\boldsymbol{a}_1,\boldsymbol{a}_2,\boldsymbol{b}_1,\boldsymbol{b}_2) = \begin{pmatrix} 1 & 3 & 1 & 4 \\ 4 & 3 & 10 & 10 \\ 5 & 6 & 11 & 14 \end{pmatrix}$，问：

(1) 向量组 $\boldsymbol{b}_1,\boldsymbol{b}_2$ 可否由向量组 $\boldsymbol{a}_1,\boldsymbol{a}_2$ 线性表示？若可以，写出表示式；

(2) 向量组 $\boldsymbol{b}_1,\boldsymbol{b}_2$ 与向量组 $\boldsymbol{a}_1,\boldsymbol{a}_2$ 是否等价？

5. 已知向量组

$$A: \boldsymbol{a}_1 = (0,1,2,3), \boldsymbol{a}_2 = (3,0,1,2), \boldsymbol{a}_3 = (2,3,0,1);$$
$$B: \boldsymbol{b}_1 = (2,1,1,2), \boldsymbol{b}_2 = (0,-2,1,1), \boldsymbol{b}_3 = (4,4,1,3).$$

证明：向量组 B 可由向量组 A 线性表示，但向量组 A 不可由向量组 B 线性表示.

6. 设 $\boldsymbol{b}_1 = \boldsymbol{a}_1, \boldsymbol{b}_2 = \boldsymbol{a}_1 + \boldsymbol{a}_2, \cdots, \boldsymbol{b}_r = \boldsymbol{a}_1 + \boldsymbol{a}_2 + \cdots + \boldsymbol{a}_r$，试证：向量组 $\boldsymbol{a}_1,\boldsymbol{a}_2,\cdots,\boldsymbol{a}_r$ 与向量组 $\boldsymbol{b}_1,\boldsymbol{b}_2,\cdots,\boldsymbol{b}_r$ 等价.

7. 设向量组 A 与向量组 B 的秩相等，且向量组 A 可由向量组 B 线性表示，证明：向量组 A 与向量组 B 等价.

8. 设向量组 $B: \boldsymbol{b}_1,\boldsymbol{b}_2,\cdots,\boldsymbol{b}_r$ 可由向量组 $A: \boldsymbol{a}_1,\boldsymbol{a}_2,\cdots,\boldsymbol{a}_s$ 线性表示为

$$(\boldsymbol{b}_1,\boldsymbol{b}_2,\cdots,\boldsymbol{b}_r) = (\boldsymbol{a}_1,\boldsymbol{a}_2,\cdots,\boldsymbol{a}_s)\boldsymbol{K},$$

其中 $\boldsymbol{K}$ 为 $s \times r$ 矩阵，且向量组 A 线性无关. 证明：向量组 B 线性无关的充要条件是矩阵 $\boldsymbol{K}$ 的秩 $\mathrm{R}(\boldsymbol{K}) = r$.

9. (2019 年全国硕士研究生入学统一考试数学二试题) 已知向量组 $A: \boldsymbol{\alpha}_1 = \begin{pmatrix} 1 \\ 1 \\ 4 \end{pmatrix}, \boldsymbol{\alpha}_2 = \begin{pmatrix} 1 \\ 0 \\ 4 \end{pmatrix}, \boldsymbol{\alpha}_3 = \begin{pmatrix} 1 \\ 2 \\ a^2+3 \end{pmatrix}$，$B: \boldsymbol{\beta}_1 = \begin{pmatrix} 1 \\ 1 \\ a+3 \end{pmatrix}, \boldsymbol{\beta}_2 = \begin{pmatrix} 0 \\ 2 \\ 1-a \end{pmatrix}, \boldsymbol{\beta}_3 = \begin{pmatrix} 1 \\ 3 \\ a^2+3 \end{pmatrix}$. 若向量组 A 与向量组 B 等价，求常数 a，并将 $\boldsymbol{\beta}_3$ 用 $\boldsymbol{\alpha}_1,\boldsymbol{\alpha}_2,\boldsymbol{\alpha}_3$ 线性表示.

第三节　向 量 空 间

一、向量空间的概念

例 3.3.1　设 Π 为立体空间中的一个平面，O 为平面 Π 上一定点，用 V 表示平面 Π 上起点在点 O 处的所有向量的集合. 显然，集合 V 中的向量满足：若 $\boldsymbol{a} \in V, \boldsymbol{b} \in V, k \in \mathbf{R}$，则

$$\boldsymbol{a} + \boldsymbol{b} \in V, \quad k\boldsymbol{a} \in V.$$

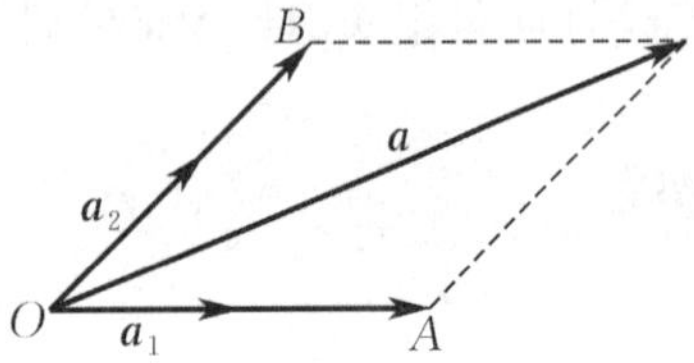

图 3-1

此时,称 V 为一个**平面向量空间**. 如图 3-1 所示,设 V 中向量 $\boldsymbol{a}_1,\boldsymbol{a}_2$ 线性无关,即 $\boldsymbol{a}_1,\boldsymbol{a}_2$ 不是共线向量,那么对 V 中任一向量 $\boldsymbol{a}$,存在唯一一组常数 k_1,k_2,使得

$$\boldsymbol{a}=k_1\boldsymbol{a}_1+k_2\boldsymbol{a}_2,\quad \text{即}\quad \boldsymbol{a}=\overrightarrow{OA}+\overrightarrow{OB}=k_1\boldsymbol{a}_1+k_2\boldsymbol{a}_2.$$ ■

例 3.3.2 设齐次线性方程组 $\boldsymbol{Ax}=\boldsymbol{0}$ 的解集为 S. 显然,解集 S 中的向量满足:若 $\boldsymbol{\xi}\in S,\boldsymbol{\eta}\in S,k\in\mathbf{R}$,则

$$\boldsymbol{\xi}+\boldsymbol{\eta}\in S,\quad k\boldsymbol{\xi}\in S.$$

此时,称 S 为方程组 $\boldsymbol{Ax}=\boldsymbol{0}$ 的**解空间**. ■

定义 3.6 设非空向量集合 $V\subset\mathbf{R}^n$ 满足以下条件:

(1) 若 $\boldsymbol{a}\in V,\boldsymbol{b}\in V$,则 $\boldsymbol{a}+\boldsymbol{b}\in V$;

(2) 若 $\boldsymbol{a}\in V,k\in\mathbf{R}$,则 $k\boldsymbol{a}\in V$,

那么称 V 为一个**向量空间**.

当非空向量集合 $V\subset\mathbf{R}^n$ 满足条件(1),(2)时,称 V **对线性运算封闭**.

向量空间

注 3.8 向量空间必含零向量. 只含有零向量的向量集合是一个向量空间,称为**零空间**或**点空间**. $\mathbf{R}^n$ 本身也是一个向量空间.

不难看出,例 3.3.1 中的集合 V 是一个向量空间,且

$$V=\{k_1\boldsymbol{a}_1+k_2\boldsymbol{a}_2\mid k_1,k_2\in\mathbf{R}\};$$

例 3.3.2 中的解集 S 也是一个向量空间,且

$$S=\{k_1\boldsymbol{\xi}_1+k_2\boldsymbol{\xi}_2+\cdots+k_m\boldsymbol{\xi}_m\mid k_1,k_2,\cdots,k_m\in\mathbf{R}\},$$

其中 $\boldsymbol{\xi}_1,\boldsymbol{\xi}_2,\cdots,\boldsymbol{\xi}_m$ 为方程组 $\boldsymbol{Ax}=\boldsymbol{0}$ 的一个基础解系. 对于这样的向量空间,下面给出它的一般定义.

设有向量组 $A:\boldsymbol{a}_1,\boldsymbol{a}_2,\cdots,\boldsymbol{a}_m$,记向量集合

$$L(A)=\{k_1\boldsymbol{a}_1+k_2\boldsymbol{a}_2+\cdots+k_m\boldsymbol{a}_m\mid k_1,k_2,\cdots,k_m\in\mathbf{R}\}.$$

直接验证可知,$L(A)$ 对线性运算封闭,故 $L(A)$ 是一个向量空间. 此时,称 $L(A)$ 为**由向量组 A 生成的向量空间**,简称**生成空间**,并称 $\boldsymbol{a}_1,\boldsymbol{a}_2,\cdots,\boldsymbol{a}_m$ 为它的**生成元**. 显然,向量 $\boldsymbol{a}$ 可由向量组 A 线性表示的充要条件是 $\boldsymbol{a}\in L(A)$.

例 3.3.3 设有向量组 $A:\boldsymbol{a}_1,\boldsymbol{a}_2,\cdots,\boldsymbol{a}_s$ 和 $B:\boldsymbol{b}_1,\boldsymbol{b}_2,\cdots,\boldsymbol{b}_t$. 试证:

(1) 向量组 B 可由向量组 A 线性表示的充要条件是 $L(B)\subset L(A)$;

(2) 向量组 B 与向量组 A 等价的充要条件是 $L(B)=L(A)$.

证明 (1) **必要性** 对于任一 $\boldsymbol{b}\in L(B)$,$\boldsymbol{b}$ 可由向量组 B 线性表示,于是由向量组 B 可由向量组 A 线性表示可知,$\boldsymbol{b}$ 也可由向量组 A 线性表示,所以 $\boldsymbol{b}\in L(A)$. 这样就证明了 $L(B)\subset L(A)$.

充分性 因 $\boldsymbol{b}_i\in L(B)(i=1,2,\cdots,t)$,故由 $L(B)\subset L(A)$ 可知,$\boldsymbol{b}_i\in L(A)$,即 $\boldsymbol{b}_i$ 可由向量组 A 线性表示. 这样就证明了向量组 B 可由向量组 A 线性表示.

(2) 作为(1)的推论,可立即得到. ■

定义 3.7 设有向量空间 V_1 及 V_2. 若 $V_1\subset V_2$,则称 V_1 是 V_2 的**子空间**. 此时,若 $V_1\neq V_2$,则称 V_1 是 V_2 的**真子空间**.

由例 3.3.3 可知,向量组 B 可由向量组 A 线性表示的充要条件是 $L(B)$ 为 $L(A)$ 的子空间;向量组 B 可由向量组 A 线性表示但不等价的充要条件是 $L(B)$ 为 $L(A)$ 的真子空间.

例 3.3.4 设 V_1 为由向量组 $\boldsymbol{a}_1=(1,1,0,0)^{\mathrm{T}},\boldsymbol{a}_2=(1,0,1,1)^{\mathrm{T}}$ 生成的向量空间,V_2 为由向量组 $\boldsymbol{b}_1=(2,-1,3,3)^{\mathrm{T}},\boldsymbol{b}_2=(0,1,-1,-1)^{\mathrm{T}}$ 生成的向量空间,试证:$V_1=V_2$.

证明 利用最大无关组的行最简形解法,直接求出 $\boldsymbol{b}_1,\boldsymbol{b}_2$ 在 $\boldsymbol{a}_1,\boldsymbol{a}_2$ 下的线性表示式:

$$(\boldsymbol{a}_1,\boldsymbol{a}_2,\boldsymbol{b}_1,\boldsymbol{b}_2)=\begin{pmatrix}1&1&2&0\\1&0&-1&1\\0&1&3&-1\\0&1&3&-1\end{pmatrix}\xrightarrow{r_2-r_1}\begin{pmatrix}1&1&2&0\\0&-1&-3&1\\0&1&3&-1\\0&1&3&-1\end{pmatrix}$$

$$\xrightarrow[\substack{r_4+r_2\\-r_2}]{\substack{r_1+r_2\\r_3+r_2}}\begin{pmatrix}1&0&-1&1\\0&1&3&-1\\0&0&0&0\\0&0&0&0\end{pmatrix},$$

因此

$$\boldsymbol{b}_1=-\boldsymbol{a}_1+3\boldsymbol{a}_2,\quad \boldsymbol{b}_2=\boldsymbol{a}_1-\boldsymbol{a}_2.$$

又由此可得

$$\boldsymbol{a}_1=\frac{1}{2}\boldsymbol{b}_1+\frac{3}{2}\boldsymbol{b}_2,\quad \boldsymbol{a}_2=\frac{1}{2}\boldsymbol{b}_1+\frac{1}{2}\boldsymbol{b}_2.$$

因 $\boldsymbol{a}_1,\boldsymbol{a}_2$ 与 $\boldsymbol{b}_1,\boldsymbol{b}_2$ 可相互线性表示,故 $\boldsymbol{a}_1,\boldsymbol{a}_2$ 与 $\boldsymbol{b}_1,\boldsymbol{b}_2$ 等价,从而 $V_1=V_2$. ■

二、向量空间的基和维数

对于任一向量空间 V,将其看作一个向量组,可设其秩 $\mathrm{R}(V)=r$,$\boldsymbol{a}_1,\boldsymbol{a}_2,\cdots,\boldsymbol{a}_r$ 为它的一个最大无关组,则向量空间 V 可表示为

$$V=L(\boldsymbol{a}_1,\boldsymbol{a}_2,\cdots,\boldsymbol{a}_r).$$

由此可知,$\mathbf{R}^n$ 的非零子空间都是生成空间,且可选取一个线性无关向量组作为该向量空间的生成元.

定义 3.8 设 V 为一个向量空间. 如果 V 中的向量 $\boldsymbol{a}_1,\boldsymbol{a}_2,\cdots,\boldsymbol{a}_r$ 满足:

(1) $\boldsymbol{a}_1,\boldsymbol{a}_2,\cdots,\boldsymbol{a}_r$ 线性无关;

(2) 向量空间 V 中的任一向量 $\boldsymbol{a}$ 都可由 $\boldsymbol{a}_1,\boldsymbol{a}_2,\cdots,\boldsymbol{a}_r$ 线性表示,即 $V=L(\boldsymbol{a}_1,\boldsymbol{a}_2,\cdots,\boldsymbol{a}_r)$,

则称向量组 $\boldsymbol{a}_1,\boldsymbol{a}_2,\cdots,\boldsymbol{a}_r$ 为向量空间 V 的一个**基**,并称 r 为向量空间 V 的**维数**,记作 $\dim V$. 此时,称 V 为 r **维向量空间**.

例 3.3.5 n 维单位坐标向量组 $\boldsymbol{e}_1,\boldsymbol{e}_2,\cdots,\boldsymbol{e}_n$ 为 $\mathbf{R}^n$ 的一个基,$\dim\mathbf{R}^n=n$. ■

例 3.3.6 例 3.3.1 中,$\boldsymbol{a}_1,\boldsymbol{a}_2$ 为平面向量空间 V 的一个基,平面向量空间 V 为二维向量空间. ■

例 3.3.7 设 n 元齐次线性方程组 $\boldsymbol{Ax}=\boldsymbol{0}$ 的解空间为 S. 若 $\boldsymbol{\xi}_1,\boldsymbol{\xi}_2,\cdots,\boldsymbol{\xi}_m$ 为方程组 $\boldsymbol{Ax}=\boldsymbol{0}$ 的一个基础解系,则解空间 S 可表示为

$$S=L(\boldsymbol{\xi}_1,\boldsymbol{\xi}_2,\cdots,\boldsymbol{\xi}_m).$$

因此,基础解系 $\boldsymbol{\xi}_1,\boldsymbol{\xi}_2,\cdots,\boldsymbol{\xi}_m$ 为解空间 S 的一个基,于是由基础解系的性质可知,

$$\dim S = m = n - \mathrm{R}(A).$$ ■

注 3.9 对于 n 维向量空间 $\mathbf{R}^n$，当 $n=3$ 时，向量空间 $\mathbf{R}^3$ 表示空间；当 $n=2$ 时，向量空间 $\mathbf{R}^2$ 表示平面；当 $n=1$ 时，向量空间 $\mathbf{R}^1$ 表示数轴；当 $n>3$ 时，向量空间 $\mathbf{R}^n$ 没有直观的几何意义.

注 3.10 只含有零向量的向量空间(零空间) 称为**零维向量空间**，它没有基.

设向量空间 V 为一个 r 维向量空间，则向量空间 V 中任意 r 个线性无关的向量 $\boldsymbol{a}_1,\boldsymbol{a}_2,\cdots,\boldsymbol{a}_r$ 都是向量空间 V 的一个基，即向量空间 V 可表示为

$$V = L(\boldsymbol{a}_1,\boldsymbol{a}_2,\cdots,\boldsymbol{a}_r).$$

在基 $\boldsymbol{a}_1,\boldsymbol{a}_2,\cdots,\boldsymbol{a}_r$ 下，对于向量空间 V 中的任一向量 $\boldsymbol{a}$，都存在唯一的一组常数 $k_1,k_2,\cdots,k_r$，使得

$$\boldsymbol{a} = k_1\boldsymbol{a}_1 + k_2\boldsymbol{a}_2 + \cdots + k_r\boldsymbol{a}_r = (\boldsymbol{a}_1,\boldsymbol{a}_2,\cdots,\boldsymbol{a}_r)\begin{pmatrix} k_1 \\ k_2 \\ \vdots \\ k_r \end{pmatrix},$$

此时称向量 $(k_1,k_2,\cdots,k_r)^{\mathrm{T}}$ 为**向量 $\boldsymbol{a}$ 在基 $\boldsymbol{a}_1,\boldsymbol{a}_2,\cdots,\boldsymbol{a}_r$ 下的坐标**.

例 3.3.8 验证：向量组 $\boldsymbol{a}_1=(1,-1,0)^{\mathrm{T}}$，$\boldsymbol{a}_2=(0,1,3)^{\mathrm{T}}$，$\boldsymbol{a}_3=(2,1,8)^{\mathrm{T}}$ 为 $\mathbf{R}^3$ 的一个基，并求向量 $\boldsymbol{b}_1=(5,0,12)^{\mathrm{T}}$，$\boldsymbol{b}_2=(9,-7,8)^{\mathrm{T}}$，$\boldsymbol{b}_3=(3,1,11)^{\mathrm{T}}$ 在这个基下的坐标.

解 利用最大无关组的行最简形解法解此题. 对矩阵 $(\boldsymbol{a}_1,\boldsymbol{a}_2,\boldsymbol{a}_3,\boldsymbol{b}_1,\boldsymbol{b}_2,\boldsymbol{b}_3)$ 施行初等行变换，将它化为行最简形：

$$(\boldsymbol{a}_1,\boldsymbol{a}_2,\boldsymbol{a}_3,\boldsymbol{b}_1,\boldsymbol{b}_2,\boldsymbol{b}_3) = \begin{pmatrix} 1 & 0 & 2 & 5 & 9 & 3 \\ -1 & 1 & 1 & 0 & -7 & 1 \\ 0 & 3 & 8 & 12 & 8 & 11 \end{pmatrix}$$

$$\xrightarrow{r_2+r_1} \begin{pmatrix} 1 & 0 & 2 & 5 & 9 & 3 \\ 0 & 1 & 3 & 5 & 2 & 4 \\ 0 & 3 & 8 & 12 & 8 & 11 \end{pmatrix}$$

$$\xrightarrow{r_3-3r_2} \begin{pmatrix} 1 & 0 & 2 & 5 & 9 & 3 \\ 0 & 1 & 3 & 5 & 2 & 4 \\ 0 & 0 & -1 & -3 & 2 & -1 \end{pmatrix}$$

$$\xrightarrow[\substack{r_2+3r_3 \\ -r_3}]{r_1+2r_3} \begin{pmatrix} 1 & 0 & 0 & -1 & 13 & 1 \\ 0 & 1 & 0 & -4 & 8 & 1 \\ 0 & 0 & 1 & 3 & -2 & 1 \end{pmatrix}.$$

由此可知，$\boldsymbol{a}_1,\boldsymbol{a}_2,\boldsymbol{a}_3$ 的秩为3，从而 $\boldsymbol{a}_1,\boldsymbol{a}_2,\boldsymbol{a}_3$ 线性无关，$\boldsymbol{a}_1,\boldsymbol{a}_2,\boldsymbol{a}_3$ 为 $\mathbf{R}^3$ 的一个基；$\boldsymbol{b}_1,\boldsymbol{b}_2,\boldsymbol{b}_3$ 在基 $\boldsymbol{a}_1,\boldsymbol{a}_2,\boldsymbol{a}_3$ 下的坐标分别为

$$(-1,-4,3)^{\mathrm{T}},\quad (13,8,-2)^{\mathrm{T}},\quad (1,1,1)^{\mathrm{T}}.$$ ■

注 3.11 设向量组 B：$\boldsymbol{b}_1,\boldsymbol{b}_2,\cdots,\boldsymbol{b}_s$ 可由向量组 A：$\boldsymbol{a}_1,\boldsymbol{a}_2,\cdots,\boldsymbol{a}_r$ 线性表示为

$$(\boldsymbol{b}_1,\boldsymbol{b}_2,\cdots,\boldsymbol{b}_s) = (\boldsymbol{a}_1,\boldsymbol{a}_2,\cdots,\boldsymbol{a}_r)\boldsymbol{C},$$

其中 $\boldsymbol{C}$ 为 $r\times s$ 矩阵，且向量组 A 线性无关. 可以证明(留作思考题)，向量组 B 与矩阵 $\boldsymbol{C}$ 的列

向量组 $\boldsymbol{\beta}_1,\boldsymbol{\beta}_2,\cdots,\boldsymbol{\beta}_s$ 有相同的线性关系，即对于任意给定的一组常数 $k_1,k_2,\cdots,k_s$，如果

$$k_1\boldsymbol{b}_1+k_2\boldsymbol{b}_2+\cdots+k_s\boldsymbol{b}_s=\boldsymbol{0}$$

成立(或不成立)，那么

$$k_1\boldsymbol{\beta}_1+k_2\boldsymbol{\beta}_2+\cdots+k_s\boldsymbol{\beta}_s=\boldsymbol{0}$$

也成立(或不成立).

例 3.3.9 设 $\boldsymbol{a}_1,\boldsymbol{a}_2,\boldsymbol{a}_3$ 为三维向量空间 V 的一个基，V 中的向量 $\boldsymbol{b}_1,\boldsymbol{b}_2,\boldsymbol{b}_3$ 在基 $\boldsymbol{a}_1,\boldsymbol{a}_2,\boldsymbol{a}_3$ 下的坐标分别为

$$\boldsymbol{\beta}_1=\begin{pmatrix}1+t\\1\\1\end{pmatrix},\quad \boldsymbol{\beta}_2=\begin{pmatrix}2\\2+t\\2\end{pmatrix},\quad \boldsymbol{\beta}_3=\begin{pmatrix}3\\3\\3+t\end{pmatrix}.$$

问：t 为何值时，向量组 $\boldsymbol{b}_1,\boldsymbol{b}_2,\boldsymbol{b}_3$ 线性相关?求此时向量组 $\boldsymbol{b}_1,\boldsymbol{b}_2,\boldsymbol{b}_3$ 的一个最大无关组，并把其余向量用该最大无关组线性表示.

解 由注 3.11 可知，向量组 $\boldsymbol{b}_1,\boldsymbol{b}_2,\boldsymbol{b}_3$ 与向量组 $\boldsymbol{\beta}_1,\boldsymbol{\beta}_2,\boldsymbol{\beta}_3$ 有相同的线性关系. 记矩阵 $\boldsymbol{B}=(\boldsymbol{\beta}_1,\boldsymbol{\beta}_2,\boldsymbol{\beta}_3)$，则

$$|\boldsymbol{B}|=\begin{vmatrix}1+t&2&3\\1&2+t&3\\1&2&3+t\end{vmatrix}=t^2(6+t).$$

当 $t=0$ 或 $t=-6$ 时，$|\boldsymbol{B}|=0$，向量组 $\boldsymbol{\beta}_1,\boldsymbol{\beta}_2,\boldsymbol{\beta}_3$ 线性相关，从而向量组 $\boldsymbol{b}_1,\boldsymbol{b}_2,\boldsymbol{b}_3$ 也线性相关.

当 $t=0$ 时，显然 $\boldsymbol{\beta}_2=2\boldsymbol{\beta}_1,\boldsymbol{\beta}_3=3\boldsymbol{\beta}_1$，从而有 $\boldsymbol{b}_2=2\boldsymbol{b}_1,\boldsymbol{b}_3=3\boldsymbol{b}_1$. 由此可知，向量组 $\boldsymbol{b}_1,\boldsymbol{b}_2,\boldsymbol{b}_3$ 的一个最大无关组为 $\boldsymbol{b}_1$.

当 $t=-6$ 时，可求得矩阵 $\boldsymbol{B}$ 的行最简形为

$$\begin{pmatrix}1&0&-1\\0&1&-1\\0&0&0\end{pmatrix}.$$

由此可知，向量组 $\boldsymbol{\beta}_1,\boldsymbol{\beta}_2,\boldsymbol{\beta}_3$ 的一个最大无关组为 $\boldsymbol{\beta}_1,\boldsymbol{\beta}_2$，且有

$$\boldsymbol{\beta}_3=-\boldsymbol{\beta}_1-\boldsymbol{\beta}_2.$$

所以，向量组 $\boldsymbol{b}_1,\boldsymbol{b}_2,\boldsymbol{b}_3$ 的一个最大无关组为 $\boldsymbol{b}_1,\boldsymbol{b}_2$，且有

$$\boldsymbol{b}_3=-\boldsymbol{b}_1-\boldsymbol{b}_2.$$

■

三、基变换与坐标变换

设 $\boldsymbol{a}_1,\boldsymbol{a}_2,\cdots,\boldsymbol{a}_r$ 及 $\boldsymbol{b}_1,\boldsymbol{b}_2,\cdots,\boldsymbol{b}_r$ 是向量空间 V 的两个基，则存在唯一的 r 阶方阵 $\boldsymbol{P}$，使得

$$(\boldsymbol{b}_1,\boldsymbol{b}_2,\cdots,\boldsymbol{b}_r)=(\boldsymbol{a}_1,\boldsymbol{a}_2,\cdots,\boldsymbol{a}_r)\boldsymbol{P},$$

称这一关系式为**基变换**，并称方阵 $\boldsymbol{P}$ 为由基 $\boldsymbol{a}_1,\boldsymbol{a}_2,\cdots,\boldsymbol{a}_r$ 到基 $\boldsymbol{b}_1,\boldsymbol{b}_2,\cdots,\boldsymbol{b}_r$ 的**过渡矩阵**. 容易证明，过渡矩阵 $\boldsymbol{P}$ 是可逆的.

定理 3.10 设 $\boldsymbol{P}$ 为向量空间 V 中由基 $\boldsymbol{a}_1,\boldsymbol{a}_2,\cdots,\boldsymbol{a}_r$ 到基 $\boldsymbol{b}_1,\boldsymbol{b}_2,\cdots,\boldsymbol{b}_r$ 的过渡矩阵，V 中向量 $\boldsymbol{a}$ 在基 $\boldsymbol{a}_1,\boldsymbol{a}_2,\cdots,\boldsymbol{a}_r$ 下的坐标为 $(x_1,x_2,\cdots,x_r)^{\mathrm{T}}$，而在基 $\boldsymbol{b}_1,\boldsymbol{b}_2,\cdots,\boldsymbol{b}_r$ 下的坐标为 $(x_1',x_2',\cdots,x_r')^{\mathrm{T}}$，则有**坐标变换公式**

$$\begin{pmatrix} x_1 \\ x_2 \\ \vdots \\ x_r \end{pmatrix} = \boldsymbol{P} \begin{pmatrix} x_1' \\ x_2' \\ \vdots \\ x_r' \end{pmatrix}. \tag{3.3}$$

证明 已知

$$\boldsymbol{a} = (\boldsymbol{b}_1, \boldsymbol{b}_2, \cdots, \boldsymbol{b}_r) \begin{pmatrix} x_1' \\ x_2' \\ \vdots \\ x_r' \end{pmatrix} = (\boldsymbol{a}_1, \boldsymbol{a}_2, \cdots, \boldsymbol{a}_r) \boldsymbol{P} \begin{pmatrix} x_1' \\ x_2' \\ \vdots \\ x_r' \end{pmatrix},$$

可见 $\boldsymbol{P}(x_1', x_2', \cdots, x_r')^{\mathrm{T}}$ 为向量 $\boldsymbol{a}$ 在基 $\boldsymbol{a}_1, \boldsymbol{a}_2, \cdots, \boldsymbol{a}_r$ 下的坐标，从而有式(3.3)成立. ■

例 3.3.10 （**平面坐标旋转变换**） 如图 3-2 所示，设平面直角坐标系 Oxy 绕原点 O 按逆时针方向旋转 θ 角，得到一个新的平面直角坐标系 $Ox'y'$. 依次记 $\boldsymbol{i}, \boldsymbol{j}, \boldsymbol{i}', \boldsymbol{j}'$ 为 x 轴，y 轴，x' 轴，y' 轴上的正向单位向量，则有基变换

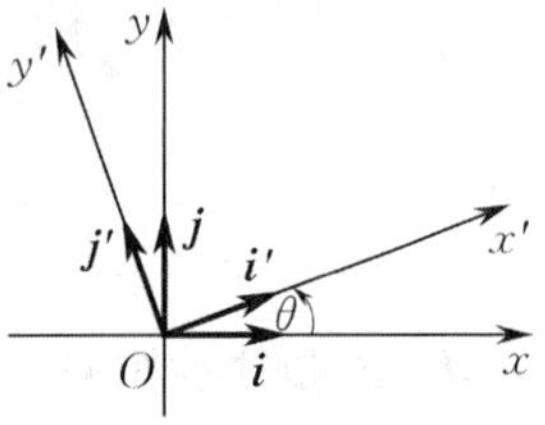

图 3-2

$$(\boldsymbol{i}', \boldsymbol{j}') = (\boldsymbol{i}, \boldsymbol{j}) \begin{pmatrix} \cos\theta & -\sin\theta \\ \sin\theta & \cos\theta \end{pmatrix}.$$

设点 M 在坐标系 Oxy 下的坐标为 (x, y)，而在坐标系 $Ox'y'$ 下的坐标为 (x', y')，即向量 $\overrightarrow{OM}$ 在基 $\boldsymbol{i}, \boldsymbol{j}$ 和基 $\boldsymbol{i}', \boldsymbol{j}'$ 下的表示式分别为

$$\overrightarrow{OM} = x\boldsymbol{i} + y\boldsymbol{j}, \quad \overrightarrow{OM} = x'\boldsymbol{i}' + y'\boldsymbol{j}'.$$

由定理 3.10 得坐标变换公式

$$\begin{pmatrix} x \\ y \end{pmatrix} = \begin{pmatrix} \cos\theta & -\sin\theta \\ \sin\theta & \cos\theta \end{pmatrix} \begin{pmatrix} x' \\ y' \end{pmatrix},$$

此式就是平面坐标旋转变换公式

$$\begin{cases} x = x'\cos\theta - y'\sin\theta, \\ y = x'\sin\theta + y'\cos\theta. \end{cases}$$

■

习题 3-3

1. 验证：向量组

$$\boldsymbol{a}_1 = (1, -1, 0), \quad \boldsymbol{a}_2 = (2, 1, 3), \quad \boldsymbol{a}_3 = (3, 1, 2)$$

为 $\mathbf{R}^3$ 的一个基，并把向量

$$\boldsymbol{b}_1 = (5, 0, 7), \quad \boldsymbol{b}_2 = (-9, -8, -13)$$

用这个基线性表示.

2. 已知 $\mathbf{R}^3$ 的两个基分别为

$$\boldsymbol{a}_1 = (1, 1, 1), \quad \boldsymbol{a}_2 = (1, 0, -1), \quad \boldsymbol{a}_3 = (1, 0, 1);$$

$$\boldsymbol{b}_1 = (1, 2, 1), \quad \boldsymbol{b}_2 = (2, 3, 4), \quad \boldsymbol{b}_3 = (3, 4, 3),$$

求由基 $\boldsymbol{a}_1, \boldsymbol{a}_2, \boldsymbol{a}_3$ 到基 $\boldsymbol{b}_1, \boldsymbol{b}_2, \boldsymbol{b}_3$ 的过渡矩阵.

3. 设向量空间 V 的一个基为

$$\boldsymbol{a}_1=(2,0,-1,3)^{\mathrm{T}},\quad \boldsymbol{a}_2=(3,-2,1,-1)^{\mathrm{T}},$$

验证：向量组

$$\boldsymbol{b}_1=(-5,6,-5,9)^{\mathrm{T}},\quad \boldsymbol{b}_2=(4,-4,3,-5)^{\mathrm{T}}$$

也为 V 的一个基，并求从基 $\boldsymbol{a}_1,\boldsymbol{a}_2$ 到基 $\boldsymbol{b}_1,\boldsymbol{b}_2$ 的过渡矩阵.

4. 设 V 为 $\mathbf{R}^n$ 的一个子空间，$\boldsymbol{C}$ 为 n 阶可逆矩阵，记

$$V_C=\{\boldsymbol{y}=\boldsymbol{C}\boldsymbol{x}\mid \boldsymbol{x}\in V\}.$$

证明：V_C 为一个向量空间，且有

$$\dim V_C=\dim V.$$

5. 设 V_1,V_2 为 $\mathbf{R}^n$ 的两个子空间，记

$$V_1+V_2=\{\boldsymbol{x}_1+\boldsymbol{x}_2\mid \boldsymbol{x}_1\in V_1,\boldsymbol{x}_2\in V_2\}.$$

(1) 验证：V_1+V_2 是一个向量空间（此时称 V_1+V_2 为 V_1 与 V_2 的**和空间**）；

(2) 证明：当 $V_1\cap V_2=\{\mathbf{0}\}$ 时，有下列**维数公式**成立：

$$\dim(V_1+V_2)=\dim V_1+\dim V_2.$$

第四节　欧 氏 空 间

一、向量的内积

在空间解析几何中，向量 $\boldsymbol{a}$ 与 $\boldsymbol{b}$ 的数量积定义为

$$\boldsymbol{a}\cdot\boldsymbol{b}=|\boldsymbol{a}|\,|\boldsymbol{b}|\cos\theta, \tag{3.4}$$

其中 $|\boldsymbol{a}|$，$|\boldsymbol{b}|$ 分别为向量 $\boldsymbol{a}$ 与 $\boldsymbol{b}$ 的长度，θ 为向量 $\boldsymbol{a}$ 与 $\boldsymbol{b}$ 的夹角. 在空间直角坐标系中，向量 $\boldsymbol{a}=(a_1,a_2,a_3)$ 与 $\boldsymbol{b}=(b_1,b_2,b_3)$ 的数量积坐标计算公式为

$$\boldsymbol{a}\cdot\boldsymbol{b}=a_1b_1+a_2b_2+a_3b_3.$$

当 $n>3$ 时，n 维向量没有直观的长度和夹角的概念，但是可以通过空间直角坐标系中两向量的数量积坐标计算公式做类似推广. 首先定义两向量的数量积，然后根据式(3.4)类似定义向量的长度和两向量的夹角.

定义 3.9　设 n 维向量 $\boldsymbol{a}=(a_1,a_2,\cdots,a_n)^{\mathrm{T}},\boldsymbol{b}=(b_1,b_2,\cdots,b_n)^{\mathrm{T}}$，称

$$\boldsymbol{a}^{\mathrm{T}}\boldsymbol{b}=a_1b_1+a_2b_2+\cdots+a_nb_n$$

为向量 $\boldsymbol{a}$ 与 $\boldsymbol{b}$ 的**内积**（数量积概念的抽象术语），记作 $[\boldsymbol{a},\boldsymbol{b}]$.

向量的内积具有以下性质（设 $\boldsymbol{a},\boldsymbol{b},\boldsymbol{c}\in\mathbf{R}^n,k\in\mathbf{R}$）：

(1) $[\boldsymbol{a},\boldsymbol{b}]=[\boldsymbol{b},\boldsymbol{a}]$；

(2) $[k\boldsymbol{a},\boldsymbol{b}]=k[\boldsymbol{a},\boldsymbol{b}]$；

(3) $[\boldsymbol{a}+\boldsymbol{b},\boldsymbol{c}]=[\boldsymbol{a},\boldsymbol{c}]+[\boldsymbol{b},\boldsymbol{c}]$；

(4) $[\boldsymbol{a},\boldsymbol{a}]\geqslant 0$，该式等号成立的充要条件是 $\boldsymbol{a}=\mathbf{0}$.

欧氏空间简介

这些性质可根据内积的定义直接验证. 若向量空间 V 带有内积运算,则称 V 为**欧几里得(Euclid) 空间**,简称**欧氏空间**.

注 3.12 这里介绍一个在一般意义下的欧氏空间. 考虑闭区间 $[a,b]$ 上的全体连续函数组成的集合,记作 $C[a,b]$. 按函数通常的运算,$C[a,b]$ 对线性运算封闭,故它是一个向量空间. 对于任意两个连续函数 $f,g\in C[a,b]$,定义

$$[f,g]=\int_a^b f(x)g(x)\mathrm{d}x.$$

可以验证,$[f,g]$ 满足内积所具有的四条性质,$C[a,b]$ 是一个欧氏空间.

下文所述欧氏空间并不限于 n 维向量空间 $\mathbf{R}^n$ 及其子空间,泛指带有内积运算的一般向量空间. 尽管欧氏空间概念未加定义,内积的具体形式也不能表达,但我们只需要知道内积所具有的四条性质,就可以讨论欧氏空间的一般性基础知识. 而对于 n 维向量空间 $\mathbf{R}^n$ 中的向量,内积默认由定义 3.9 给出.

由式(3.4) 可知,$\mathbf{R}^3$ 中的向量 $\boldsymbol{a}$ 的长度可由内积表示为

$$|\boldsymbol{a}|=\sqrt{\boldsymbol{a}\cdot\boldsymbol{a}}, \tag{3.5}$$

且对于任意两个向量 $\boldsymbol{a},\boldsymbol{b}\in\mathbf{R}^3$,均有

$$|\boldsymbol{a}\cdot\boldsymbol{b}|\leqslant|\boldsymbol{a}|\,|\boldsymbol{b}|.$$

上式可写成

$$[\boldsymbol{a},\boldsymbol{b}]^2\leqslant[\boldsymbol{a},\boldsymbol{a}][\boldsymbol{b},\boldsymbol{b}]. \tag{3.6}$$

对于欧氏空间中的向量,式(3.6) 一般都成立,即有定理 3.11.

定理 3.11 对于欧氏空间 V 中的任意两个向量 $\boldsymbol{a},\boldsymbol{b}$,均有不等式

$$[\boldsymbol{a},\boldsymbol{b}]^2\leqslant[\boldsymbol{a},\boldsymbol{a}][\boldsymbol{b},\boldsymbol{b}]$$

成立. 此不等式称为**柯西-施瓦茨**(Cauchy-Schwarz) **不等式**.

证明 当 $\boldsymbol{a}=\mathbf{0}$ 时,柯西-施瓦茨不等式取等号.

当 $\boldsymbol{a}\neq\mathbf{0}$ 时,引入一个辅助函数,令

$$f(t)=[t\boldsymbol{a}+\boldsymbol{b},t\boldsymbol{a}+\boldsymbol{b}].$$

根据内积的性质直接计算,有

$$\begin{aligned}f(t)&=[t\boldsymbol{a}+\boldsymbol{b},t\boldsymbol{a}+\boldsymbol{b}]=[t\boldsymbol{a},t\boldsymbol{a}+\boldsymbol{b}]+[\boldsymbol{b},t\boldsymbol{a}+\boldsymbol{b}]\\&=[t\boldsymbol{a},t\boldsymbol{a}]+[t\boldsymbol{a},\boldsymbol{b}]+[\boldsymbol{b},t\boldsymbol{a}]+[\boldsymbol{b},\boldsymbol{b}]\\&=[\boldsymbol{a},\boldsymbol{a}]t^2+2[\boldsymbol{a},\boldsymbol{b}]t+[\boldsymbol{b},\boldsymbol{b}],\end{aligned}$$

于是 $f(t)$ 为 t 的二次函数. 又由内积的性质可知,$f(t)\geqslant 0$,所以 $f(t)$ 的判别式

$$\Delta=4[\boldsymbol{a},\boldsymbol{b}]^2-4[\boldsymbol{a},\boldsymbol{a}][\boldsymbol{b},\boldsymbol{b}]\leqslant 0,$$

即

$$[\boldsymbol{a},\boldsymbol{b}]^2\leqslant[\boldsymbol{a},\boldsymbol{a}]\cdot[\boldsymbol{b},\boldsymbol{b}].$$ ■

注 3.13 柯西-施瓦茨不等式在 $\mathbf{R}^n$ 中的代数形式就是著名的**柯西不等式**

$$(a_1b_1+a_2b_2+\cdots+a_nb_n)^2\leqslant(a_1^2+a_2^2+\cdots+a_n^2)(b_1^2+b_2^2+\cdots+b_n^2).$$

对于闭区间 $[a,b]$ 上的连续函数 f,g,由柯西-施瓦茨不等式,有

$$\left[\int_a^b f(x)g(x)\mathrm{d}x\right]^2\leqslant\int_a^b[f(x)]^2\mathrm{d}x\int_a^b[g(x)]^2\mathrm{d}x.$$

将 $\mathbf{R}^3$ 中向量的长度表示式(3.5)推广为欧氏空间中向量的长度定义式，便有以下定义.

定义 3.10　对于欧氏空间 V 中的向量 $\boldsymbol{a}$，称非负实数 $\sqrt{[\boldsymbol{a},\boldsymbol{a}]}$ 为向量 $\boldsymbol{a}$ 的**范数**(长度概念的抽象术语)，记作 $\|\boldsymbol{a}\|$.

由上述定义可知，n 维向量 $\boldsymbol{a}=(a_1,a_2,\cdots,a_n)$ 的**范数坐标计算公式**为

$$\|\boldsymbol{a}\|=\sqrt{a_1^2+a_2^2+\cdots+a_n^2}.$$

向量的范数具有以下性质(设 $\boldsymbol{a},\boldsymbol{b}$ 为欧氏空间 V 中的向量，$k\in\mathbf{R}$)：

(1) **非负性**　$\|\boldsymbol{a}\|\geqslant 0$，该式等号成立的充要条件是 $\boldsymbol{a}=\mathbf{0}$；

(2) **齐次性**　$\|k\boldsymbol{a}\|=|k|\|\boldsymbol{a}\|$；

(3) **次可加性**　$\|\boldsymbol{a}+\boldsymbol{b}\|\leqslant\|\boldsymbol{a}\|+\|\boldsymbol{b}\|$，该式称为**三角不等式**.

范数的非负性与齐次性容易证明. 就 $\mathbf{R}^3$ 中的向量而言，三角不等式的几何意义是明显的，即三角形两边的长度之和大于第三边的长度. 下面仅对范数的次可加性进行证明.

证明　根据内积的性质直接计算，有

$$\|\boldsymbol{a}+\boldsymbol{b}\|^2=\|\boldsymbol{a}\|^2+2[\boldsymbol{a},\boldsymbol{b}]+\|\boldsymbol{b}\|^2,$$

故由柯西-施瓦茨不等式得

$$\|\boldsymbol{a}+\boldsymbol{b}\|^2\leqslant\|\boldsymbol{a}\|^2+2\|\boldsymbol{a}\|\|\boldsymbol{b}\|+\|\boldsymbol{b}\|^2=(\|\boldsymbol{a}\|+\|\boldsymbol{b}\|)^2,$$

即三角不等式成立. ■

由式(3.4)可知，$\mathbf{R}^3$ 中的非零向量 $\boldsymbol{a}$ 与 $\boldsymbol{b}$ 的夹角为

$$\theta=\arccos\frac{\boldsymbol{a}\cdot\boldsymbol{b}}{|\boldsymbol{a}||\boldsymbol{b}|},$$

即

$$\theta=\arccos\frac{[\boldsymbol{a},\boldsymbol{b}]}{\|\boldsymbol{a}\|\|\boldsymbol{b}\|}. \tag{3.7}$$

由柯西-施瓦茨不等式可知，式(3.7)对欧氏空间中的非零向量 $\boldsymbol{a},\boldsymbol{b}$ 一般都有意义. 于是，有以下定义.

定义 3.11　对于欧氏空间 V 中的非零向量 $\boldsymbol{a},\boldsymbol{b}$，称

$$\theta=\arccos\frac{[\boldsymbol{a},\boldsymbol{b}]}{\|\boldsymbol{a}\|\|\boldsymbol{b}\|}$$

为向量 $\boldsymbol{a}$ 与 $\boldsymbol{b}$ 的**夹角**.

注 3.14　规定零向量与任意向量成任意角.

当向量 $\boldsymbol{a}$ 与 $\boldsymbol{b}$ 的夹角为 $\frac{\pi}{2}$ 时，称 $\boldsymbol{a}$ 与 $\boldsymbol{b}$ **正交**(垂直概念的抽象术语). 显然，向量 $\boldsymbol{a}$ 与 $\boldsymbol{b}$ 正交，当且仅当 $\boldsymbol{a}$ 与 $\boldsymbol{b}$ 的内积 $[\boldsymbol{a},\boldsymbol{b}]=0$.

当向量 $\boldsymbol{a}$ 与 $\boldsymbol{b}$ 的夹角为 0 时，称 $\boldsymbol{a}$ 与 $\boldsymbol{b}$ **同向**. 可以证明(留作练习)，向量 $\boldsymbol{b}$ 与非零向量 $\boldsymbol{a}$ 同向，当且仅当

$$\boldsymbol{b}=\frac{\|\boldsymbol{b}\|}{\|\boldsymbol{a}\|}\boldsymbol{a}. \tag{3.8}$$

范数等于 1 的向量称为**单位向量**. 由式(3.8)可知，与非零向量 $\boldsymbol{a}$ 同向的单位向量为

$$\boldsymbol{a}^0=\frac{1}{\|\boldsymbol{a}\|}\boldsymbol{a},$$

称 $\boldsymbol{a}^0$ 为非零向量 $\boldsymbol{a}$ 的**单位化或规范化向量**.

例 3.4.1 求与两向量 $\boldsymbol{a}_1=(1,1,1),\boldsymbol{a}_2=(1,-2,1)$ 同时正交的单位向量.

解 设非零向量 $\boldsymbol{x}=(x_1,x_2,x_3)$ 与 $\boldsymbol{a}_1,\boldsymbol{a}_2$ 同时正交,则

$$\begin{pmatrix}1 & 1 & 1\\ 1 & -2 & 1\end{pmatrix}\begin{pmatrix}x_1\\ x_2\\ x_3\end{pmatrix}=\begin{pmatrix}0\\ 0\end{pmatrix},$$

解得 $\boldsymbol{x}=(-k,0,k)$(k 为任意非零常数).将 $\boldsymbol{x}$ 单位化,即得所求单位向量为 $\pm\dfrac{\sqrt{2}}{2}(-1,0,1)$. ■

二、规范正交基

在空间直角坐标系中,将 x 轴、y 轴和 z 轴上的正向单位向量分别记为 $\boldsymbol{i},\boldsymbol{j},\boldsymbol{k}$,则单位向量 $\boldsymbol{i},\boldsymbol{j},\boldsymbol{k}$ 两两正交,且为 $\mathbf{R}^3$ 的一个基.在基 $\boldsymbol{i},\boldsymbol{j},\boldsymbol{k}$ 下,向量 $\boldsymbol{a}=(a_1,a_2,a_3)$ 有坐标分解式

$$\boldsymbol{a}=a_1\boldsymbol{i}+a_2\boldsymbol{j}+a_3\boldsymbol{k},$$

且

$$a_1=\boldsymbol{a}\cdot\boldsymbol{i},\quad a_2=\boldsymbol{a}\cdot\boldsymbol{j},\quad a_3=\boldsymbol{a}\cdot\boldsymbol{k}.$$

对于一般的欧氏空间,我们有定理 3.12.

定理 3.12 设 $\boldsymbol{e}_1,\boldsymbol{e}_2,\cdots,\boldsymbol{e}_r$ 为 r 维欧氏空间 V 中的一组两两正交的单位向量,则 $\boldsymbol{e}_1,\boldsymbol{e}_2,\cdots,\boldsymbol{e}_r$ 为 V 的一个基,且对于 V 中任一向量 $\boldsymbol{a}$,有**坐标分解式**

$$\boldsymbol{a}=[\boldsymbol{a},\boldsymbol{e}_1]\boldsymbol{e}_1+[\boldsymbol{a},\boldsymbol{e}_2]\boldsymbol{e}_2+\cdots+[\boldsymbol{a},\boldsymbol{e}_r]\boldsymbol{e}_r.$$

证明 对于向量 $\boldsymbol{a}=a_1\boldsymbol{e}_1+a_2\boldsymbol{e}_2+\cdots+a_r\boldsymbol{e}_r$,有

$$[\boldsymbol{a},\boldsymbol{e}_i]=a_1[\boldsymbol{e}_1,\boldsymbol{e}_i]+a_2[\boldsymbol{e}_2,\boldsymbol{e}_i]+\cdots+a_r[\boldsymbol{e}_r,\boldsymbol{e}_i]=a_i\quad(i=1,2,\cdots,r).$$

于是,向量 $\boldsymbol{a}$ 可唯一地表示为

$$\boldsymbol{a}=[\boldsymbol{a},\boldsymbol{e}_1]\boldsymbol{e}_1+[\boldsymbol{a},\boldsymbol{e}_2]\boldsymbol{e}_2+\cdots+[\boldsymbol{a},\boldsymbol{e}_r]\boldsymbol{e}_r,$$

所以向量组 $\boldsymbol{e}_1,\boldsymbol{e}_2,\cdots,\boldsymbol{e}_r$ 线性无关,从而 $\boldsymbol{e}_1,\boldsymbol{e}_2,\cdots,\boldsymbol{e}_r$ 为 V 的一个基. ■

定义 3.12 设 $\boldsymbol{e}_1,\boldsymbol{e}_2,\cdots,\boldsymbol{e}_r$ 为欧氏空间 V 的一个基.如果 $\boldsymbol{e}_1,\boldsymbol{e}_2,\cdots,\boldsymbol{e}_r$ 都是单位向量,且两两正交,则称 $\boldsymbol{e}_1,\boldsymbol{e}_2,\cdots,\boldsymbol{e}_r$ 为 V 的一个**规范正交基**.

由定理 3.12 可知,r 维欧氏空间 V 中任何 r 个两两正交的单位向量都是 V 的一个规范正交基.

设 V 为欧氏空间 V_0 的真子空间,$\boldsymbol{e}_1,\boldsymbol{e}_2,\cdots,\boldsymbol{e}_r$ 为 V 的一个规范正交基,则对于任一向量 $\boldsymbol{a}\in V_0$,我们可以确定一个相应的向量

$$\boldsymbol{a}'=[\boldsymbol{a},\boldsymbol{e}_1]\boldsymbol{e}_1+[\boldsymbol{a},\boldsymbol{e}_2]\boldsymbol{e}_2+\cdots+[\boldsymbol{a},\boldsymbol{e}_r]\boldsymbol{e}_r.$$

由定理 3.12 可知,当 $\boldsymbol{a}\in V$ 时,$\boldsymbol{a}'=\boldsymbol{a}$;当 $\boldsymbol{a}\notin V$ 时,显然 $\boldsymbol{a}'\neq\boldsymbol{a}$,那么此时向量 $\boldsymbol{a}'$ 与向量 $\boldsymbol{a}$ 在几何上有何关系?回答这个问题之前,先让我们看一个例子.

例 3.4.2 如图 3-3 所示,设欧氏空间 $V_0=\mathbf{R}^3$,$\boldsymbol{e}_1,\boldsymbol{e}_2,\boldsymbol{e}_3$ 为 V_0 的一个规范正交基,子空间 $V=L(\boldsymbol{e}_1,\boldsymbol{e}_2)$,对于任一向量 $\boldsymbol{a}=\overrightarrow{OA}\notin V$,有

$$\overrightarrow{OP}=[\boldsymbol{a},\boldsymbol{e}_1]\boldsymbol{e}_1,\quad \overrightarrow{OQ}=[\boldsymbol{a},\boldsymbol{e}_2]\boldsymbol{e}_2,\quad \overrightarrow{OR}=[\boldsymbol{a},\boldsymbol{e}_3]\boldsymbol{e}_3.$$

记向量 $\overrightarrow{OA'}$ 为向量 $\boldsymbol{a}=\overrightarrow{OA}$ 在由 $\boldsymbol{e}_1,\boldsymbol{e}_2$ 所确定的平面上的正交投影向量,即向量 $\overrightarrow{A'A}$ 与该平面

正交.

现在考虑向量 $\boldsymbol{a}' = [\boldsymbol{a},\boldsymbol{e}_1]\boldsymbol{e}_1 + [\boldsymbol{a},\boldsymbol{e}_2]\boldsymbol{e}_2$,我们有

$$\boldsymbol{a}' = [\boldsymbol{a},\boldsymbol{e}_1]\boldsymbol{e}_1 + [\boldsymbol{a},\boldsymbol{e}_2]\boldsymbol{e}_2 = \overrightarrow{OP} + \overrightarrow{OQ} = \overrightarrow{OA'},$$

$$\boldsymbol{a} - \boldsymbol{a}' = \overrightarrow{OA} - \overrightarrow{OA'} = \overrightarrow{A'A},$$

所以向量 $\boldsymbol{a}'$ 就是向量 $\boldsymbol{a}$ 在由 $\boldsymbol{e}_1,\boldsymbol{e}_2$ 所确定的平面上的正交投影向量$\overrightarrow{OA'}$(此时也称 $\boldsymbol{a}'$ 为向量 $\boldsymbol{a}$ 在子空间 V 上的正交投影向量),且 $\boldsymbol{a}-\boldsymbol{a}'$ 与 V 中每个向量都正交. ■

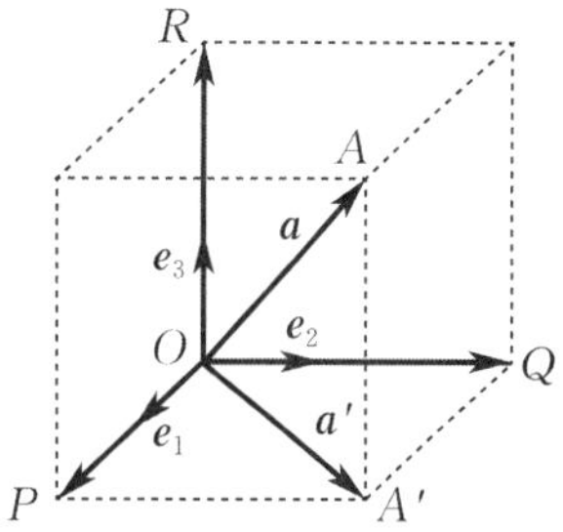

图 3-3

将本例的结果推广到一般欧氏空间,即有定理 3.13.

定理 3.13 设 V 是欧氏空间 V_0 的一个真子空间,$\boldsymbol{e}_1,\boldsymbol{e}_2,\cdots,\boldsymbol{e}_r$ 是 V 的一个规范正交基,对于 V_0 中任一向量 $\boldsymbol{a}$,记

$$\boldsymbol{a}' = [\boldsymbol{a},\boldsymbol{e}_1]\boldsymbol{e}_1 + [\boldsymbol{a},\boldsymbol{e}_2]\boldsymbol{e}_2 + \cdots + [\boldsymbol{a},\boldsymbol{e}_r]\boldsymbol{e}_r,$$

则向量 $\boldsymbol{a}-\boldsymbol{a}'$ 与子空间 V 正交(意指 $\boldsymbol{a}-\boldsymbol{a}'$ 与 V 中每个向量都正交).

证明　显然 $\boldsymbol{a}' \in V$,于是由定理 3.12 可知,

$$\boldsymbol{a}' = [\boldsymbol{a}',\boldsymbol{e}_1]\boldsymbol{e}_1 + [\boldsymbol{a}',\boldsymbol{e}_2]\boldsymbol{e}_2 + \cdots + [\boldsymbol{a}',\boldsymbol{e}_r]\boldsymbol{e}_r.$$

因为在基下的坐标是唯一的,所以

$$[\boldsymbol{a}',\boldsymbol{e}_i] = [\boldsymbol{a},\boldsymbol{e}_i] \quad (i = 1,2,\cdots,r),$$

从而

$$[\boldsymbol{a}-\boldsymbol{a}',\boldsymbol{e}_i] = [\boldsymbol{a},\boldsymbol{e}_i] - [\boldsymbol{a}',\boldsymbol{e}_i] = 0 \quad (i = 1,2,\cdots,r).$$

于是,对于子空间 V 中任一向量 $\boldsymbol{x} = x_1\boldsymbol{e}_1 + x_2\boldsymbol{e}_2 + \cdots + x_r\boldsymbol{e}_r$,有

$$[\boldsymbol{a}-\boldsymbol{a}',\boldsymbol{x}] = x_1[\boldsymbol{a}-\boldsymbol{a}',\boldsymbol{e}_1] + x_2[\boldsymbol{a}-\boldsymbol{a}',\boldsymbol{e}_2] + \cdots + x_r[\boldsymbol{a}-\boldsymbol{a}',\boldsymbol{e}_r] = 0,$$

所以 $\boldsymbol{a}-\boldsymbol{a}'$ 与 $\boldsymbol{x}$ 正交,这就意味着向量 $\boldsymbol{a}-\boldsymbol{a}'$ 与子空间 V 正交. ■

定理 3.13 中的向量 $\boldsymbol{a}'$ 称为向量 $\boldsymbol{a}$ 在子空间 V 上的**正交投影向量**. 可以证明(请读者自己证明),向量 $\boldsymbol{a}$ 在子空间 V 上的正交投影向量是唯一的. 也就是说,它不依赖于子空间 V 的规范正交基的选择.

下面考虑如下问题:设欧氏空间 V 是由基 $\boldsymbol{a}_1,\boldsymbol{a}_2,\cdots,\boldsymbol{a}_r$ 生成的向量空间,我们要找 V 的一个规范正交基 $\boldsymbol{e}_1,\boldsymbol{e}_2,\cdots,\boldsymbol{e}_r$. 这个问题称为把线性无关向量组 $\boldsymbol{a}_1,\boldsymbol{a}_2,\cdots,\boldsymbol{a}_r$ **规范正交化**.

记 $V_k = L(\boldsymbol{a}_1,\boldsymbol{a}_2,\cdots,\boldsymbol{a}_k)(k = 1,2,\cdots,r)$. 设 $\boldsymbol{a}_k'(k = 2,3,\cdots,r)$ 为 $\boldsymbol{a}_k$ 在 V_{k-1} 上的正交投影向量,令

$$\boldsymbol{b}_1 = \boldsymbol{a}_1, \quad \boldsymbol{b}_k = \boldsymbol{a}_k - \boldsymbol{a}_k' \quad (k = 2,3,\cdots,r),$$

则由定理 3.13 可知,$\boldsymbol{b}_k(k = 2,3,\cdots,r)$ 与 V_{k-1} 正交. 由此可知,$\boldsymbol{b}_1,\boldsymbol{b}_2,\cdots,\boldsymbol{b}_r$ 两两正交. 再将它们单位化,就得到由基 $\boldsymbol{a}_1,\boldsymbol{a}_2,\cdots,\boldsymbol{a}_r$ 规范正交化后的规范正交基 $\boldsymbol{e}_1,\boldsymbol{e}_2,\cdots,\boldsymbol{e}_r$. 注意,这样确定的 $\boldsymbol{e}_1,\boldsymbol{e}_2,\cdots,\boldsymbol{e}_r$ 还满足:对于任何 $k(k = 1,2,\cdots,r)$,$\boldsymbol{e}_1,\boldsymbol{e}_2,\cdots,\boldsymbol{e}_k$ 为 V_k 的一个规范正交基.

因此,由定理 3.13 可知,

$$\boldsymbol{a}_k' = [\boldsymbol{a}_k,\boldsymbol{e}_1]\boldsymbol{e}_1 + [\boldsymbol{a}_k,\boldsymbol{e}_2]\boldsymbol{e}_2 + \cdots + [\boldsymbol{a}_k,\boldsymbol{e}_{k-1}]\boldsymbol{e}_{k-1} \quad (k = 2,3,\cdots,r).$$

这样一来,我们就可以更具体地写出把线性无关向量组 $\boldsymbol{a}_1,\boldsymbol{a}_2,\cdots,\boldsymbol{a}_r$ 规范正交化的一个算法,称之为**施密特**(Schmidt)**正交化过程**.

施密特正交化

施密特正交化过程:设有线性无关向量组 $\boldsymbol{a}_1,\boldsymbol{a}_2,\cdots,\boldsymbol{a}_r$,取

$$\boldsymbol{b}_1=\boldsymbol{a}_1,\quad \boldsymbol{e}_1=\boldsymbol{b}_1^0;$$
$$\boldsymbol{b}_2=\boldsymbol{a}_2-[\boldsymbol{a}_2,\boldsymbol{e}_1]\boldsymbol{e}_1,\quad \boldsymbol{e}_2=\boldsymbol{b}_2^0;$$
……
$$\boldsymbol{b}_r=\boldsymbol{a}_r-([\boldsymbol{a}_r,\boldsymbol{e}_1]\boldsymbol{e}_1+[\boldsymbol{a}_r,\boldsymbol{e}_2]\boldsymbol{e}_2+\cdots+[\boldsymbol{a}_r,\boldsymbol{e}_{r-1}]\boldsymbol{e}_{r-1}),\quad \boldsymbol{e}_r=\boldsymbol{b}_r^0.$$

于是,$\boldsymbol{e}_1,\boldsymbol{e}_2,\cdots,\boldsymbol{e}_r$ 就是把 $\boldsymbol{a}_1,\boldsymbol{a}_2,\cdots,\boldsymbol{a}_r$ 规范正交化后的向量组.

例 3.4.3 设向量组 $\boldsymbol{a}_1=(1,2,-1),\boldsymbol{a}_2=(-1,3,1),\boldsymbol{a}_3=(4,-1,0)$,试用施密特正交化过程把这组向量规范正交化.

解 按施密特正交化过程计算:

$$\boldsymbol{b}_1=\boldsymbol{a}_1,\quad \boldsymbol{e}_1=\boldsymbol{b}_1^0=\frac{\sqrt{6}}{6}(1,2,-1);$$

$$\boldsymbol{b}_2=\boldsymbol{a}_2-[\boldsymbol{a}_2,\boldsymbol{e}_1]\boldsymbol{e}_1=\frac{5}{3}(-1,1,1),\quad \boldsymbol{e}_2=\boldsymbol{b}_2^0=\frac{\sqrt{3}}{3}(-1,1,1);$$

$$\boldsymbol{b}_3=\boldsymbol{a}_3-[\boldsymbol{a}_3,\boldsymbol{e}_1]\boldsymbol{e}_1-[\boldsymbol{a}_3,\boldsymbol{e}_2]\boldsymbol{e}_2=(2,0,2),\quad \boldsymbol{e}_3=\boldsymbol{b}_3^0=\frac{\sqrt{2}}{2}(1,0,1).$$

于是,$\boldsymbol{e}_1,\boldsymbol{e}_2,\boldsymbol{e}_3$ 即为所求. ■

三、正交矩阵与正交变换

我们知道,坐标旋转变换

$$\begin{cases}x=x'\cos\theta-y'\sin\theta,\\ y=x'\sin\theta+y'\cos\theta\end{cases}$$

具有保持几何形状不变的优点. 经直接验证可知,坐标旋转变换 $\begin{pmatrix}x\\y\end{pmatrix}=\boldsymbol{P}\begin{pmatrix}x'\\y'\end{pmatrix}$ 的系数矩阵

$$\boldsymbol{P}=\begin{pmatrix}\cos\theta & -\sin\theta\\ \sin\theta & \cos\theta\end{pmatrix}$$

满足 $\boldsymbol{P}^{\mathrm{T}}\boldsymbol{P}=\boldsymbol{I}$. 利用此式,我们可以推广坐标旋转变换及其系数矩阵的概念.

定义 3.13 若方阵 $\boldsymbol{P}$ 满足 $\boldsymbol{P}^{\mathrm{T}}\boldsymbol{P}=\boldsymbol{I}$,即 $\boldsymbol{P}^{-1}=\boldsymbol{P}^{\mathrm{T}}$,则称 $\boldsymbol{P}$ 为**正交矩阵**.

定义 3.14 若 $\boldsymbol{P}$ 为正交矩阵,则称线性变换 $\boldsymbol{y}=\boldsymbol{P}\boldsymbol{x}$ 为**正交变换**.

定理 3.14 正交变换保持向量的内积不变,从而保持向量的范数和夹角不变.

证明 设 $\boldsymbol{y}=\boldsymbol{P}\boldsymbol{x}$ 为正交变换,$\boldsymbol{y}_1=\boldsymbol{P}\boldsymbol{x}_1,\boldsymbol{y}_2=\boldsymbol{P}\boldsymbol{x}_2$,则有

$$\boldsymbol{y}_1^{\mathrm{T}}\boldsymbol{y}_2=(\boldsymbol{P}\boldsymbol{x}_1)^{\mathrm{T}}\boldsymbol{P}\boldsymbol{x}_2=\boldsymbol{x}_1^{\mathrm{T}}\boldsymbol{P}^{\mathrm{T}}\boldsymbol{P}\boldsymbol{x}_2=\boldsymbol{x}_1^{\mathrm{T}}\boldsymbol{x}_2.$$

因此,正交变换保持向量的内积不变,从而保持向量的范数和夹角不变. ■

正交矩阵

定理 3.15 方阵 $\boldsymbol{P}$ 为 n 阶正交矩阵的充要条件是 $\boldsymbol{P}$ 的列(或行)向量组是 $\mathbf{R}^n$ 的一个规范正交基.

证明 记方阵 $\boldsymbol{P}=(\boldsymbol{p}_1,\boldsymbol{p}_2,\cdots,\boldsymbol{p}_n)$,按矩阵的分块运算可知,$\boldsymbol{P}^{\mathrm{T}}\boldsymbol{P}=\boldsymbol{I}$ 等价于

$$\boldsymbol{p}_i^{\mathrm{T}}\boldsymbol{p}_j=\begin{cases}1, & i=j,\\ 0, & i\neq j\end{cases}\quad (i,j=1,2,\cdots,n).$$

由此可知,$\boldsymbol{P}$ 为 n 阶正交矩阵的充要条件是 $\boldsymbol{P}$ 的列向量都是单位向量,且两两正交,即 $\boldsymbol{P}$ 的列向量组是 $\mathbf{R}^n$ 的一个规范正交基.

易知,$\boldsymbol{P}$ 为正交矩阵等价于 $\boldsymbol{P}^{\mathrm{T}}$ 为正交矩阵,$\boldsymbol{P}$ 的行向量组为 $\boldsymbol{P}^{\mathrm{T}}$ 的列向量组. 因此,对于行向量组定理也成立. ■

定理 3.15 表明了正交矩阵中"正交"的真正含义.

习题 3-4

1. 求下列各组向量的夹角:

(1) $\boldsymbol{a}=(2,1,3,2),\boldsymbol{b}=(1,2,-2,1)$;

(2) $\boldsymbol{a}=(1,2,2,3),\boldsymbol{b}=(3,1,5,1)$.

2. 在 $\mathbf{R}^4$ 中求一个单位向量,它与

$$\boldsymbol{a}_1=(1,1,-1,1),\quad \boldsymbol{a}_2=(1,-1,-1,1),\quad \boldsymbol{a}_3=(2,1,1,3)$$

同时正交.

3. 已知$(\boldsymbol{a}_1,\boldsymbol{a}_2,\boldsymbol{a}_3)=\begin{pmatrix}1&1&-1\\0&-1&1\\-1&0&1\\1&1&0\end{pmatrix}$,试用施密特正交化过程把向量组 $\boldsymbol{a}_1,\boldsymbol{a}_2,\boldsymbol{a}_3$ 规范正交化.

4. 设 $\boldsymbol{A}$ 为正交矩阵,证明:

(1) $|\boldsymbol{A}|=\pm 1$;

(2) 当 $|\boldsymbol{A}|=-1$ 时,$|\boldsymbol{I}+\boldsymbol{A}|=0$.

5. 设 $\boldsymbol{A},\boldsymbol{B}$ 为 n 阶正交矩阵,证明:$\boldsymbol{AB}$ 也为正交矩阵.

6. 设 $\boldsymbol{A}$ 与 $\boldsymbol{B}$ 都是正交矩阵,证明:$\begin{pmatrix}\boldsymbol{A}&\boldsymbol{O}\\\boldsymbol{O}&\boldsymbol{B}\end{pmatrix}$也是正交矩阵.

第四章

特征值与二次型

二次型的系统研究是从18世纪开始的，它起源于几何学中对二次曲线方程和二次曲面方程的分类问题讨论. 将二次曲线和二次曲面的方程变形，选取主轴方向的轴作为坐标轴，以简化方程的表达形式，这个问题的进一步研究涉及对称矩阵的特征值与特征向量的理论.

近现代数学中，诸如方阵多项式的计算、线性微分方程组的求解等问题都利用了方阵的相似对角化来简化算法. 方阵的相似对角化问题是矩阵论中的一个重要问题，这一问题要用到矩阵特征值与特征向量的理论. 现代工程技术中的一些问题，如振动问题和稳定性问题，常可归结为求一个方阵的特征值和特征向量的问题.

本章首先介绍方阵的特征值与特征向量的概念、性质及其计算；然后推导出方阵可相似对角化的条件与算法；最后系统地讨论对称矩阵与二次型的相关理论.

第一节　方阵的特征值

一、方阵的相似对角化问题

对于方阵 $\boldsymbol{A}$，考虑与它等价的特殊形式的矩阵 $\boldsymbol{B}=\boldsymbol{P}^{-1}\boldsymbol{A}\boldsymbol{P}$，有

$$\boldsymbol{B}^2=\boldsymbol{P}^{-1}\boldsymbol{A}\boldsymbol{P}(\boldsymbol{P}^{-1}\boldsymbol{A}\boldsymbol{P})=\boldsymbol{P}^{-1}\boldsymbol{A}^2\boldsymbol{P},$$
$$\boldsymbol{B}^3=\boldsymbol{P}^{-1}\boldsymbol{A}^3\boldsymbol{P},$$
$$\cdots\cdots$$
$$\boldsymbol{B}^n=\boldsymbol{P}^{-1}\boldsymbol{A}^n\boldsymbol{P}.$$

一般地，对于多项式 $f(x)=a_nx^n+\cdots+a_1x+a_0$，有

$$\begin{aligned}f(\boldsymbol{B})&=a_n\boldsymbol{B}^n+\cdots+a_1\boldsymbol{B}+a_0\boldsymbol{I}=a_n\boldsymbol{P}^{-1}\boldsymbol{A}^n\boldsymbol{P}+\cdots+a_1\boldsymbol{P}^{-1}\boldsymbol{A}\boldsymbol{P}+a_0\boldsymbol{I}\\&=\boldsymbol{P}^{-1}(a_n\boldsymbol{A}^n+\cdots+a_1\boldsymbol{A}+a_0\boldsymbol{I})\boldsymbol{P}=\boldsymbol{P}^{-1}f(\boldsymbol{A})\boldsymbol{P}.\end{aligned}$$

上述推导表明，如果方阵 $\boldsymbol{A}$ 与 $\boldsymbol{B}$ 有关系式 $\boldsymbol{B}=\boldsymbol{P}^{-1}\boldsymbol{A}\boldsymbol{P}$，那么 $f(\boldsymbol{A})$ 与 $f(\boldsymbol{B})$ 就有类似的关系式 $f(\boldsymbol{B})=\boldsymbol{P}^{-1}f(\boldsymbol{A})\boldsymbol{P}$. 显然，这两个关系式的代数结构十分相似，我们称 $\boldsymbol{B}=\boldsymbol{P}^{-1}\boldsymbol{A}\boldsymbol{P}$ 为方阵 $\boldsymbol{A}$ 的相似矩阵.

定义 4.1　设 $\boldsymbol{A},\boldsymbol{B}$ 为 n 阶方阵. 若存在可逆矩阵 $\boldsymbol{P}$，使得

$$P^{-1}AP = B,$$

则称 $\boldsymbol{A}$ 与 $\boldsymbol{B}$ **相似**，记作 $\boldsymbol{A} \sim \boldsymbol{B}$，称 $\boldsymbol{B}$ 是 $\boldsymbol{A}$ 的**相似矩阵**，并称可逆矩阵 $\boldsymbol{P}$ 为把 $\boldsymbol{A}$ 变成 $\boldsymbol{B}$ 的**相似变换矩阵**.

矩阵相似

容易看出，矩阵的相似关系具有下列性质：

(1) **反身性**　$\boldsymbol{A}$ 与 $\boldsymbol{A}$ 相似；

(2) **对称性**　若 $\boldsymbol{A}$ 与 $\boldsymbol{B}$ 相似，则 $\boldsymbol{B}$ 与 $\boldsymbol{A}$ 相似；

(3) **传递性**　若 $\boldsymbol{A}$ 与 $\boldsymbol{B}$ 相似，且 $\boldsymbol{B}$ 与 $\boldsymbol{C}$ 相似，则 $\boldsymbol{A}$ 与 $\boldsymbol{C}$ 相似.

注 4.1　相似矩阵可简化矩阵多项式的计算.

对于方阵 $\boldsymbol{A}$，如果存在可逆矩阵 $\boldsymbol{P}$，使得 $\boldsymbol{P}^{-1}\boldsymbol{A}\boldsymbol{P}$ 为对角矩阵 $\boldsymbol{\Lambda}$，那么称方阵 $\boldsymbol{A}$ **可相似对角化**. 易知，此时有 $\boldsymbol{A} = \boldsymbol{P}\boldsymbol{\Lambda}\boldsymbol{P}^{-1}$. 于是，对于任一正整数 k 及任一多项式 f，有

$$\boldsymbol{A}^k = \boldsymbol{P}\boldsymbol{\Lambda}^k\boldsymbol{P}^{-1},\quad f(\boldsymbol{A}) = \boldsymbol{P}f(\boldsymbol{\Lambda})\boldsymbol{P}^{-1}.$$

而对于对角矩阵 $\boldsymbol{\Lambda} = \mathrm{diag}(\lambda_1, \lambda_2, \cdots, \lambda_n)$，我们有

$$\boldsymbol{\Lambda}^k = \mathrm{diag}(\lambda_1^k, \lambda_2^k, \cdots, \lambda_n^k),\quad f(\boldsymbol{\Lambda}) = \mathrm{diag}(f(\lambda_1), f(\lambda_2), \cdots, f(\lambda_n)).$$

因此，当方阵 $\boldsymbol{A}$ 可相似对角化时，利用它的相似对角矩阵 $\boldsymbol{\Lambda}$，就可使得方阵 $\boldsymbol{A}$ 的多项式计算变得简便.

注 4.2　矩阵的相似与数域有关，在不做特殊说明的情况下，本章仅在实数域中讨论矩阵的相似.

下面分析方阵可相似对角化的条件.

设 n 阶方阵 $\boldsymbol{A}$ 与对角矩阵 $\boldsymbol{\Lambda} = \mathrm{diag}(\lambda_1, \lambda_2, \cdots, \lambda_n)$ 相似，其中相似变换矩阵为可逆矩阵 $\boldsymbol{P}$. 因为 $\boldsymbol{P}^{-1}\boldsymbol{A}\boldsymbol{P} = \boldsymbol{\Lambda}$，所以 $\boldsymbol{A}\boldsymbol{P} = \boldsymbol{P}\boldsymbol{\Lambda}$. 将矩阵 $\boldsymbol{P}$ 按列分块为

$$\boldsymbol{P} = (\boldsymbol{p}_1, \boldsymbol{p}_2, \cdots, \boldsymbol{p}_n).$$

按矩阵的分块运算，得

$$\boldsymbol{A}\boldsymbol{P} = \boldsymbol{A}(\boldsymbol{p}_1, \boldsymbol{p}_2, \cdots, \boldsymbol{p}_n) = (\boldsymbol{A}\boldsymbol{p}_1, \boldsymbol{A}\boldsymbol{p}_2, \cdots, \boldsymbol{A}\boldsymbol{p}_n),$$

$$\boldsymbol{P}\boldsymbol{\Lambda} = (\boldsymbol{p}_1, \boldsymbol{p}_2, \cdots, \boldsymbol{p}_n)\begin{pmatrix} \lambda_1 & & & \\ & \lambda_2 & & \\ & & \ddots & \\ & & & \lambda_n \end{pmatrix} = (\lambda_1\boldsymbol{p}_1, \lambda_2\boldsymbol{p}_2, \cdots, \lambda_n\boldsymbol{p}_n).$$

由 $\boldsymbol{A}\boldsymbol{P} = \boldsymbol{P}\boldsymbol{\Lambda}$ 有

$$\boldsymbol{A}\boldsymbol{p}_i = \lambda_i\boldsymbol{p}_i\quad (i = 1, 2, \cdots, n).$$

因为 $\boldsymbol{P}$ 可逆，所以 $\boldsymbol{p}_1, \boldsymbol{p}_2, \cdots, \boldsymbol{p}_n$ 线性无关.

反之，对于 n 阶方阵 $\boldsymbol{A}$，如果存在线性无关向量组 $\boldsymbol{p}_1, \boldsymbol{p}_2, \cdots, \boldsymbol{p}_n$ 满足关系式

$$\boldsymbol{A}\boldsymbol{p}_i = \lambda_i\boldsymbol{p}_i\quad (i = 1, 2, \cdots, n),$$

那么矩阵 $\boldsymbol{P} = (\boldsymbol{p}_1, \boldsymbol{p}_2, \cdots, \boldsymbol{p}_n)$ 可逆，且 $\boldsymbol{A}\boldsymbol{P} = \boldsymbol{P}\boldsymbol{\Lambda}$，其中 $\boldsymbol{\Lambda} = \mathrm{diag}(\lambda_1, \lambda_2, \cdots, \lambda_n)$ 为对角矩阵. 因此，有 $\boldsymbol{P}^{-1}\boldsymbol{A}\boldsymbol{P} = \boldsymbol{\Lambda}$.

这样，我们就得到定理 4.1.

定理 4.1 n 阶方阵 $\boldsymbol{A}$ 与对角矩阵 $\boldsymbol{\Lambda}=\mathrm{diag}(\lambda_1,\lambda_2,\cdots,\lambda_n)$ 相似的充要条件是存在线性无关向量组 $\boldsymbol{p}_1,\boldsymbol{p}_2,\cdots,\boldsymbol{p}_n$ 满足关系式

$$\boldsymbol{A}\boldsymbol{p}_i=\lambda_i\boldsymbol{p}_i\quad(i=1,2,\cdots,n).$$

二、方阵的特征值与特征向量

定义 4.2 对于方阵 $\boldsymbol{A}$，若存在数 λ 和非零向量 $\boldsymbol{p}$，使得

$$\boldsymbol{A}\boldsymbol{p}=\lambda\boldsymbol{p},$$

则称数 λ 为 $\boldsymbol{A}$ 的**特征值**，称非零向量 $\boldsymbol{p}$ 为 $\boldsymbol{A}$ 对应于特征值 λ 的**特征向量**.

特征值与特征向量

容易看出，方阵 $\boldsymbol{A}$ 对应于特征值 λ 的特征向量就是齐次线性方程组 $(\lambda\boldsymbol{I}-\boldsymbol{A})\boldsymbol{x}=\boldsymbol{0}$ 的一个非零解. 我们称齐次线性方程组 $(\lambda\boldsymbol{I}-\boldsymbol{A})\boldsymbol{x}=\boldsymbol{0}$ 的一个基础解系为**方阵 $\boldsymbol{A}$ 属于特征值 λ 的最大无关特征向量组**，其所含有的向量个数称为特征值 λ 的**几何重数**. 由基础解系的性质可知，n 阶方阵 $\boldsymbol{A}$ 的特征值 λ 的几何重数等于 $n-\mathrm{R}(\lambda\boldsymbol{I}-\boldsymbol{A})$.

我们知道，齐次线性方程组 $(\lambda\boldsymbol{I}-\boldsymbol{A})\boldsymbol{x}=\boldsymbol{0}$ 有非零解的充要条件是它的系数行列式 $|\lambda\boldsymbol{I}-\boldsymbol{A}|=0$.

设 $\boldsymbol{A}=(a_{ij})$ 为 n 阶方阵，将 $|\lambda\boldsymbol{I}-\boldsymbol{A}|$ 完全展开，有

$$|\lambda\boldsymbol{I}-\boldsymbol{A}|=\lambda^n+c_{n-1}\lambda^{n-1}+\cdots+c_1\lambda+c_0,$$

其中系数

$$\begin{cases}c_0=|-\boldsymbol{A}|,\\ c_{n-1}=-(a_{11}+a_{22}+\cdots+a_{nn}),\end{cases}\tag{4.1}$$

其余各系数的具体表达式从略.

易见，$|\lambda\boldsymbol{I}-\boldsymbol{A}|$ 是一个关于 λ 的 n 次多项式，称此多项式为方阵 $\boldsymbol{A}$ 的**特征多项式**，而称方程 $|\lambda\boldsymbol{I}-\boldsymbol{A}|=0$ 为方阵 $\boldsymbol{A}$ 的**特征方程**. 方阵 $\boldsymbol{A}$ 的特征值就是它的特征方程的根. 如果特征值 λ 是特征方程的 k 重根（此时称 λ 为方阵 $\boldsymbol{A}$ 的 **k 重特征值**），则称重数 k 为特征值 λ 的**代数重数**.

注 4.3 方阵 $\boldsymbol{A}$ 的特征多项式也记作 $|\boldsymbol{A}-\lambda\boldsymbol{I}|$，除可能相差一个负号外，与 $|\lambda\boldsymbol{I}-\boldsymbol{A}|$ 并无本质性的差异.

我们知道，一元 n 次方程在复数范围内有 n 个根（重根按重数计算）. 因此，n 阶方阵 $\boldsymbol{A}$ 有 n 个（复）特征值. 设 n 阶方阵 $\boldsymbol{A}=(a_{ij})$ 的 n 个（复）特征值为 $\lambda_1,\lambda_2,\cdots,\lambda_n$，则

$$|\lambda\boldsymbol{I}-\boldsymbol{A}|=(\lambda-\lambda_1)(\lambda-\lambda_2)\cdots(\lambda-\lambda_n).\tag{4.2}$$

由式(4.1)和式(4.2)，根据韦达(Vieta)定理，得到如下关于特征值的性质：

(1) $\lambda_1\lambda_2\cdots\lambda_n=|\boldsymbol{A}|$；

(2) $\lambda_1+\lambda_2+\cdots+\lambda_n=a_{11}+a_{22}+\cdots+a_{nn}$.

注 4.4 n 阶方阵 $\boldsymbol{A}$ 的对角元素之和

$$\sum_{i=1}^{n}a_{ii}=a_{11}+a_{22}+\cdots+a_{nn}$$

称为方阵 $\boldsymbol{A}$ 的**迹**，记作 $\mathrm{tr}(\boldsymbol{A})$.

例 4.1.1 设 λ 为方阵 $\boldsymbol{A}$ 的一个特征值，试证：λ^2 为 $\boldsymbol{A}^2$ 的一个特征值.

证明 由题设条件可知，存在非零向量 $\boldsymbol{p}$，使得 $\boldsymbol{A}\boldsymbol{p}=\lambda\boldsymbol{p}$. 于是

$$\boldsymbol{A}^2\boldsymbol{p}=\boldsymbol{A}(\boldsymbol{A}\boldsymbol{p})=\boldsymbol{A}(\lambda\boldsymbol{p})=\lambda(\boldsymbol{A}\boldsymbol{p})=\lambda^2\boldsymbol{p},$$

因此 λ^2 为 $\boldsymbol{A}^2$ 的一个特征值. ■

将本例的结果进行推广,可以证明,对于任一多项式 $f(x)$,如果 λ 为方阵 $\boldsymbol{A}$ 的特征值,则 $f(\lambda)$ 为方阵 $f(\boldsymbol{A})$ 的特征值.

例 4.1.2 设方阵

$$\boldsymbol{A}=\begin{pmatrix}3 & -2\\ 2 & -2\end{pmatrix},$$

计算 $|\boldsymbol{A}^{10}-32\boldsymbol{A}^5-10\boldsymbol{I}|$.

解 方阵 $\boldsymbol{A}$ 的特征多项式为

$$|\lambda\boldsymbol{I}-\boldsymbol{A}|=\begin{vmatrix}\lambda-3 & 2\\ -2 & \lambda+2\end{vmatrix}=(\lambda+1)(\lambda-2),$$

所以方阵 $\boldsymbol{A}$ 的特征值为 $\lambda_1=-1,\lambda_2=2$.

设多项式 $f(x)=x^{10}-32x^5-10$,则 $f(\boldsymbol{A})$ 的特征值为

$$f(\lambda_1)=23,\quad f(\lambda_2)=-10.$$

于是

$$|\boldsymbol{A}^{10}-32\boldsymbol{A}^5-10\boldsymbol{I}|=|f(\boldsymbol{A})|=f(\lambda_1)f(\lambda_2)=-230.$$ ■

例 4.1.3 求方阵

$$\boldsymbol{A}=\begin{pmatrix}4 & 6 & 0\\ -3 & -5 & 0\\ -3 & -6 & 1\end{pmatrix}$$

的特征值和特征向量.

解 方阵 $\boldsymbol{A}$ 的特征多项式为

$$|\lambda\boldsymbol{I}-\boldsymbol{A}|=\begin{vmatrix}\lambda-4 & -6 & 0\\ 3 & \lambda+5 & 0\\ 3 & 6 & \lambda-1\end{vmatrix}=(\lambda+2)(\lambda-1)^2,$$

所以方阵 $\boldsymbol{A}$ 的特征值为 $\lambda_1=-2,\lambda_2=\lambda_3=1$.

对于特征值 $\lambda_1=-2$,解方程组 $(-2\boldsymbol{I}-\boldsymbol{A})\boldsymbol{x}=\boldsymbol{0}$,得基础解系

$$\boldsymbol{p}_1=\begin{pmatrix}-1\\ 1\\ 1\end{pmatrix},$$

所以方阵 $\boldsymbol{A}$ 对应于 $\lambda_1=-2$ 的全部特征向量为 $k_1\boldsymbol{p}_1$(k_1 为任意非零常数).

对于特征值 $\lambda_2=\lambda_3=1$,解方程组 $(\boldsymbol{I}-\boldsymbol{A})\boldsymbol{x}=\boldsymbol{0}$,得基础解系

$$\boldsymbol{p}_2=\begin{pmatrix}-2\\ 1\\ 0\end{pmatrix},\quad \boldsymbol{p}_3=\begin{pmatrix}0\\ 0\\ 1\end{pmatrix},$$

所以方阵 $\boldsymbol{A}$ 对应于 $\lambda_2=\lambda_3=1$ 的全部特征向量为 $k_2\boldsymbol{p}_2+k_3\boldsymbol{p}_3$($k_2,k_3$ 是不全为 0 的任意常数). ■

例 4.1.4 求方阵

$$\boldsymbol{A}=\begin{pmatrix}-1 & 1 & 0\\ -4 & 3 & 0\\ 1 & 0 & 2\end{pmatrix}$$

的特征值和特征向量.

解 方阵 $\boldsymbol{A}$ 的特征多项式为

$$|\lambda\boldsymbol{I}-\boldsymbol{A}|=\begin{vmatrix}\lambda+1 & -1 & 0\\ 4 & \lambda-3 & 0\\ -1 & 0 & \lambda-2\end{vmatrix}=(\lambda-2)(\lambda-1)^2,$$

所以方阵 $\boldsymbol{A}$ 的特征值为 $\lambda_1=2,\lambda_2=\lambda_3=1$.

对于特征值 $\lambda_1=2$,解方程组 $(2\boldsymbol{I}-\boldsymbol{A})\boldsymbol{x}=\boldsymbol{0}$,得基础解系

$$\boldsymbol{p}_1=\begin{pmatrix}0\\0\\1\end{pmatrix},$$

所以方阵 $\boldsymbol{A}$ 对应于 $\lambda_1=2$ 的全部特征向量为 $k_1\boldsymbol{p}_1$(k_1 为任意非零常数).

对于特征值 $\lambda_2=\lambda_3=1$,解方程组 $(\boldsymbol{I}-\boldsymbol{A})\boldsymbol{x}=\boldsymbol{0}$,得基础解系

$$\boldsymbol{p}_2=\begin{pmatrix}-1\\-2\\1\end{pmatrix},$$

所以方阵 $\boldsymbol{A}$ 对应于 $\lambda_2=\lambda_3=1$ 的全部特征向量为 $k_2\boldsymbol{p}_2$(k_2 为任意非零常数). ■

注 4.5 关于方阵的特征值,其几何重数与代数重数可能不相等.

下面介绍关于方阵的特征值与特征向量的一些结论.

定理 4.2 相似矩阵有相同的特征多项式,从而有相同的特征值.

证明 设方阵 $\boldsymbol{A}$ 与 $\boldsymbol{B}$ 相似,则存在可逆矩阵 $\boldsymbol{P}$,使得 $\boldsymbol{B}=\boldsymbol{P}^{-1}\boldsymbol{AP}$,于是

$$\begin{aligned}|\lambda\boldsymbol{I}-\boldsymbol{B}|&=|\lambda\boldsymbol{I}-\boldsymbol{P}^{-1}\boldsymbol{AP}|=|\boldsymbol{P}^{-1}(\lambda\boldsymbol{I}-\boldsymbol{A})\boldsymbol{P}|\\&=|\boldsymbol{P}^{-1}||\lambda\boldsymbol{I}-\boldsymbol{A}||\boldsymbol{P}|=|\lambda\boldsymbol{I}-\boldsymbol{A}|.\end{aligned}$$

因此,方阵 $\boldsymbol{A}$ 与 $\boldsymbol{B}$ 有相同的特征多项式,从而有相同的特征值. ■

显然,对角矩阵以对角元素为其特征值. 由定理 4.2 可得到推论 1.

推论 1 若对角矩阵 $\boldsymbol{\Lambda}$ 是 $\boldsymbol{A}$ 的相似矩阵,则 $\boldsymbol{\Lambda}$ 以 $\boldsymbol{A}$ 的特征值为对角元素.

定理 4.3 设 $\lambda_1,\lambda_2,\cdots,\lambda_m$ 是方阵 $\boldsymbol{A}$ 的 m 个互不相等的特征值,$\boldsymbol{p}_i(i=1,2,\cdots,m)$ 为 $\boldsymbol{A}$ 对应于 λ_i 的特征向量,则 $\boldsymbol{p}_1,\boldsymbol{p}_2,\cdots,\boldsymbol{p}_m$ 线性无关.

***证明** 用数学归纳法证明.

当 $m=1$ 时,由于特征向量不为零向量,因此定理成立.

假设当 $m=s-1$ 时,定理成立,考虑 $m=s$ 的情形. 设存在一组常数 $k_1,k_2,\cdots,k_s$,使得

$$k_1\boldsymbol{p}_1+k_2\boldsymbol{p}_2+\cdots+k_{s-1}\boldsymbol{p}_{s-1}+k_s\boldsymbol{p}_s=\boldsymbol{0}. \tag{4.3}$$

用方阵 $\boldsymbol{A}$ 左乘式(4.3) 两边,由于 $\boldsymbol{Ap}_i=\lambda_i\boldsymbol{p}_i(i=1,2,\cdots,s)$,故整理可得

$$k_1\lambda_1\boldsymbol{p}_1+k_2\lambda_2\boldsymbol{p}_2+\cdots+k_{s-1}\lambda_{s-1}\boldsymbol{p}_{s-1}+k_s\lambda_s\boldsymbol{p}_s=\boldsymbol{0}. \tag{4.4}$$

由式(4.3) 和式(4.4) 消去 $\boldsymbol{p}_s$,得

$$k_1(\lambda_1-\lambda_s)\boldsymbol{p}_1+k_2(\lambda_2-\lambda_s)\boldsymbol{p}_2+\cdots+k_{s-1}(\lambda_{s-1}-\lambda_s)\boldsymbol{p}_{s-1}=\boldsymbol{0}.$$

由归纳假设可知,$\boldsymbol{p}_1,\boldsymbol{p}_2,\cdots,\boldsymbol{p}_{s-1}$ 线性无关,于是

$$k_i(\lambda_i-\lambda_s)=0\quad(i=1,2,\cdots,s-1).$$

因为 $\lambda_i-\lambda_s\neq0(i=1,2,\cdots,s-1)$,所以 $k_i=0(i=1,2,\cdots,s-1)$,从而式(4.3) 化为 $k_s\boldsymbol{p}_s=\boldsymbol{0}$. 又因为

$\boldsymbol{p}_s \neq \mathbf{0}$，所以 $k_s = 0$. 因此，$\boldsymbol{p}_1, \boldsymbol{p}_2, \cdots, \boldsymbol{p}_s$ 线性无关，即当 $m = s$ 时，定理也成立. ■

定理 4.3 可加强为定理 4.4.

定理 4.4　设 $\lambda_1, \lambda_2, \cdots, \lambda_m$ 是方阵 $\boldsymbol{A}$ 的 m 个互不相等的特征值，$A_i (i = 1, 2, \cdots, m)$ 为方阵 $\boldsymbol{A}$ 属于 λ_i 的最大无关特征向量组，则由 $A_1, A_2, \cdots, A_m$ 的并集构成的向量组线性无关.

* **证明**　设 $A_i: \boldsymbol{p}_{i1}, \boldsymbol{p}_{i2}, \cdots, \boldsymbol{p}_{in_i} (i = 1, 2, \cdots, m)$. 考虑方程组

$$(x_{11}\boldsymbol{p}_{11} + x_{12}\boldsymbol{p}_{12} + \cdots + x_{1n_1}\boldsymbol{p}_{1n_1}) + \cdots + (x_{m1}\boldsymbol{p}_{m1} + x_{m2}\boldsymbol{p}_{m2} + \cdots + x_{mn_m}\boldsymbol{p}_{mn_m}) = \mathbf{0}, \tag{4.5}$$

注意到 $x_{i1}\boldsymbol{p}_{i1} + x_{i2}\boldsymbol{p}_{i2} + \cdots + x_{in_i}\boldsymbol{p}_{in_i} (i = 1, 2, \cdots, m)$ 要么为属于 λ_i 的特征向量，要么为零向量，故根据定理 4.3，由式(4.5) 可得

$$x_{i1}\boldsymbol{p}_{i1} + x_{i2}\boldsymbol{p}_{i2} + \cdots + x_{in_i}\boldsymbol{p}_{in_i} = \mathbf{0} \quad (i = 1, 2, \cdots, m).$$

因为 $\boldsymbol{p}_{i1}, \boldsymbol{p}_{i2}, \cdots, \boldsymbol{p}_{in_i}$ 线性无关，所以 $x_{i1} = x_{i2} = \cdots = x_{in_i} = 0 (i = 1, 2, \cdots, m)$. 这样，我们就证明了方程组(4.5) 只有零解，从而 $\boldsymbol{p}_{11}, \boldsymbol{p}_{12}, \cdots, \boldsymbol{p}_{1n_1}, \cdots, \boldsymbol{p}_{m1}, \boldsymbol{p}_{m2}, \cdots, \boldsymbol{p}_{mn_m}$ 线性无关. ■

定理 4.5　方阵的每一个特征值的几何重数都不大于代数重数.

* **证明**　设 λ_0 为 n 阶方阵 $\boldsymbol{A}$ 的特征值，记 $r = \mathrm{R}(\lambda_0 \boldsymbol{I} - \boldsymbol{A})$，则存在可逆矩阵 $\boldsymbol{P}, \boldsymbol{Q}$，使得

$$\lambda_0 \boldsymbol{I} - \boldsymbol{A} = \boldsymbol{P}\begin{pmatrix} \boldsymbol{I}_r & \boldsymbol{O} \\ \boldsymbol{O} & \boldsymbol{O} \end{pmatrix}\boldsymbol{Q}.$$

将矩阵 $\boldsymbol{QP}$ 分块，令

$$\boldsymbol{QP} = \begin{pmatrix} \boldsymbol{B}_1 & \boldsymbol{B}_2 \\ \boldsymbol{B}_3 & \boldsymbol{B}_4 \end{pmatrix},$$

其中 $\boldsymbol{B}_1$ 为 r 阶方阵，于是有

$$\boldsymbol{P}^{-1}(\lambda_0 \boldsymbol{I} - \boldsymbol{A})\boldsymbol{P} = \begin{pmatrix} \boldsymbol{I}_r & \boldsymbol{O} \\ \boldsymbol{O} & \boldsymbol{O} \end{pmatrix}\boldsymbol{QP} = \begin{pmatrix} \boldsymbol{B}_1 & \boldsymbol{B}_2 \\ \boldsymbol{O} & \boldsymbol{O} \end{pmatrix}.$$

此时，方阵 $\boldsymbol{A}$ 的特征多项式

$$\begin{aligned} |\lambda \boldsymbol{I} - \boldsymbol{A}| &= |(\lambda - \lambda_0)\boldsymbol{I} + (\lambda_0 \boldsymbol{I} - \boldsymbol{A})| = |(\lambda - \lambda_0)\boldsymbol{I} + \boldsymbol{P}^{-1}(\lambda_0 \boldsymbol{I} - \boldsymbol{A})\boldsymbol{P}| \\ &= \begin{vmatrix} (\lambda - \lambda_0)\boldsymbol{I}_r + \boldsymbol{B}_1 & \boldsymbol{B}_2 \\ \boldsymbol{O} & (\lambda - \lambda_0)\boldsymbol{I}_{n-r} \end{vmatrix} = (\lambda - \lambda_0)^{n-r}|(\lambda - \lambda_0)\boldsymbol{I}_r + \boldsymbol{B}_1|. \end{aligned}$$

由此可知，λ_0 的代数重数不小于几何重数 $n - r$. ■

三、方阵可相似对角化的条件

引入特征向量的概念后，定理 4.1 就可改写成定理 4.6.

定理 4.6　n 阶方阵 $\boldsymbol{A}$ 可相似对角化的充要条件是 $\boldsymbol{A}$ 有 n 个线性无关的特征向量.

相似对角化

由定理 4.3 和定理 4.6 可得推论 1.

推论 1　若 n 阶方阵 $\boldsymbol{A}$ 的 n 个特征值互不相等，则 $\boldsymbol{A}$ 可相似对角化.

当矩阵 $\boldsymbol{A}$ 的每一个特征值的几何重数都等于代数重数时，由定理 4.4 可推知，矩阵 $\boldsymbol{A}$ 有 n 个线性无关的特征向量，此时由定理 4.6 可知，矩阵 $\boldsymbol{A}$ 可相似对角化. 这样，我们就得到定理 4.7 的充分性.

定理 4.7　方阵 $\boldsymbol{A}$ 可相似对角化的充要条件是 $\boldsymbol{A}$ 的每一个特征值的几何重数都等于代数重数.

证明 我们只需证明必要性.

设 n 阶方阵 $\boldsymbol{A}$ 与对角矩阵 $\boldsymbol{\Lambda}=\mathrm{diag}(\lambda_1,\lambda_2,\cdots,\lambda_n)$ 相似，则 $\lambda\boldsymbol{I}-\boldsymbol{A}$ 与对角矩阵

$$\lambda\boldsymbol{I}-\boldsymbol{\Lambda}=\mathrm{diag}(\lambda-\lambda_1,\lambda-\lambda_2,\cdots,\lambda-\lambda_n)$$

相似，因此 $\mathrm{R}(\lambda\boldsymbol{I}-\boldsymbol{A})=\mathrm{R}(\lambda\boldsymbol{I}-\boldsymbol{\Lambda})$. 设 λ 是 $\boldsymbol{A}$ 的 k 重特征值，则由定理 4.2 可知，$\lambda\boldsymbol{I}-\boldsymbol{\Lambda}$ 的对角元素中恰有 k 个等于 0. 于是 $\mathrm{R}(\lambda\boldsymbol{I}-\boldsymbol{\Lambda})=n-k$，从而

$$k=n-\mathrm{R}(\lambda\boldsymbol{I}-\boldsymbol{\Lambda})=n-\mathrm{R}(\lambda\boldsymbol{I}-\boldsymbol{A}).$$ ■

由定理 4.5 可知，如果方阵的一个特征值的代数重数为 1，则其几何重数也一定为 1.

注 4.6 应用定理 4.7 判断方阵可否相似对角化时，我们只需考虑代数重数大于 1 的特征值，考察它们的几何重数是否等于代数重数即可.

对于例 4.1.3 中的方阵 $\boldsymbol{A}$，因为特征值 $\lambda_2=\lambda_3=1$ 的几何重数为 2，等于其代数重数 2，所以方阵 $\boldsymbol{A}$ 可相似对角化.

对于例 4.1.4 中的方阵 $\boldsymbol{A}$，因为特征值 $\lambda_2=\lambda_3=1$ 的几何重数为 1，小于其代数重数 2，所以方阵 $\boldsymbol{A}$ 不可相似对角化.

例 4.1.5 已知方阵

$$\boldsymbol{A}=\begin{pmatrix}-1&0&1\\2&1&y\\-6&0&4\end{pmatrix}$$

与对角矩阵 $\boldsymbol{\Lambda}=\mathrm{diag}(1,2,x)$ 相似，求 x 和 y.

解 因为方阵 $\boldsymbol{A}$ 与对角矩阵 $\boldsymbol{\Lambda}$ 相似，所以方阵 $\boldsymbol{A}$ 的特征值为 $\lambda_1=1,\lambda_2=2,\lambda_3=x$. 由特征值的性质可知，

$$\lambda_1+\lambda_2+\lambda_3=\mathrm{tr}(\boldsymbol{A}),$$

即得 $3+x=4$，所以 $x=1$. 因为方阵 $\boldsymbol{A}$ 可相似对角化，所以特征值 $\lambda_1=\lambda_3=1$ 的几何重数等于代数重数，即 $3-\mathrm{R}(\boldsymbol{I}-\boldsymbol{A})=2$，从而 $\mathrm{R}(\boldsymbol{I}-\boldsymbol{A})=1$. 由

$$\boldsymbol{I}-\boldsymbol{A}=\begin{pmatrix}2&0&-1\\-2&0&-y\\6&0&-3\end{pmatrix}\xrightarrow[r_3-3r_1]{r_2+r_1}\begin{pmatrix}2&0&-1\\0&0&-y-1\\0&0&0\end{pmatrix}$$

可知，当且仅当 $y=-1$ 时，$\mathrm{R}(\boldsymbol{I}-\boldsymbol{A})=1$. ■

当方阵可相似对角化时，根据定理 4.1，可得到以下将 n 阶方阵 $\boldsymbol{A}$ 相似对角化的算法：

(1) 求出方阵 $\boldsymbol{A}$ 的所有特征值；

(2) 对于每一个特征值，求出一个属于它的最大无关特征向量组，判断其几何重数是否等于代数重数；

(3) 将步骤(2) 中所求得的所有特征向量作为列向量组，构造一个矩阵 $\boldsymbol{P}$，则 $\boldsymbol{P}$ 可逆，且 $\boldsymbol{P}^{-1}\boldsymbol{A}\boldsymbol{P}$ 为对角矩阵.

不妨设 $\boldsymbol{P}=(\boldsymbol{p}_1,\boldsymbol{p}_2,\cdots,\boldsymbol{p}_n)$，$\boldsymbol{A}\boldsymbol{p}_i=\lambda_i\boldsymbol{p}_i\,(i=1,2,\cdots,n)$，则

$$\boldsymbol{P}^{-1}\boldsymbol{A}\boldsymbol{P}=\mathrm{diag}(\lambda_1,\lambda_2,\cdots,\lambda_n).$$

注意 λ_i 与 $\boldsymbol{p}_i$ 的位置次序一定要相对应.

例如，对于例 4.1.3 中的方阵 $\boldsymbol{A}$，取矩阵

$$\boldsymbol{P}=(\boldsymbol{p}_1,\boldsymbol{p}_2,\boldsymbol{p}_3)=\begin{pmatrix}-1&-2&0\\1&1&0\\1&0&1\end{pmatrix},$$

则有

$$P^{-1}AP=\begin{pmatrix}-2&0&0\\0&1&0\\0&0&1\end{pmatrix}.$$

此时，若取矩阵

$$Q=(p_2+p_3,p_1,p_2-p_3)=\begin{pmatrix}-2&-1&-2\\1&1&1\\1&1&-1\end{pmatrix},$$

则有

$$Q^{-1}AQ=\begin{pmatrix}1&0&0\\0&-2&0\\0&0&1\end{pmatrix}.$$

注 4.7　方阵相似对角化时所用的相似变换矩阵并不唯一.

例 4.1.6　已知矩阵

$$A=\begin{pmatrix}4&3\\-2&-1\end{pmatrix},$$

求 A^n.

解　矩阵 A 的特征多项式为

$$|\lambda I-A|=\begin{vmatrix}\lambda-4&-3\\2&\lambda+1\end{vmatrix}=(\lambda-1)(\lambda-2),$$

所以矩阵 A 的特征值为 $\lambda_1=1,\lambda_2=2$.

对于特征值 $\lambda_1=1$，解方程组 $(I-A)x=0$，得特征向量 $p_1=(-1,1)^{T}$.

对于特征值 $\lambda_2=2$，解方程组 $(2I-A)x=0$，得特征向量 $p_2=(-3,2)^{T}$.

取矩阵

$$P=(p_1,p_2)=\begin{pmatrix}-1&-3\\1&2\end{pmatrix},$$

则有

$$P^{-1}AP=\Lambda=\begin{pmatrix}1&0\\0&2\end{pmatrix}.$$

于是 $A=P\Lambda P^{-1}$，所以

$$A^n=P\Lambda^nP^{-1}=\begin{pmatrix}-1&-3\\1&2\end{pmatrix}\begin{pmatrix}1&0\\0&2^n\end{pmatrix}\begin{pmatrix}2&3\\-1&-1\end{pmatrix}$$

$$=\begin{pmatrix}-1&-3\times2^n\\1&2^{n+1}\end{pmatrix}\begin{pmatrix}2&3\\-1&-1\end{pmatrix}=\begin{pmatrix}3\times2^n-2&3\times2^n-3\\2-2^{n+1}&3-2^{n+1}\end{pmatrix}.$$ ■

习题 4-1

1. 求下列方阵的特征值和特征向量：

(1) $\begin{pmatrix} 5 & 6 & -3 \\ -1 & 0 & 1 \\ 1 & 2 & 1 \end{pmatrix}$； (2) $\begin{pmatrix} 1 & 2 & 3 \\ 2 & 1 & 3 \\ 3 & 3 & 6 \end{pmatrix}$.

2. 已知三阶方阵 $\boldsymbol{A}$ 的特征值为 1,2,3,求 $|\boldsymbol{A}^3 - 5\boldsymbol{A}^2 + 7\boldsymbol{A}|$.

3. 已知向量 $\boldsymbol{a} = \begin{pmatrix} 1 \\ k \\ 1 \end{pmatrix}$ 是矩阵 $\boldsymbol{A} = \begin{pmatrix} 2 & 1 & 1 \\ 1 & 2 & 1 \\ 1 & 1 & 2 \end{pmatrix}$ 的逆矩阵 $\boldsymbol{A}^{-1}$ 的特征向量,试求常数 k.

4. 设方阵 $\boldsymbol{A} = \begin{pmatrix} 2 & 0 & 1 \\ 3 & 1 & x \\ 4 & 0 & 5 \end{pmatrix}$ 可相似对角化,求 x.

5. 已知方阵 $\boldsymbol{A} = \begin{pmatrix} 2 & 0 & 0 \\ 0 & 0 & 1 \\ 0 & 1 & x \end{pmatrix}$ 与 $\boldsymbol{B} = \begin{pmatrix} 2 & 0 & 0 \\ 0 & y & 0 \\ 0 & 0 & -1 \end{pmatrix}$ 相似,求:

(1) x 和 y;

(2) 一个满足 $\boldsymbol{P}^{-1}\boldsymbol{AP} = \boldsymbol{B}$ 的可逆矩阵 $\boldsymbol{P}$.

6. 设二阶方阵 $\boldsymbol{A}$ 的特征值为 $\lambda_1 = 1, \lambda_2 = 2$,它们对应的特征向量为 $\boldsymbol{p}_1 = \begin{pmatrix} 1 \\ 1 \end{pmatrix}, \boldsymbol{p}_2 = \begin{pmatrix} 2 \\ 1 \end{pmatrix}$,求 $\boldsymbol{A}^n$.

7. 设 $\boldsymbol{A}, \boldsymbol{B}$ 都是 n 阶方阵,且 $|\boldsymbol{A}| \neq 0$,证明:$\boldsymbol{AB}$ 与 $\boldsymbol{BA}$ 相似.

8. 设 λ 为 n 阶可逆矩阵 $\boldsymbol{A}$ 的一个特征值,证明:

(1) λ^{-1} 为 $\boldsymbol{A}^{-1}$ 的特征值;

(2) $|\boldsymbol{A}|\lambda^{-1}$ 为 $\boldsymbol{A}^*$ 的特征值.

9. (2015 年全国硕士研究生入学统一考试数学二试题) 设三阶方阵 $\boldsymbol{A}$ 的特征值为 $2, -2, 1$, $\boldsymbol{B} = \boldsymbol{A}^2 - \boldsymbol{A} + \boldsymbol{I}$,其中 $\boldsymbol{I}$ 为三阶单位矩阵,则 $|\boldsymbol{B}|$ 为多少?

第二节 对称矩阵的相似对角化

一般而言,并不是任何方阵都可以相似对角化. 但对称矩阵一定可以相似对角化,且相似变换矩阵可取为正交矩阵.

定理 4.8 对称矩阵的特征值为实数.

***证明** 设 $\alpha + \beta\mathrm{i}$ 为对称矩阵 $\boldsymbol{A}$ 的任意一个特征值,令 $\boldsymbol{A}_1 = \alpha\boldsymbol{I} - \boldsymbol{A}$,则 $\boldsymbol{A}_1$ 仍为对称矩阵,且有

$$0 = |(\alpha + \beta\mathrm{i})\boldsymbol{I} - \boldsymbol{A}| = |\boldsymbol{A}_1 + \beta\mathrm{i}\boldsymbol{I}|.$$

将上式两边同时乘以 $|\boldsymbol{A}_1 - \beta\mathrm{i}\boldsymbol{I}|$,得

$$0 = |\boldsymbol{A}_1 + \beta\mathrm{i}\boldsymbol{I}|\,|\boldsymbol{A}_1 - \beta\mathrm{i}\boldsymbol{I}| = |\boldsymbol{A}_1^2 + \beta^2\boldsymbol{I}|.$$

因此,存在非零向量 $\boldsymbol{p}$,使得

$$(\boldsymbol{A}_1^2 + \beta^2\boldsymbol{I})\boldsymbol{p} = \boldsymbol{0},$$

于是

$$0 = \boldsymbol{p}^{\mathrm{T}}(\boldsymbol{A}_1^2 + \beta^2 \boldsymbol{I})\boldsymbol{p} = \| \boldsymbol{A}_1 \boldsymbol{p} \|^2 + \beta^2 \| \boldsymbol{p} \|^2.$$

由此可知，$\beta = 0$，即 $\boldsymbol{A}$ 的特征值均为实数. ■

定理 4.9 设 λ_1, λ_2 是对称矩阵 $\boldsymbol{A}$ 的两个不同特征值，$\boldsymbol{p}_1, \boldsymbol{p}_2$ 分别是对应于 λ_1, λ_2 的特征向量，则 $\boldsymbol{p}_1$ 与 $\boldsymbol{p}_2$ 正交.

证明 由 $\boldsymbol{A}\boldsymbol{p}_1 = \lambda_1 \boldsymbol{p}_1$，得 $\lambda_1 \boldsymbol{p}_1^{\mathrm{T}} = \boldsymbol{p}_1^{\mathrm{T}}\boldsymbol{A}$. 再由 $\boldsymbol{A}\boldsymbol{p}_2 = \lambda_2 \boldsymbol{p}_2$，得

$$\lambda_1 \boldsymbol{p}_1^{\mathrm{T}} \boldsymbol{p}_2 = \boldsymbol{p}_1^{\mathrm{T}} \boldsymbol{A} \boldsymbol{p}_2 = \boldsymbol{p}_1^{\mathrm{T}}(\lambda_2 \boldsymbol{p}_2) = \lambda_2 \boldsymbol{p}_1^{\mathrm{T}} \boldsymbol{p}_2,$$

于是

$$(\lambda_1 - \lambda_2)\boldsymbol{p}_1^{\mathrm{T}} \boldsymbol{p}_2 = 0.$$

由于 $\lambda_1 - \lambda_2 \neq 0$，因此 $\boldsymbol{p}_1^{\mathrm{T}} \boldsymbol{p}_2 = 0$，即 $\boldsymbol{p}_1$ 与 $\boldsymbol{p}_2$ 正交. ■

定理 4.10 设 $\boldsymbol{A}$ 为对称矩阵，则必存在正交矩阵 $\boldsymbol{P}$，使得

$$\boldsymbol{P}^{-1}\boldsymbol{A}\boldsymbol{P} = \boldsymbol{P}^{\mathrm{T}}\boldsymbol{A}\boldsymbol{P} = \boldsymbol{\Lambda},$$

其中 $\boldsymbol{\Lambda}$ 为以 $\boldsymbol{A}$ 的特征值为对角元素的对角矩阵.

***证明** 利用数学归纳法. 对于一阶对称矩阵，定理显然成立. 假设对于 $n-1$ 阶对称矩阵，定理成立.

设 $\boldsymbol{A}$ 为 n 阶对称矩阵，λ_1 是对称矩阵 $\boldsymbol{A}$ 的特征值，$\boldsymbol{e}_1$ 是对应的单位特征向量. 取方程 $\boldsymbol{e}_1^{\mathrm{T}}\boldsymbol{x} = 0$ 的解空间的一个规范正交基 $\boldsymbol{e}_2, \boldsymbol{e}_3, \cdots, \boldsymbol{e}_n$，令 $\boldsymbol{H} = (\boldsymbol{e}_1, \boldsymbol{e}_2, \cdots, \boldsymbol{e}_n)$，则 $\boldsymbol{H}$ 为正交矩阵，且有

$$\boldsymbol{e}_1^{\mathrm{T}}\boldsymbol{A}\boldsymbol{e}_1 = \boldsymbol{e}_1^{\mathrm{T}}(\lambda_1 \boldsymbol{e}_1) = \lambda_1, \quad \boldsymbol{e}_1^{\mathrm{T}}\boldsymbol{A}\boldsymbol{e}_i = \boldsymbol{e}_i^{\mathrm{T}}\boldsymbol{A}\boldsymbol{e}_1 = \boldsymbol{e}_i^{\mathrm{T}}(\lambda \boldsymbol{e}_1) = 0 \quad (i = 2, 3, \cdots, n).$$

由矩阵的分块运算可知，$\boldsymbol{H}^{\mathrm{T}}\boldsymbol{A}\boldsymbol{H}$ 的 (i,j) 元为 $\boldsymbol{e}_i^{\mathrm{T}}\boldsymbol{A}\boldsymbol{e}_j\ (i,j = 1,2,\cdots,n)$. 因此，$\boldsymbol{H}^{\mathrm{T}}\boldsymbol{A}\boldsymbol{H}$ 可表示为分块对角矩阵

$$\boldsymbol{H}^{\mathrm{T}}\boldsymbol{A}\boldsymbol{H} = \begin{pmatrix} \lambda_1 & \\ & \boldsymbol{A}_1 \end{pmatrix},$$

其中 $\boldsymbol{A}_1$ 为 $n-1$ 阶对称矩阵. 由归纳假设可知，存在正交矩阵 $\boldsymbol{P}_1$，使得

$$\boldsymbol{P}_1^{-1}\boldsymbol{A}_1\boldsymbol{P}_1 = \boldsymbol{P}_1^{\mathrm{T}}\boldsymbol{A}_1\boldsymbol{P}_1 = \boldsymbol{\Lambda}_1,$$

其中 $\boldsymbol{\Lambda}_1$ 为对角矩阵. 取矩阵

$$\boldsymbol{P} = \boldsymbol{H}\begin{pmatrix} 1 & \\ & \boldsymbol{P}_1 \end{pmatrix},$$

则 $\boldsymbol{P}$ 为正交矩阵，且有

$$\begin{aligned} \boldsymbol{P}^{-1}\boldsymbol{A}\boldsymbol{P} = \boldsymbol{P}^{\mathrm{T}}\boldsymbol{A}\boldsymbol{P} &= \begin{pmatrix} 1 & \\ & \boldsymbol{P}_1 \end{pmatrix}^{\mathrm{T}} \boldsymbol{H}^{\mathrm{T}}\boldsymbol{A}\boldsymbol{H} \begin{pmatrix} 1 & \\ & \boldsymbol{P}_1 \end{pmatrix} \\ &= \begin{pmatrix} 1 & \\ & \boldsymbol{P}_1^{\mathrm{T}} \end{pmatrix} \begin{pmatrix} \lambda_1 & \\ & \boldsymbol{A}_1 \end{pmatrix} \begin{pmatrix} 1 & \\ & \boldsymbol{P}_1 \end{pmatrix} = \begin{pmatrix} \lambda_1 & \\ & \boldsymbol{\Lambda}_1 \end{pmatrix}. \end{aligned}$$

由定理 4.2 的推论 1 可知，对角矩阵 $\boldsymbol{\Lambda} = \mathrm{diag}(\lambda_1, \boldsymbol{\Lambda}_1)$ 以 $\boldsymbol{A}$ 的特征值为对角元素. ■

在将方阵相似对角化的算法基础上，如果将每一个特征值对应的最大无关特征向量组规范正交化，那么根据定理 4.9，得到的相似变换矩阵一定是正交矩阵. 因此，用正交矩阵（作为相似变换矩阵）化 n 阶对称矩阵 $\boldsymbol{A}$ 为对角矩阵的算法如下：

(1) 求出对称矩阵 $\boldsymbol{A}$ 的所有特征值；

(2) 对于每一个特征值，求出一个属于它的最大无关特征向量组，再用施密特正交化过程将该特征向量组规范正交化；

(3) 将步骤(2)中所求得的所有经过规范正交化的特征向量作为列向量组，可构造一个正交矩阵 $\boldsymbol{P}$，且 $\boldsymbol{P}^{-1}\boldsymbol{A}\boldsymbol{P}$ 为对角矩阵.

注 4.8 关于对称矩阵的特征值，无须判断其代数重数与几何重数的关系.

不妨设 $\boldsymbol{P}=(\boldsymbol{p}_1,\boldsymbol{p}_2,\cdots,\boldsymbol{p}_n)$，$\boldsymbol{A}\boldsymbol{p}_i=\lambda_i\boldsymbol{p}_i(i=1,2,\cdots,n)$，则

$$\boldsymbol{P}^{-1}\boldsymbol{A}\boldsymbol{P}=\boldsymbol{P}^{\mathrm{T}}\boldsymbol{A}\boldsymbol{P}=\operatorname{diag}(\lambda_1,\lambda_2,\cdots,\lambda_n).$$

注意 λ_i 与 $\boldsymbol{p}_i$ 的位置次序一定要相对应.

例 4.2.1 设对称矩阵

$$\boldsymbol{A}=\begin{pmatrix}0&1&1\\1&0&1\\1&1&0\end{pmatrix},$$

求一个正交矩阵 $\boldsymbol{P}$，使得 $\boldsymbol{P}^{-1}\boldsymbol{A}\boldsymbol{P}$ 为对角矩阵.

解 方阵 $\boldsymbol{A}$ 的特征多项式为

$$|\lambda\boldsymbol{I}-\boldsymbol{A}|=\begin{vmatrix}\lambda&-1&-1\\-1&\lambda&-1\\-1&-1&\lambda\end{vmatrix}=(\lambda-2)(\lambda+1)^2,$$

所以方阵 $\boldsymbol{A}$ 的特征值为 $\lambda_1=2,\lambda_2=\lambda_3=-1$.

对于特征值 $\lambda_1=2$，解方程组 $(2\boldsymbol{I}-\boldsymbol{A})\boldsymbol{x}=\boldsymbol{0}$，得特征向量

$$\boldsymbol{\xi}_1=\begin{pmatrix}1\\1\\1\end{pmatrix},$$

将其单位化，得

$$\boldsymbol{p}_1=\frac{\sqrt{3}}{3}\begin{pmatrix}1\\1\\1\end{pmatrix}.$$

对于特征值 $\lambda_2=\lambda_3=-1$，解方程组 $(-\boldsymbol{I}-\boldsymbol{A})\boldsymbol{x}=\boldsymbol{0}$，得最大无关特征向量组

$$\boldsymbol{\xi}_2=\begin{pmatrix}-1\\1\\0\end{pmatrix},\quad \boldsymbol{\xi}_3=\begin{pmatrix}-1\\0\\1\end{pmatrix},$$

将它们规范正交化，得

$$\boldsymbol{p}_2=\frac{\sqrt{2}}{2}\begin{pmatrix}-1\\1\\0\end{pmatrix},\quad \boldsymbol{p}_3=\frac{\sqrt{6}}{6}\begin{pmatrix}-1\\-1\\2\end{pmatrix}.$$

因此，取正交矩阵

$$\boldsymbol{P}=(\boldsymbol{p}_1,\boldsymbol{p}_2,\boldsymbol{p}_3)=\begin{pmatrix}\frac{\sqrt{3}}{3}&-\frac{\sqrt{2}}{2}&-\frac{\sqrt{6}}{6}\\\frac{\sqrt{3}}{3}&\frac{\sqrt{2}}{2}&-\frac{\sqrt{6}}{6}\\\frac{\sqrt{3}}{3}&0&\frac{\sqrt{6}}{3}\end{pmatrix},$$

即可使得 $\boldsymbol{P}^{-1}\boldsymbol{A}\boldsymbol{P}$ 为对角矩阵，具体地有

$$\boldsymbol{P}^{-1}\boldsymbol{A}\boldsymbol{P}=\boldsymbol{P}^{\mathrm{T}}\boldsymbol{A}\boldsymbol{P}=\begin{pmatrix}2&0&0\\0&-1&0\\0&0&-1\end{pmatrix}.$$ ■

习题 4－2

1. 设三阶对称矩阵 $\boldsymbol{A}$ 的特征值为 $\lambda_1 = 6, \lambda_2 = \lambda_3 = 3$，与特征值 λ_1 对应的特征向量 $\boldsymbol{p}_1 = (1,1,1)^{\mathrm{T}}$，求 $\boldsymbol{A}$.

2. 试求下列对称矩阵的正交的相似变换矩阵，将其化为对角矩阵：

(1) $\begin{pmatrix} 2 & -2 & 0 \\ -2 & 1 & -2 \\ 0 & -2 & 0 \end{pmatrix}$；　　(2) $\begin{pmatrix} 2 & 2 & -2 \\ 2 & 5 & -4 \\ -2 & -4 & 5 \end{pmatrix}$.

3. 设矩阵 $\boldsymbol{A} = \begin{pmatrix} 2 & 1 & 2 \\ 1 & 2 & 2 \\ 2 & 2 & 1 \end{pmatrix}$，求 $f(\boldsymbol{A}) = \boldsymbol{A}^{10} - 6\boldsymbol{A}^9 + 5\boldsymbol{A}^8$.

4. 设 $f(\lambda)$ 为对称矩阵 $\boldsymbol{A}$ 的特征多项式，证明：$f(\boldsymbol{A}) = \boldsymbol{O}$. [更一般地有**哈密顿-凯莱**(Hamilton-Cayley)**定理**：设 $f(\lambda)$ 为方阵 $\boldsymbol{A}$ 的特征多项式，则 $f(\boldsymbol{A}) = \boldsymbol{O}$.]

5. (2020 年全国硕士研究生入学统一考试数学二试题) 设 $\boldsymbol{A}$ 为二阶方阵，$\boldsymbol{P} = (\boldsymbol{\alpha}, \boldsymbol{A\alpha})$，其中 $\boldsymbol{\alpha}$ 是非零向量且不是 $\boldsymbol{A}$ 的特征向量.

(1) 证明：$\boldsymbol{P}$ 可逆；

(2) 若 $\boldsymbol{A}^2\boldsymbol{\alpha} + \boldsymbol{A\alpha} - 6\boldsymbol{\alpha} = \boldsymbol{0}$，求 $\boldsymbol{P}^{-1}\boldsymbol{AP}$，并判断 $\boldsymbol{A}$ 是否相似于对角矩阵.

第三节　二次型及其标准形

一、用正交变换化二次型为标准形

在解析几何中，为了便于研究二次曲线

$$ax^2 + bxy + cy^2 = 1 \tag{4.6}$$

的几何性质，可以选择适当的坐标旋转变换

$$\begin{cases} x = x'\cos\theta - y'\sin\theta, \\ y = x'\sin\theta + y'\cos\theta, \end{cases}$$

把方程(4.6) 化为标准方程

$$m(x')^2 + n(y')^2 = 1.$$

方程(4.6) 的左边是一个关于变元 x, y 的二次齐次多项式. 上述标准化过程，实际上就是通过变元的正交变换，化简一个二次齐次多项式，使它只含有平方项. 这样一个问题，在许多理论问题或实际问题中经常遇到. 现在我们把这类问题一般化，讨论 n 个变元的二次齐次多项式的标准化化简问题.

定义 4.3　含有 n 个变元 $x_1, x_2, \cdots, x_n$ 的二次齐次多项式

$$a_{11}x_1^2+a_{22}x_2^2+\cdots+a_{nn}x_n^2+2a_{12}x_1x_2+2a_{13}x_1x_3+\cdots+2a_{n-1,n}x_{n-1}x_n, \tag{4.7}$$

称为 n 元**二次型**,记作 $q(\boldsymbol{x})$,其中 $\boldsymbol{x}=(x_1,x_2,\cdots,x_n)^{\mathrm{T}}$.

二次型

记 n 阶对称矩阵 $\boldsymbol{A}=(a_{ij})$,$\boldsymbol{x}=(x_1,x_2,\cdots,x_n)^{\mathrm{T}}$,直接验算可知,式(4.7)可表示为

$$q(\boldsymbol{x})=\boldsymbol{x}^{\mathrm{T}}\boldsymbol{A}\boldsymbol{x}.$$

对称矩阵 $\boldsymbol{A}$ 与二次型 $q(\boldsymbol{x})$ 一一对应,称对称矩阵 $\boldsymbol{A}$ 为**二次型 $q(\boldsymbol{x})$ 的矩阵**.

只含有平方项的二次型称为**标准形**. 可以证明,通过变元的正交变换,一个二次型总能化为标准形.

事实上,对于 n 阶对称矩阵 $\boldsymbol{A}$,由定理 4.10 可知,存在正交矩阵 $\boldsymbol{P}$,使得

$$\boldsymbol{P}^{\mathrm{T}}\boldsymbol{A}\boldsymbol{P}=\mathrm{diag}(\lambda_1,\lambda_2,\cdots,\lambda_n),$$

其中 $\lambda_1,\lambda_2,\cdots,\lambda_n$ 是 $\boldsymbol{A}$ 的 n 个特征值. 故对于 n 元二次型 $q(\boldsymbol{x})=\boldsymbol{x}^{\mathrm{T}}\boldsymbol{A}\boldsymbol{x}$,可选取正交变换 $\boldsymbol{x}=\boldsymbol{P}\boldsymbol{y}$,则有

$$q(\boldsymbol{x})=\boldsymbol{x}^{\mathrm{T}}\boldsymbol{A}\boldsymbol{x}=(\boldsymbol{P}\boldsymbol{y})^{\mathrm{T}}\boldsymbol{A}(\boldsymbol{P}\boldsymbol{y})=\boldsymbol{y}^{\mathrm{T}}(\boldsymbol{P}^{\mathrm{T}}\boldsymbol{A}\boldsymbol{P})\boldsymbol{y}=\lambda_1y_1^2+\lambda_2y_2^2+\cdots+\lambda_ny_n^2.$$

这样,通过正交变换 $\boldsymbol{x}=\boldsymbol{P}\boldsymbol{y}$,二次型 $q(\boldsymbol{x})$ 就化为变元 $\boldsymbol{y}$ 的标准形.

例 4.3.1 求一个正交变换 $\boldsymbol{x}=\boldsymbol{P}\boldsymbol{y}$,化二次型

$$q(\boldsymbol{x})=2x_1x_2+2x_1x_3+2x_2x_3$$

为 $\boldsymbol{y}$ 的标准形.

解 二次型 $q(\boldsymbol{x})$ 的矩阵为

$$\boldsymbol{A}=\begin{pmatrix}0&1&1\\1&0&1\\1&1&0\end{pmatrix}.$$

由例 4.2.1 可知,存在正交矩阵

$$\boldsymbol{P}=\begin{pmatrix}\frac{\sqrt{3}}{3}&-\frac{\sqrt{2}}{2}&-\frac{\sqrt{6}}{6}\\\frac{\sqrt{3}}{3}&\frac{\sqrt{2}}{2}&-\frac{\sqrt{6}}{6}\\\frac{\sqrt{3}}{3}&0&\frac{\sqrt{6}}{3}\end{pmatrix},$$

使得

$$\boldsymbol{P}^{\mathrm{T}}\boldsymbol{A}\boldsymbol{P}=\begin{pmatrix}2&0&0\\0&-1&0\\0&0&-1\end{pmatrix}.$$

因此,取正交变换 $\boldsymbol{x}=\boldsymbol{P}\boldsymbol{y}$,就把 $q(\boldsymbol{x})$ 化为标准形

$$q(\boldsymbol{x})=2y_1^2-y_2^2-y_3^2.$$ ■

例 4.3.2 二次曲面 $2xy+2xz+2yz=1$ 表示一个什么曲面?

解 由例 4.3.1 可知,方程 $2xy+2xz+2yz=1$ 通过正交变换

$$\begin{cases} x = \dfrac{\sqrt{3}}{3}x' - \dfrac{\sqrt{2}}{2}y' - \dfrac{\sqrt{6}}{6}z', \\ y = \dfrac{\sqrt{3}}{3}x' + \dfrac{\sqrt{2}}{2}y' - \dfrac{\sqrt{6}}{6}z', \\ z = \dfrac{\sqrt{3}}{3}x' \qquad\quad + \dfrac{\sqrt{6}}{3}z' \end{cases}$$

化为标准方程 $2(x')^2-(y')^2-(z')^2=1$. 此方程表示一个(旋转)双叶双曲面. 因为正交变换保持几何形状不变,所以二次曲面 $2xy+2xz+2yz=1$ 表示一个(旋转)双叶双曲面. ■

二、用配方法化二次型为标准形

用正交变换化二次型为标准形,具有保持几何形状不变的优点,但正交变换的算法较烦琐. 如果只考虑二次型的代数特点,那么可以更一般地简化讨论,用可逆线性变换化二次型为标准形. 具体地说,就是寻求一个可逆线性变换 $\boldsymbol{x}=\boldsymbol{C}\boldsymbol{y}$,将 n 元二次型 $q(\boldsymbol{x})$ 化为变元 $\boldsymbol{y}$ 的标准形

$$q(\boldsymbol{x}) = q(\boldsymbol{C}\boldsymbol{y}) = k_1y_1^2 + k_2y_2^2 + \cdots + k_ny_n^2.$$

特别地,若标准形中的系数 $k_1,k_2,\cdots,k_n$ 只在 $1,-1,0$ 三个数中取值,且规范地表示为

$$q(\boldsymbol{x}) = q(\boldsymbol{C}\boldsymbol{y}) = y_1^2 + \cdots + y_p^2 - y_{p+1}^2 - \cdots - y_r^2 \quad (0 \leqslant p \leqslant r \leqslant n),$$

则称上述标准形为**规范形**.

注 4.9　可以证明,任何一个给定的二次型,它的规范形都是唯一的. 这就是二次型的惯性定理(参见本章第四节).

下面举例说明用配方法化二次型为标准形或规范形.

例 4.3.3　求一个可逆线性变换 $\boldsymbol{x}=\boldsymbol{C}\boldsymbol{y}$,化二次型

$$q(\boldsymbol{x}) = x_1^2 + x_2^2 + 6x_3^2 + 4x_1x_2 + 6x_1x_3 + 6x_2x_3$$

为 $\boldsymbol{y}$ 的规范形.

解　对二次型进行配方:

$$\begin{aligned} q(\boldsymbol{x}) &= (x_1+2x_2+3x_3)^2 - 3x_2^2 - 6x_2x_3 - 3x_3^2 \\ &= (x_1+2x_2+3x_3)^2 - 3(x_2+x_3)^2. \end{aligned}$$

于是,令

$$\begin{cases} y_1 = x_1 + 2x_2 + 3x_3, \\ y_2 = \sqrt{3}x_2 + \sqrt{3}x_3, \\ y_3 = x_3, \end{cases}$$

即

$$\begin{cases} x_1 = y_1 - \dfrac{2\sqrt{3}}{3}y_2 - y_3, \\ x_2 = \dfrac{\sqrt{3}}{3}y_2 - y_3, \\ x_3 = y_3, \end{cases}$$

则 $q(\boldsymbol{x})$ 可化为规范形

$$q(\boldsymbol{x}) = y_1^2 - y_2^2.$$

因此,所求的可逆线性变换为 $\boldsymbol{x}=\boldsymbol{C}\boldsymbol{y}$,其中

$$C=\begin{pmatrix}1 & -\frac{2\sqrt{3}}{3} & -1\\ 0 & \frac{\sqrt{3}}{3} & -1\\ 0 & 0 & 1\end{pmatrix}.$$ ■

例 4.3.4 化二次型

$$q(\boldsymbol{x})=2x_1x_2+2x_1x_3+2x_2x_3$$

为标准形.

解 令

$$\begin{cases}x_1=y_1,\\ x_2=y_1+y_2,\\ x_3=\qquad\quad y_3,\end{cases}$$

代入二次型,得

$$q(\boldsymbol{x})=2y_1^2+2y_1y_2+4y_1y_3+2y_2y_3=2\left(y_1+\frac{1}{2}y_2+y_3\right)^2-\frac{1}{2}y_2^2-2y_3^2.$$

令

$$\begin{cases}z_1=y_1+\frac{1}{2}y_2+y_3,\\ z_2=\qquad\quad y_2,\\ z_3=\qquad\qquad\quad y_3,\end{cases}$$

即

$$\begin{cases}y_1=z_1-\frac{1}{2}z_2-z_3,\\ y_2=\qquad\quad z_2,\\ y_3=\qquad\qquad\quad z_3,\end{cases}$$

则 $q(\boldsymbol{x})$ 可化为标准形

$$q(\boldsymbol{x})=2z_1^2-\frac{1}{2}z_2^2-2z_3^2.$$

因此,所求的可逆线性变换为 $\boldsymbol{x}=\boldsymbol{C}\boldsymbol{z}$,其中

$$\boldsymbol{C}=\begin{pmatrix}1 & 0 & 0\\ 1 & 1 & 0\\ 0 & 0 & 1\end{pmatrix}\begin{pmatrix}1 & -\frac{1}{2} & -1\\ 0 & 1 & 0\\ 0 & 0 & 1\end{pmatrix}=\begin{pmatrix}1 & -\frac{1}{2} & -1\\ 1 & \frac{1}{2} & -1\\ 0 & 0 & 1\end{pmatrix}.$$ ■

例 4.3.3 中含有平方项 x_1^2,则把含有 x_1 的所有项归并配方;例 4.3.4 中不含有平方项,则把 x_1x_2 化为 $y_1^2+y_1y_2$,即令

$$\begin{cases}x_1=y_1,\\ x_2=y_1+y_2,\\ x_3=\qquad\quad y_3.\end{cases}$$

按这两例方法所得的变换矩阵,是对角元素全不为 0 的三角矩阵或其乘积,从而必可逆.

三、对称矩阵合同对角化的初等变换解法

设可逆线性变换 $\boldsymbol{x}=\boldsymbol{C}\boldsymbol{y}$,则二次型 $q(\boldsymbol{x})=\boldsymbol{x}^{\mathrm{T}}\boldsymbol{A}\boldsymbol{x}$ 可化为

$$q(\boldsymbol{x})=\boldsymbol{x}^{\mathrm{T}}\boldsymbol{A}\boldsymbol{x}=(\boldsymbol{C}\boldsymbol{y})^{\mathrm{T}}\boldsymbol{A}(\boldsymbol{C}\boldsymbol{y})=\boldsymbol{y}^{\mathrm{T}}(\boldsymbol{C}^{\mathrm{T}}\boldsymbol{A}\boldsymbol{C})\boldsymbol{y}.$$

也就是说,当变元 $\boldsymbol{x}$ 经线性变换 $\boldsymbol{x}=\boldsymbol{C}\boldsymbol{y}$ 变换为 $\boldsymbol{y}$ 时,二次型的矩阵从 $\boldsymbol{A}$ 变换为 $\boldsymbol{B}=\boldsymbol{C}^{\mathrm{T}}\boldsymbol{A}\boldsymbol{C}$.

矩阵合同

定义 4.4 设 $\boldsymbol{A},\boldsymbol{B}$ 为 n 阶方阵. 若存在可逆矩阵 $\boldsymbol{C}$,使得 $\boldsymbol{B}=\boldsymbol{C}^{\mathrm{T}}\boldsymbol{A}\boldsymbol{C}$,则称矩阵 $\boldsymbol{A}$ 与 $\boldsymbol{B}$ **合同**,称 $\boldsymbol{B}$ 是 $\boldsymbol{A}$ 的**合同矩阵**或**相合矩阵**.

注 4.10 矩阵的合同关系也具有反身性、对称性和传递性.

对于方阵 $\boldsymbol{A}$,如果存在可逆矩阵 $\boldsymbol{C}$,使得 $\boldsymbol{C}^{\mathrm{T}}\boldsymbol{A}\boldsymbol{C}$ 为对角矩阵,那么称**方阵 $\boldsymbol{A}$ 可合同对角化**.

二次型的标准化问题,实际上就是对称矩阵的合同对角化问题. 当矩阵 $\boldsymbol{A}$ 为对称矩阵时,$\boldsymbol{A}$ 的合同矩阵 $\boldsymbol{B}=\boldsymbol{C}^{\mathrm{T}}\boldsymbol{A}\boldsymbol{C}$ 也为对称矩阵. 由初等变换保持矩阵的秩不变可知,$\mathrm{R}(\boldsymbol{B})=\mathrm{R}(\boldsymbol{A})$. 因此,二次型 $q(\boldsymbol{x})=\boldsymbol{x}^{\mathrm{T}}\boldsymbol{A}\boldsymbol{x}$ 的标准形中含有的项数(非零系数的个数)就是对称矩阵 $\boldsymbol{A}$ 的秩 $\mathrm{R}(\boldsymbol{A})$,称它为**二次型 $q(\boldsymbol{x})$ 的秩**.

下面介绍将对称矩阵 $\boldsymbol{A}$ 合同对角化的初等变换算法:设 $\boldsymbol{C}=\boldsymbol{P}_1\boldsymbol{P}_2\cdots\boldsymbol{P}_k$,其中 $\boldsymbol{P}_i(i=1,2,\cdots,k)$ 都是初等矩阵,则

$$\boldsymbol{C}^{\mathrm{T}}\boldsymbol{A}\boldsymbol{C}=\boldsymbol{P}_k^{\mathrm{T}}\cdots\boldsymbol{P}_2^{\mathrm{T}}\boldsymbol{P}_1^{\mathrm{T}}\boldsymbol{A}\boldsymbol{P}_1\boldsymbol{P}_2\cdots\boldsymbol{P}_k.$$

对分块矩阵 $(\boldsymbol{A},\boldsymbol{I})$ 依次施行相应于左乘 $\boldsymbol{P}_1^{\mathrm{T}},\boldsymbol{P}_2^{\mathrm{T}},\cdots,\boldsymbol{P}_k^{\mathrm{T}}$ 的初等行变换,得分块矩阵

$$(\boldsymbol{C}^{\mathrm{T}}\boldsymbol{A},\boldsymbol{C}^{\mathrm{T}});$$

再对子矩阵 $\boldsymbol{C}^{\mathrm{T}}\boldsymbol{A}$ 依次施行相应于右乘 $\boldsymbol{P}_1,\boldsymbol{P}_2,\cdots,\boldsymbol{P}_k$ 的初等列变换,得分块矩阵

$$(\boldsymbol{C}^{\mathrm{T}}\boldsymbol{A}\boldsymbol{C},\boldsymbol{C}^{\mathrm{T}}).$$

上述两个步骤可看成同时成对地对分块矩阵 $(\boldsymbol{A},\boldsymbol{I})$ 施行行与列的初等变换,将它化为分块矩阵

$$(\boldsymbol{C}^{\mathrm{T}}\boldsymbol{A}\boldsymbol{C},\boldsymbol{C}^{\mathrm{T}}).$$

因此,当分块矩阵 $(\boldsymbol{A},\boldsymbol{I})$ 的子矩阵 $\boldsymbol{A}$ 化为对角矩阵(设 $\boldsymbol{C}^{\mathrm{T}}\boldsymbol{A}\boldsymbol{C}$ 为对角矩阵)时,单位矩阵 $\boldsymbol{I}$ 就化为矩阵 $\boldsymbol{C}$ 的转置矩阵 $\boldsymbol{C}^{\mathrm{T}}$.

例 4.3.5 求一个可逆线性变换 $\boldsymbol{x}=\boldsymbol{C}\boldsymbol{y}$,化二次型

$$q(\boldsymbol{x})=x_1^2-x_2^2+x_3^2+6x_1x_2-2x_2x_3$$

为 $\boldsymbol{y}$ 的标准形.

解 二次型 $q(\boldsymbol{x})$ 的矩阵为

$$\boldsymbol{A}=\begin{pmatrix}1&3&0\\3&-1&-1\\0&-1&1\end{pmatrix},$$

同时成对地对分块矩阵 $(\boldsymbol{A},\boldsymbol{I})$ 施行行与列的初等变换,将它化为分块矩阵 $(\boldsymbol{\Lambda},\boldsymbol{C}^{\mathrm{T}})$($\boldsymbol{\Lambda}$ 为对角矩阵):

$$(A,I)=\left(\begin{array}{ccc:ccc}1&3&0&1&0&0\\3&-1&-1&0&1&0\\0&-1&1&0&0&1\end{array}\right)\xrightarrow[c_2-3c_1]{r_2-3r_1}\left(\begin{array}{ccc:ccc}1&0&0&1&0&0\\0&-10&-1&-3&1&0\\0&-1&1&0&0&1\end{array}\right)$$

$$\xrightarrow[c_3-\frac{1}{10}c_2]{r_3-\frac{1}{10}r_2}\left(\begin{array}{ccc:ccc}1&0&0&1&0&0\\0&-10&0&-3&1&0\\0&0&\frac{11}{10}&\frac{3}{10}&-\frac{1}{10}&1\end{array}\right).$$

故所求的可逆线性变换为 $x=Cy$,其中

$$C=\begin{pmatrix}1&-3&\frac{3}{10}\\0&1&-\frac{1}{10}\\0&0&1\end{pmatrix},$$

它将二次型化为标准形

$$q(x)=y_1^2-10y_2^2+\frac{11}{10}y_3^2.$$ ■

习题 4-3

1. 写出下列二次型的矩阵:

(1) $x_1^2-2x_1x_2+3x_1x_3-2x_2^2+8x_2x_3+3x_3^2$;

(2) $x_1x_2-x_1x_3+2x_2x_3+x_4^2$.

2. 试求下列二次型的可逆线性变换,化该二次型为规范形:

(1) $q(x)=x_1^2+5x_2^2-4x_3^2+2x_1x_2-4x_1x_3$;

(2) $q(x)=x_1x_2-4x_1x_3+6x_2x_3$.

3. 求可逆矩阵 C,使得 C^TAC 为对角矩阵,其中 A 分别为:

(1) $A=\begin{pmatrix}1&2&0\\2&0&1\\0&1&3\end{pmatrix}$; (2) $A=\begin{pmatrix}0&1&-2\\1&0&-1\\-2&-1&0\end{pmatrix}$.

4. 试求下列二次型的正交变换,化该二次型为标准形:

(1) $q(x)=2x_1^2+3x_2^2+3x_3^2+4x_2x_3$;

(2) $q(x)=x_1^2+x_2^2+x_3^2+x_4^2+2x_1x_2-2x_1x_4-2x_2x_3+2x_3x_4$.

5. 试分析:二次曲面

$$3x^2+5y^2+5z^2+4xy-4xz-10yz=1$$

表示的曲面类型.

6. 证明:二次型 $q(x)=x^TAx$ 在 $\|x\|=1$ 时的最大值为对称矩阵 A 的最大特征值.

第四节　正　定　性

一、二次型的惯性定理

化二次型为标准形的方法并不唯一，一个二次型的标准形有无穷多个. 即便如此，标准形还是具有一些不变量，例如，秩就是一个不变量. 进一步地，我们有定理 4.11.

定理 4.11(惯性定理)　给定一个二次型，那么它的任何一个标准形中正、负系数的个数都为定值.

* **证明**　因为二次型的任何一个标准形中正、负系数的个数之和等于该二次型的秩，所以我们只需证明，二次型的任何一个标准形中正系数的个数为定值.

设 $q(\boldsymbol{x})$ 为 n 元二次型，记 r 为 $q(\boldsymbol{x})$ 的秩. 不妨设可逆线性变换 $\boldsymbol{x}=\boldsymbol{A}\boldsymbol{y}$ 和 $\boldsymbol{x}=\boldsymbol{B}\boldsymbol{z}$，可分别使得

$$q(\boldsymbol{x})=q(\boldsymbol{A}\boldsymbol{y})=c_1y_1^2+\cdots+c_sy_s^2-c_{s+1}y_{s+1}^2-\cdots-c_ry_r^2,$$

$$q(\boldsymbol{x})=q(\boldsymbol{B}\boldsymbol{z})=k_1z_1^2+\cdots+k_tz_t^2-k_{t+1}z_{t+1}^2-\cdots-k_rz_r^2,$$

其中 $c_i,k_i(i=1,2,\cdots,r)$ 全为正数. 下面证明 $s=t$.

设 $\boldsymbol{e}_i(i=1,2,\cdots,n)$ 为 n 维单位坐标向量组，记

$$\boldsymbol{a}_i=\boldsymbol{A}\boldsymbol{e}_i,\quad \boldsymbol{b}_i=\boldsymbol{B}\boldsymbol{e}_i\quad(i=1,2,\cdots,n).$$

可以证明，$\boldsymbol{a}_1,\cdots,\boldsymbol{a}_s,\boldsymbol{b}_{t+1},\cdots,\boldsymbol{b}_n$ 线性无关.

事实上，设存在数 $y_1,\cdots,y_s,z_{t+1},\cdots,z_n$，使得

$$y_1\boldsymbol{a}_1+\cdots+y_s\boldsymbol{a}_s+z_{t+1}\boldsymbol{b}_{t+1}+\cdots+z_n\boldsymbol{b}_n=\boldsymbol{0}.$$

记 $\boldsymbol{a}=y_1\boldsymbol{a}_1+\cdots+y_s\boldsymbol{a}_s$，$\boldsymbol{b}=z_{t+1}\boldsymbol{b}_{t+1}+\cdots+z_n\boldsymbol{b}_n$，则 $\boldsymbol{a}=-\boldsymbol{b}$. 容易看出：

$$\boldsymbol{a}=\boldsymbol{A}(y_1\boldsymbol{e}_1+\cdots+y_s\boldsymbol{e}_s)=\boldsymbol{A}(y_1,\cdots,y_s,0,\cdots,0)^{\mathrm{T}},\tag{4.8}$$

$$q(\boldsymbol{a})=c_1y_1^2+\cdots+c_sy_s^2\geqslant 0,\tag{4.9}$$

$$\boldsymbol{b}=\boldsymbol{B}(z_{t+1}\boldsymbol{e}_{t+1}+\cdots+z_n\boldsymbol{e}_n)=\boldsymbol{B}(0,\cdots,0,z_{t+1},\cdots,z_n)^{\mathrm{T}},\tag{4.10}$$

$$q(\boldsymbol{b})=-(k_{t+1}z_{t+1}^2+\cdots+k_rz_r^2)\leqslant 0.\tag{4.11}$$

注意到 $q(\boldsymbol{a})=q(-\boldsymbol{b})=q(\boldsymbol{b})$，故由式(4.9)和式(4.11)推知，$q(\boldsymbol{a})=0$. 因此，由式(4.9)可知，

$$y_i=0\quad(i=1,2,\cdots,s).$$

再由式(4.8)可知，$\boldsymbol{a}=\boldsymbol{0}$，从而 $\boldsymbol{b}=-\boldsymbol{a}=\boldsymbol{0}$. 因此，由式(4.10)可知，

$$z_i=0\quad(i=t+1,t+2,\cdots,n).$$

这样我们就证明了 $\boldsymbol{a}_1,\cdots,\boldsymbol{a}_s,\boldsymbol{b}_{t+1},\cdots,\boldsymbol{b}_n$ 线性无关.

因为一个向量空间中的任一线性无关向量组所含向量的个数不大于该向量空间的维数，所以由 $\boldsymbol{a}_1,\cdots,\boldsymbol{a}_s,\boldsymbol{b}_{t+1},\cdots,\boldsymbol{b}_n$ 线性无关可知，$s+n-t\leqslant n$，从而 $s\leqslant t$.

类似可证，$\boldsymbol{b}_1,\cdots,\boldsymbol{b}_t,\boldsymbol{a}_{s+1},\cdots,\boldsymbol{a}_n$ 线性无关，从而可知，$t\leqslant s$. 综上，就得到 $s=t$. ■

二次型 $q(\boldsymbol{x})=\boldsymbol{x}^{\mathrm{T}}\boldsymbol{A}\boldsymbol{x}$ 的标准形中正(或负)系数的个数称为二次型 $q(\boldsymbol{x})$ 的**正(或负)惯性指数**. 我们可用正交变换将二次型 $q(\boldsymbol{x})$ 化为标准形，此时标准形中所有项的系数就是对称矩阵 $\boldsymbol{A}$ 的全部非零特征值. 由此可知，对称矩阵 $\boldsymbol{A}$ 的所有正(或负)特征值的代数重数之和就是二次型 $q(\boldsymbol{x})$ 的正(或负)惯性指数.

二、二次型与对称矩阵的正定性

设可逆线性变换 $\boldsymbol{x}=\boldsymbol{C}\boldsymbol{y}$ 可将 n 元二次型 $q(\boldsymbol{x})$ 化为标准形

$$q(\boldsymbol{x})=q(\boldsymbol{C}\boldsymbol{y})=k_1y_1^2+k_2y_2^2+\cdots+k_ny_n^2.$$

当 $q(\boldsymbol{x})$ 的正惯性指数等于 n 时，$k_i>0(i=1,2,\cdots,n)$，则对于任何 n 维列向量 $\boldsymbol{x}\neq\boldsymbol{0}$，有 $\boldsymbol{y}=\boldsymbol{C}^{-1}\boldsymbol{x}\neq\boldsymbol{0}$，所以有

$$q(\boldsymbol{x})=q(\boldsymbol{C}\boldsymbol{y})=k_1y_1^2+k_2y_2^2+\cdots+k_ny_n^2>0.$$

反之，如果对于任何 n 维列向量 $\boldsymbol{x}\neq\boldsymbol{0}$，都有 $q(\boldsymbol{x})>0$，那么 $q(\boldsymbol{x})$ 的正惯性指数等于 n. 事实上，设 $\boldsymbol{e}_i(i=1,2,\cdots,n)$ 为 n 维单位坐标向量组，则 $\boldsymbol{C}\boldsymbol{e}_i\neq\boldsymbol{0}$，于是

$$q(\boldsymbol{C}\boldsymbol{e}_i)=k_i>0\quad(i=1,2,\cdots,n).$$

正定二次型与正定矩阵

定义 4.5 设 $q(\boldsymbol{x})=\boldsymbol{x}^{\mathrm{T}}\boldsymbol{A}\boldsymbol{x}$ 为 n 元二次型. 若对于任何 n 维非零列向量 $\boldsymbol{x}$，都有 $q(\boldsymbol{x})>0$，则称二次型 $q(\boldsymbol{x})$ 为**正定二次型**，相应地，称对称矩阵 $\boldsymbol{A}$ 为**正定矩阵**.

由上述论证可以得到定理 4.12.

定理 4.12 二次型 $q(\boldsymbol{x})$ 为正定二次型的充要条件是二次型 $q(\boldsymbol{x})$ 的正惯性指数等于变元个数.

二次型 $q(\boldsymbol{x})=\boldsymbol{x}^{\mathrm{T}}\boldsymbol{A}\boldsymbol{x}$ 的正惯性指数就是对称矩阵 $\boldsymbol{A}$ 的所有正特征值的代数重数之和. 因此，当且仅当对称矩阵 $\boldsymbol{A}$ 的所有特征值全为正数时，二次型 $q(\boldsymbol{x})$ 的正惯性指数等于变元个数. 这样，我们就得到定理 4.12 的等价命题 —— 定理 4.13.

定理 4.13 对称矩阵 $\boldsymbol{A}$ 为正定矩阵的充要条件是对称矩阵 $\boldsymbol{A}$ 的特征值全为正数.

根据定理 4.13，由特征值的性质可得到推论 1.

推论 1 若对称矩阵 $\boldsymbol{A}$ 为正定矩阵，则 $|\boldsymbol{A}|>0$.

对于任一数 $k(k=1,2,\cdots,n-1)$，在 n 元二次型

$$q=a_{11}x_1^2+a_{22}x_2^2+\cdots+a_{nn}x_n^2+2a_{12}x_1x_2+\cdots+2a_{n-1,n}x_{n-1}x_n$$

中，令 $x_i=0(i=k+1,k+2,\cdots,n)$，得 k 元二次型

$$q_k=a_{11}x_1^2+a_{22}x_2^2+\cdots+a_{kk}x_k^2+2a_{12}x_1x_2+\cdots+2a_{k-1,k}x_{k-1}x_k.$$

容易看出，若 q 为正定二次型，则 q_k 也为正定二次型，于是 q_k 的矩阵

$$\boldsymbol{A}_k=\begin{pmatrix}a_{11}&a_{12}&\cdots&a_{1k}\\a_{21}&a_{22}&\cdots&a_{2k}\\\vdots&\vdots&&\vdots\\a_{k1}&a_{k2}&\cdots&a_{kk}\end{pmatrix}$$

为正定矩阵. 由定理 4.13 的推论 1 得 $|\boldsymbol{A}_k|>0$. 我们称 $|\boldsymbol{A}_k|$ 为 n 阶对称矩阵 $\boldsymbol{A}=(a_{ij})$ 的 k 阶**顺序主子式**，其中 $k=1,2,\cdots,n$.

以上说明，若对称矩阵 $\boldsymbol{A}$ 为正定矩阵，则 $\boldsymbol{A}$ 的所有顺序主子式都大于 0. 反之，可以证明，若对称矩阵 $\boldsymbol{A}$ 的所有顺序主子式都大于 0，则 $\boldsymbol{A}$ 为正定矩阵. 这两个结论合起来就是定理 4.14.

定理 4.14(赫尔维茨定理) n 阶对称矩阵 $\boldsymbol{A}=(a_{ij})$ 为正定矩阵的充要条件是

$$|\boldsymbol{A}_k|>0\quad(k=1,2,\cdots,n),$$

其中

$$\boldsymbol{A}_k=\begin{pmatrix} a_{11} & a_{12} & \cdots & a_{1k} \\ a_{21} & a_{22} & \cdots & a_{2k} \\ \vdots & \vdots & & \vdots \\ a_{k1} & a_{k2} & \cdots & a_{kk} \end{pmatrix}$$

为 $\boldsymbol{A}$ 的 k 阶顺序主子式.

* **证明**　只需证明充分性. 利用数字归纳法.

定理充分性对于一阶对称矩阵显然成立. 假设定理充分性对于 $n-1$ 阶对称矩阵成立，则 $\boldsymbol{A}_{n-1}$ 为正定矩阵. 下面证明定理充分性对于 n 阶对称矩阵也成立. 记

$$\boldsymbol{A}=\begin{pmatrix} \boldsymbol{A}_{n-1} & \boldsymbol{b} \\ \boldsymbol{b}^{\mathrm{T}} & a_{nn} \end{pmatrix},$$

其中 $\boldsymbol{b}$ 为 $n-1$ 维列向量. 取

$$\boldsymbol{C}=\begin{pmatrix} \boldsymbol{I}_{n-1} & -\boldsymbol{A}_{n-1}^{-1}\boldsymbol{b} \\ \boldsymbol{0}^{\mathrm{T}} & 1 \end{pmatrix},$$

直接计算，得

$$\boldsymbol{C}^{\mathrm{T}}\boldsymbol{A}\boldsymbol{C}=\begin{pmatrix} \boldsymbol{A}_{n-1} & \\ & a \end{pmatrix},$$

其中 $a=a_{nn}-\boldsymbol{b}^{\mathrm{T}}\boldsymbol{A}_{n-1}^{-1}\boldsymbol{b}$. 易知，$|\boldsymbol{C}|=|\boldsymbol{C}^{\mathrm{T}}|=1$，且 $|\boldsymbol{C}^{\mathrm{T}}\boldsymbol{A}\boldsymbol{C}|=a|\boldsymbol{A}_{n-1}|$，所以 $|\boldsymbol{A}|=a|\boldsymbol{A}_{n-1}|$，从而 $a>0$.

对于任一非零 n 维列向量 $\boldsymbol{x}$，记

$$\boldsymbol{C}^{-1}\boldsymbol{x}=\begin{pmatrix} \boldsymbol{y} \\ y_n \end{pmatrix},$$

其中 $\boldsymbol{y}$ 为 $n-1$ 维列向量，易知，

$$\begin{pmatrix} \boldsymbol{y} \\ y_n \end{pmatrix}\neq\boldsymbol{0},$$

所以 $\boldsymbol{y}=\boldsymbol{0}$ 与 $y_n=0$ 不同时成立，于是

$$\boldsymbol{x}^{\mathrm{T}}\boldsymbol{A}\boldsymbol{x}=(\boldsymbol{y}^{\mathrm{T}},y_n)\,\boldsymbol{C}^{\mathrm{T}}\boldsymbol{A}\boldsymbol{C}\begin{pmatrix} \boldsymbol{y} \\ y_n \end{pmatrix}=\boldsymbol{y}^{\mathrm{T}}\boldsymbol{A}_{n-1}\boldsymbol{y}+ay_n^2>0.$$

因此，$\boldsymbol{A}$ 为正定矩阵. ■

例 4.4.1　当 a 取何值时，二次型

$$q(\boldsymbol{x})=x_1^2+2x_1x_2+4x_1x_3+2x_2^2+6x_2x_3+ax_3^2$$

为正定二次型？

解　**方法 1**　二次型 $q(\boldsymbol{x})$ 的矩阵为

$$\boldsymbol{A}=\begin{pmatrix} 1 & 1 & 2 \\ 1 & 2 & 3 \\ 2 & 3 & a \end{pmatrix}.$$

计算 $\boldsymbol{A}$ 的所有顺序主子式，得

$$|\boldsymbol{A}_1|=1,\quad |\boldsymbol{A}_2|=\begin{vmatrix} 1 & 1 \\ 1 & 2 \end{vmatrix}=1,\quad |\boldsymbol{A}_3|=|\boldsymbol{A}|=\begin{vmatrix} 1 & 1 & 2 \\ 1 & 2 & 3 \\ 2 & 3 & a \end{vmatrix}=a-5.$$

因此,当 $a>5$ 时,$q(\boldsymbol{x})$ 为正定二次型.

方法 2 用配方法确定 $q(\boldsymbol{x})$ 的正惯性指数.因为

$$\begin{aligned} q(\boldsymbol{x}) &= (x_1+x_2+2x_3)^2+x_2^2+2x_2x_3+(a-4)x_3^2 \\ &= (x_1+x_2+2x_3)^2+(x_2+x_3)^2+(a-5)x_3^2, \end{aligned}$$

所以当且仅当 $a>5$ 时,$q(\boldsymbol{x})$ 的正惯性指数为 3,等于变元个数,即 $q(\boldsymbol{x})$ 为正定二次型. ■

例 4.4.2 设 $\boldsymbol{A}$ 为 n 阶正定矩阵,$\boldsymbol{C}$ 为 $m\times n$ 矩阵,试证:$\boldsymbol{A}+\boldsymbol{C}^{\mathrm{T}}\boldsymbol{C}$ 为正定矩阵.

证明 由 $(\boldsymbol{A}+\boldsymbol{C}^{\mathrm{T}}\boldsymbol{C})^{\mathrm{T}}=\boldsymbol{A}+\boldsymbol{C}^{\mathrm{T}}\boldsymbol{C}$ 可知,$\boldsymbol{A}+\boldsymbol{C}^{\mathrm{T}}\boldsymbol{C}$ 为对称矩阵.

对于任一非零 n 维列向量 $\boldsymbol{x}$,有

$$\boldsymbol{x}^{\mathrm{T}}(\boldsymbol{A}+\boldsymbol{C}^{\mathrm{T}}\boldsymbol{C})\boldsymbol{x}=\boldsymbol{x}^{\mathrm{T}}\boldsymbol{A}\boldsymbol{x}+\|\boldsymbol{C}\boldsymbol{x}\|^2\geqslant\boldsymbol{x}^{\mathrm{T}}\boldsymbol{A}\boldsymbol{x}>0,$$

所以 $\boldsymbol{A}+\boldsymbol{C}^{\mathrm{T}}\boldsymbol{C}$ 为正定矩阵. ■

类似于定义 4.5,有下列几个定义:

(1) 在定义 4.5 中,将条件 $q(\boldsymbol{x})>0$ 改为 $q(\boldsymbol{x})<0$,就称 $q(\boldsymbol{x})$ 为**负定二次型**,并称 $\boldsymbol{A}$ 为**负定矩阵**;

(2) 在定义 4.5 中,将条件 $q(\boldsymbol{x})>0$ 改为 $q(\boldsymbol{x})\geqslant 0$,就称 $q(\boldsymbol{x})$ 为**半正定二次型**,并称 $\boldsymbol{A}$ 为**半正定矩阵**;

(3) 在定义 4.5 中,将条件 $q(\boldsymbol{x})>0$ 改为 $q(\boldsymbol{x})\leqslant 0$,就称 $q(\boldsymbol{x})$ 为**半负定二次型**,并称 $\boldsymbol{A}$ 为**半负定矩阵**.

由此可知,$q(\boldsymbol{x})=\boldsymbol{x}^{\mathrm{T}}\boldsymbol{A}\boldsymbol{x}$ 是负定二次型,等价于 $-\boldsymbol{A}$ 是正定矩阵,也即 $q(\boldsymbol{x})$ 的负惯性指数等于其变元个数.

习题 4-4

1. 试求下列二次型的 a 值,使得该二次型为正定二次型:

(1) $q(\boldsymbol{x})=5x_1^2+x_2^2+ax_3^2+4x_1x_2-2x_1x_3-2x_2x_3$;

(2) $q(\boldsymbol{x})=x_1^2+x_2^2+5x_3^2+2ax_1x_2-2x_1x_3+4x_2x_3$.

2. 判定下列二次型的正定性:

(1) $q(\boldsymbol{x})=-2x_1^2-6x_2^2-4x_3^2+2x_1x_2+2x_1x_3$;

(2) $q(\boldsymbol{x})=x_1^2+3x_2^2+9x_3^2-2x_1x_2+4x_1x_3$.

3. 证明:若矩阵 $\boldsymbol{A}$ 与 $\boldsymbol{B}$ 合同,则 $\boldsymbol{A}$ 与 $\boldsymbol{B}$ 具有相同的正定性.

4. 设 $\boldsymbol{A},\boldsymbol{B}$ 是正定矩阵,证明:分块对角矩阵 $\boldsymbol{C}=\begin{pmatrix}\boldsymbol{A} & \\ & \boldsymbol{B}\end{pmatrix}$ 也是正定矩阵.

5. 证明:对称矩阵 $\boldsymbol{A}$ 为正定矩阵的充要条件是存在可逆矩阵 $\boldsymbol{U}$,使得 $\boldsymbol{A}=\boldsymbol{U}^{\mathrm{T}}\boldsymbol{U}$.

习题参考答案

第 一 章

习题 1－1

1. $\begin{cases} x_1 = -4z_1 + 2z_2 + z_3, \\ x_2 = 12z_1 - 4z_2 + 9z_3, \\ x_3 = -10z_1 - z_2 + 16z_3. \end{cases}$

2. $10^n \begin{pmatrix} -3 & 1 \\ 1 & 3 \end{pmatrix}$.

3. $14^{n-1} \begin{pmatrix} 1 & 2 & 3 \\ 2 & 4 & 6 \\ 3 & 6 & 9 \end{pmatrix}$.

4. $\begin{pmatrix} a^n & na^{n-1} & \frac{1}{2}n(n-1)a^{n-2} & \frac{1}{6}n(n-1)(n-2)a^{n-3} \\ 0 & a^n & na^{n-1} & \frac{1}{2}n(n-1)a^{n-2} \\ 0 & 0 & a^n & na^{n-1} \\ 0 & 0 & 0 & a^n \end{pmatrix}$.

5. $\begin{pmatrix} a & b \\ 0 & a \end{pmatrix}$,其中 a,b 为任意常数.

6. $f(\boldsymbol{A}) = \boldsymbol{O}, g(\boldsymbol{A}) = 3^8 \begin{pmatrix} 1 & 1 \\ 1 & 1 \end{pmatrix}$.

7. 略.

8. (1) $\boldsymbol{A} = \begin{pmatrix} 0 & 1 \\ 0 & 0 \end{pmatrix}$； (2) $\boldsymbol{A} = \begin{pmatrix} 1 & 0 \\ 0 & 0 \end{pmatrix}$； (3) $\boldsymbol{A} = \begin{pmatrix} 0 & 1 \\ 0 & 0 \end{pmatrix}, \boldsymbol{X} = \begin{pmatrix} 0 & 1 \\ 0 & 0 \end{pmatrix}, \boldsymbol{Y} = \boldsymbol{O}$.

习题 1－2

1. (1) $4abcdef$； (2) $-2x^3 - 2y^3$.

2. 40.

3. (1) 70； (2) -270.

4. $x_1 = -3, x_2 = x_3 = x_4 = 1$.

5. 36.

6. 24.

7. (1) $(-1)^n(n+1)a_1a_2\cdots a_n$； (2) $x^n + a_1x^{n-1} + a_2x^{n-2} + \cdots + a_{n-1}x + a_n$.

8. 略.

9. $a^4 - 4a^2$.

习题 1－3

1. $\frac{27}{2}, 4, -\frac{4}{27}$.

2. $\begin{cases} y_1 = -7x_1 - 4x_2 + 9x_3, \\ y_2 = 6x_1 + 3x_2 - 7x_3, \\ y_3 = 3x_1 + 2x_2 - 4x_3. \end{cases}$

3. $\begin{pmatrix} -2 & 2 & 1 \\ -\frac{8}{3} & 5 & -\frac{2}{3} \end{pmatrix}$.

4. $\begin{pmatrix} 5 & -2 & -2 \\ 4 & -3 & -2 \\ -2 & 2 & 3 \end{pmatrix}$.

5. $\begin{pmatrix} 5 & -2 & -1 \\ -2 & 2 & 0 \\ -1 & 0 & 1 \end{pmatrix}$.

6. $\begin{pmatrix} 1 & 0 & 0 & 0 \\ -1 & 2 & 0 & 0 \\ 0 & -2 & 3 & 0 \\ 0 & 0 & -3 & 4 \end{pmatrix}$.

7. 略.

8. 证明略，$(\boldsymbol{A} - 3\boldsymbol{I})^{-1} = \boldsymbol{A} + \boldsymbol{I}$.

9. (1) $a = 0$； (2) $\boldsymbol{X} = \begin{pmatrix} 3 & 1 & -2 \\ 1 & 1 & -1 \\ 2 & 1 & -1 \end{pmatrix}$.

习题 1－4

1. 20^8，$\begin{pmatrix} 5^4 & 0 & 0 & 0 \\ 0 & 5^4 & 0 & 0 \\ 0 & 0 & 2^8 & 0 \\ 0 & 0 & 2^{11} & 2^8 \end{pmatrix}$.

2. $\begin{pmatrix} 1 & -2 & 0 & 0 \\ -2 & 5 & 0 & 0 \\ 0 & 0 & 2 & -3 \\ 0 & 0 & -5 & 8 \end{pmatrix}$.

3. $\frac{1}{3}\begin{pmatrix} 1+2^{13} & 4+2^{13} \\ -1-2^{11} & -4-2^{11} \end{pmatrix} = \begin{pmatrix} 2\,731 & 2\,732 \\ -683 & -684 \end{pmatrix}$.

4. $\begin{pmatrix} \boldsymbol{A} & \boldsymbol{B} \\ \boldsymbol{O} & \boldsymbol{D} - \boldsymbol{C}\boldsymbol{A}^{-1}\boldsymbol{B} \end{pmatrix}$，证明略.

5. 略.

第 二 章

习题 2-1

1. (1) $\begin{pmatrix} 0 & 1 & 0 & 5 \\ 0 & 0 & 1 & 3 \\ 0 & 0 & 0 & 0 \end{pmatrix}$； (2) $\begin{pmatrix} 1 & 0 & 2 & 0 & -2 \\ 0 & 1 & -1 & 0 & 3 \\ 0 & 0 & 0 & 1 & 4 \\ 0 & 0 & 0 & 0 & 0 \end{pmatrix}$.

2. (1) $k_1\begin{pmatrix} 3 \\ 19 \\ 17 \\ 0 \end{pmatrix}+k_2\begin{pmatrix} -13 \\ -20 \\ 0 \\ 17 \end{pmatrix}$（$k_1,k_2$ 为任意常数）； (2) $k_1\begin{pmatrix} -2 \\ 1 \\ 0 \\ 0 \end{pmatrix}+k_2\begin{pmatrix} 1 \\ 0 \\ 0 \\ 1 \end{pmatrix}$（$k_1,k_2$ 为任意常数）；

(3) $x_1=1,x_2=2,x_3=1$； (4) $k\begin{pmatrix} -1 \\ -1 \\ 1 \\ 0 \end{pmatrix}+\begin{pmatrix} 2 \\ 2 \\ 0 \\ 1 \end{pmatrix}$（$k$ 为任意常数）.

3. (1) 当 $a\neq 0$ 或 $b\neq -4$ 时，方程组无解；当 $a=0,b=-4$ 时，方程组有无穷多个解，通解为

$$\begin{pmatrix} x_1 \\ x_2 \\ x_3 \\ x_4 \end{pmatrix}=k_1\begin{pmatrix} 0 \\ 1 \\ 1 \\ 0 \end{pmatrix}+k_2\begin{pmatrix} -4 \\ 1 \\ 0 \\ 1 \end{pmatrix}+\begin{pmatrix} -2 \\ 2 \\ 0 \\ 0 \end{pmatrix} \quad (k_1,k_2 \text{ 为任意常数}).$$

(2) 当 $b=3$ 时，方程组无解；当 $a\neq -2,b\neq 3,b\neq 1$ 时，方程组有唯一解

$$\begin{pmatrix} x_1 \\ x_2 \\ x_3 \\ x_4 \end{pmatrix}=\frac{1}{b-3}\begin{pmatrix} 8-2b \\ 8-3b \\ 0 \\ 1 \end{pmatrix};$$

当 $a\neq -2,b=1$ 时，方程组有无穷多个解，通解为

$$\begin{pmatrix} x_1 \\ x_2 \\ x_3 \\ x_4 \end{pmatrix}=k\begin{pmatrix} 2 \\ -1 \\ 0 \\ 1 \end{pmatrix}+\begin{pmatrix} -2 \\ -3 \\ 0 \\ 0 \end{pmatrix} \quad (k \text{ 为任意常数});$$

当 $a=-2,b\neq 3,b\neq 1$ 时，方程组有无穷多个解，通解为

$$\begin{pmatrix} x_1 \\ x_2 \\ x_3 \\ x_4 \end{pmatrix}=k\begin{pmatrix} -1 \\ 1 \\ 1 \\ 0 \end{pmatrix}+\frac{1}{b-3}\begin{pmatrix} 8-2b \\ 8-3b \\ 0 \\ 1 \end{pmatrix} \quad (k \text{ 为任意常数});$$

当 $a=-2,b=1$ 时，方程组有无穷多个解，通解为

$$\begin{pmatrix} x_1 \\ x_2 \\ x_3 \\ x_4 \end{pmatrix} = k_1 \begin{pmatrix} -1 \\ 1 \\ 1 \\ 0 \end{pmatrix} + k_2 \begin{pmatrix} 2 \\ -1 \\ 0 \\ 1 \end{pmatrix} + \begin{pmatrix} -2 \\ -3 \\ 0 \\ 0 \end{pmatrix} \quad (k_1, k_2 \text{ 为任意常数}).$$

习题 2 - 2

1. (1) $\begin{pmatrix} 1 & 0 & 0 & 0 \\ 1 & 1 & 0 & 0 \\ 2 & 1 & 1 & 0 \\ 4 & 2 & 1 & 1 \end{pmatrix}$； (2) $\begin{pmatrix} 22 & -6 & -26 & 17 \\ -17 & 5 & 20 & -13 \\ -1 & 0 & 2 & -1 \\ 4 & -1 & -5 & 3 \end{pmatrix}$.

2. $\begin{pmatrix} -5 & -4 & -9 \\ 4 & 5 & 7 \\ -2 & -2 & -4 \end{pmatrix}$.

3. $\begin{pmatrix} 2 & -1 & -1 \\ -4 & 7 & 4 \end{pmatrix}$.

4. $\begin{pmatrix} \boldsymbol{A}^{-1} & \boldsymbol{O} \\ -\boldsymbol{D}^{-1}\boldsymbol{C}\boldsymbol{A}^{-1} & \boldsymbol{D}^{-1} \end{pmatrix}$.

5.～ 6. 略.

7. (1) $a = 2$；

(2) $\boldsymbol{P} = \begin{pmatrix} 3-6k_1 & 4-6k_2 & 4-6k_3 \\ -1+2k_1 & -1+2k_2 & -1+2k_3 \\ k_1 & k_2 & k_3 \end{pmatrix}$，其中 k_1, k_2, k_3 为任意常数，且 $k_2 \neq k_3$.

习题 2 - 3

1. (1) $\begin{pmatrix} 1 & 0 & 0 & -\frac{31}{16} \\ 0 & 1 & 0 & \frac{9}{16} \\ 0 & 0 & 1 & -\frac{5}{16} \\ 0 & 0 & 0 & 0 \end{pmatrix}$，3； (2) $\begin{pmatrix} 1 & 0 & \frac{1}{3} & 0 & \frac{16}{9} \\ 0 & 1 & \frac{2}{3} & 0 & -\frac{1}{9} \\ 0 & 0 & 0 & 1 & -\frac{1}{3} \\ 0 & 0 & 0 & 0 & 0 \end{pmatrix}$，3.

2. (1) $k = 1$； (2) $k = -2$； (3) $k \neq 1, -2$.

3.～ 5. 略.

习题 2 - 4

1. $a = 1$ 或 $a = -2$.

2. (1) $a \neq 1, -2$； (2) $a = -2$； (3) $a = 1$，通解为

$$\begin{pmatrix} x_1 \\ x_2 \\ x_3 \end{pmatrix} = k_1 \begin{pmatrix} -1 \\ 1 \\ 0 \end{pmatrix} + k_2 \begin{pmatrix} -1 \\ 0 \\ 1 \end{pmatrix} + \begin{pmatrix} 1 \\ 0 \\ 0 \end{pmatrix} \quad (k_1, k_2 \text{ 为任意常数}).$$

3. (1) $a \neq 3$； (2) $a = 3, b \neq 1$； (3) $a = 3, b = 1$，通解为

$$\begin{pmatrix} x_1 \\ x_2 \\ x_3 \end{pmatrix} = k\begin{pmatrix} -4 \\ 1 \\ 1 \end{pmatrix} + \begin{pmatrix} 0 \\ 1 \\ 0 \end{pmatrix} \quad (k\text{ 为任意常数}).$$

4. $\boldsymbol{\xi}_1 = \begin{pmatrix} 3 \\ 19 \\ 17 \\ 0 \end{pmatrix}, \boldsymbol{\xi}_2 = \begin{pmatrix} -13 \\ -20 \\ 0 \\ 17 \end{pmatrix}$.

5. 所求通解为 $\begin{pmatrix} x_1 \\ x_2 \\ x_3 \\ x_4 \end{pmatrix} = k_1\begin{pmatrix} -\frac{1}{2} \\ 1 \\ 0 \\ 0 \end{pmatrix} + k_2\begin{pmatrix} \frac{1}{2} \\ 0 \\ 1 \\ 0 \end{pmatrix} + \begin{pmatrix} \frac{1}{2} \\ 0 \\ 0 \\ 0 \end{pmatrix}$ (k_1, k_2 为任意常数)；所求基础解系为

$$\boldsymbol{\xi}_1 = \begin{pmatrix} -1 \\ 2 \\ 0 \\ 0 \end{pmatrix}, \boldsymbol{\xi}_2 = \begin{pmatrix} 1 \\ 0 \\ 2 \\ 0 \end{pmatrix}.$$

6. $k\begin{pmatrix} 3 \\ 4 \\ 5 \\ 6 \end{pmatrix} + \begin{pmatrix} 2 \\ 3 \\ 4 \\ 5 \end{pmatrix}$ (k 为任意常数).

7. (1) $a = 0$;　(2) $k\begin{pmatrix} 0 \\ -1 \\ 1 \end{pmatrix} + \begin{pmatrix} 1 \\ -2 \\ 0 \end{pmatrix}$ (k 为任意常数).

第　三　章

习题 3-1

1. (1) $\lambda \neq 0, -3$;　(2) $\lambda = 0$;　(3) $\lambda = -3$.
2. $t = 6$.
3.～5. 略.

习题 3-2

1. (1) 秩为 2，$\boldsymbol{a}_1, \boldsymbol{a}_2$ 为一个最大无关组，且 $\boldsymbol{a}_3 = 3\boldsymbol{a}_1 - \frac{2}{3}\boldsymbol{a}_2, \boldsymbol{a}_4 = 2\boldsymbol{a}_1 + \frac{2}{3}\boldsymbol{a}_2$;

(2) 秩为 3，$\boldsymbol{a}_1, \boldsymbol{a}_2, \boldsymbol{a}_4$ 为一个最大无关组，且

$$\boldsymbol{a}_3 = \frac{1}{3}\boldsymbol{a}_1 + \frac{2}{3}\boldsymbol{a}_2, \quad \boldsymbol{a}_5 = \frac{16}{9}\boldsymbol{a}_1 - \frac{1}{9}\boldsymbol{a}_2 - \frac{1}{3}\boldsymbol{a}_4.$$

2. $\boldsymbol{x} = k\begin{pmatrix} 1 \\ -2 \\ 1 \\ 0 \end{pmatrix} + \begin{pmatrix} 1 \\ 1 \\ 1 \\ 1 \end{pmatrix}$ (k 为任意常数).

3. (1) $\boldsymbol{B}=\begin{pmatrix}0&0&0\\1&0&3\\0&1&-1\end{pmatrix}$； (2) $|\boldsymbol{A}|=0$.

4. (1) $\boldsymbol{b}_1,\boldsymbol{b}_2$ 可由 $\boldsymbol{a}_1,\boldsymbol{a}_2$ 线性表示，且 $\boldsymbol{b}_1=3\boldsymbol{a}_1-\frac{2}{3}\boldsymbol{a}_2,\boldsymbol{b}_2=2\boldsymbol{a}_1+\frac{2}{3}\boldsymbol{a}_2$；

(2) $\boldsymbol{b}_1,\boldsymbol{b}_2$ 与 $\boldsymbol{a}_1,\boldsymbol{a}_2$ 等价.

5.～ 8. 略.

9. 当 $a\neq\pm1$ 时，两向量组等价，且 $\boldsymbol{\beta}_3=\boldsymbol{\alpha}_1-\boldsymbol{\alpha}_2+\boldsymbol{\alpha}_3$；当 $a=1$ 时，两向量组等价，且 $\boldsymbol{\beta}_3=(-2k+3)\boldsymbol{\alpha}_1+(k-2)\boldsymbol{\alpha}_2+k\boldsymbol{\alpha}_3$，其中 k 为任意常数.

习题 3－3

1. 证明略，$\boldsymbol{b}_1=2\boldsymbol{a}_1+3\boldsymbol{a}_2-\boldsymbol{a}_3,\boldsymbol{b}_2=3\boldsymbol{a}_1-3\boldsymbol{a}_2-2\boldsymbol{a}_3$.

2. $\begin{pmatrix}2&3&4\\0&-1&0\\-1&0&-1\end{pmatrix}$.

3. 证明略，$\begin{pmatrix}2&-1\\-3&2\end{pmatrix}$.

4.～ 5. 略.

习题 3－4

1. (1) $\frac{\pi}{2}$； (2) $\frac{\pi}{4}$.

2. $\pm\frac{\sqrt{26}}{26}(4,0,1,-3)$.

3. $\boldsymbol{e}_1=\frac{\sqrt{3}}{3}\begin{pmatrix}1\\0\\-1\\1\end{pmatrix},\boldsymbol{e}_2=\frac{\sqrt{15}}{15}\begin{pmatrix}1\\-3\\2\\1\end{pmatrix},\boldsymbol{e}_3=\frac{\sqrt{35}}{35}\begin{pmatrix}-1\\3\\3\\4\end{pmatrix}$.

4.～ 6. 略.

第　四　章

习题 4－1

1. (1) 特征值为 $\lambda_1=\lambda_2=\lambda_3=2$，其对应的全部特征向量为 $\boldsymbol{p}=k_1\begin{pmatrix}-2\\1\\0\end{pmatrix}+k_2\begin{pmatrix}1\\0\\1\end{pmatrix}$ (k_1，k_2 是不全为 0 的任意常数)；

(2) 特征值为 $\lambda_1=-1,\lambda_2=0,\lambda_3=9$，它们对应的全部特征向量分别为 $k_1\boldsymbol{p}_1=\begin{pmatrix}-1\\1\\0\end{pmatrix}$，$k_2\boldsymbol{p}_2=\begin{pmatrix}-1\\-1\\1\end{pmatrix},k_3\boldsymbol{p}_3=\begin{pmatrix}1\\1\\2\end{pmatrix}$，其中 k_1,k_2,k_3 为任意非零常数.

2. 18.

3. $k=1$ 或 $k=-2$.

4. $x=3$.

5. (1) $x=0, y=1$； (2) $\boldsymbol{P}=\begin{pmatrix}1&0&0\\0&1&-1\\0&1&1\end{pmatrix}$.

6. $\begin{pmatrix}2^{n+1}-1&2-2^{n+1}\\2^n-1&2-2^n\end{pmatrix}$.

7.～8. 略.

9. 21.

习题 4－2

1. $\begin{pmatrix}4&1&1\\1&4&1\\1&1&4\end{pmatrix}$.

2. (1) $\boldsymbol{P}=\frac{1}{3}\begin{pmatrix}1&-2&2\\2&-1&-2\\2&2&1\end{pmatrix}, \boldsymbol{P}^{-1}\boldsymbol{AP}=\boldsymbol{P}^{\mathrm{T}}\boldsymbol{AP}=\begin{pmatrix}-2&0&0\\0&1&0\\0&0&4\end{pmatrix}$；

(2) $\boldsymbol{P}=\begin{pmatrix}-\frac{1}{3}&-\frac{2\sqrt{5}}{5}&\frac{2\sqrt{5}}{15}\\-\frac{2}{3}&\frac{\sqrt{5}}{5}&\frac{4\sqrt{5}}{15}\\\frac{2}{3}&0&\frac{\sqrt{5}}{3}\end{pmatrix}, \boldsymbol{P}^{-1}\boldsymbol{AP}=\boldsymbol{P}^{\mathrm{T}}\boldsymbol{AP}=\begin{pmatrix}10&0&0\\0&1&0\\0&0&1\end{pmatrix}$.

3. $\begin{pmatrix}2&2&-4\\2&2&-4\\-4&-4&8\end{pmatrix}$.

4. 略.

5. (1) 略； (2) $\boldsymbol{P}^{-1}\boldsymbol{AP}=\begin{pmatrix}0&6\\1&-1\end{pmatrix}$, $\boldsymbol{A}$ 相似于对角矩阵 $\begin{pmatrix}2&0\\0&-3\end{pmatrix}$.

习题 4－3

1. (1) $\begin{pmatrix}1&-1&\frac{3}{2}\\-1&-2&4\\\frac{3}{2}&4&3\end{pmatrix}$； (2) $\begin{pmatrix}0&\frac{1}{2}&-\frac{1}{2}&0\\\frac{1}{2}&0&1&0\\-\frac{1}{2}&1&0&0\\0&0&0&1\end{pmatrix}$.

2. (1) $\begin{cases} x_1 = y_1 - \dfrac{1}{2}y_2 + \dfrac{5}{6}y_3, \\ x_2 = \qquad \dfrac{1}{2}y_2 - \dfrac{1}{6}y_3, \\ x_3 = \qquad\qquad \dfrac{1}{3}y_3, \end{cases}$ $q(\boldsymbol{x}) = y_1^2 + y_2^2 - y_3^2$；

(2) $\begin{cases} x_1 = z_1 - \dfrac{\sqrt{6}}{2}z_2 - z_3, \\ x_2 = z_1 + \dfrac{\sqrt{6}}{3}z_2 + z_3, \\ x_3 = \qquad \dfrac{\sqrt{6}}{12}z_2, \end{cases}$ $q(\boldsymbol{x}) = z_1^2 + z_2^2 - z_3^2$.

3. (1) $\boldsymbol{C} = \begin{pmatrix} 1 & -2 & -\dfrac{1}{2} \\ 0 & 1 & \dfrac{1}{4} \\ 0 & 0 & 1 \end{pmatrix}$, $\boldsymbol{C}^{\mathrm{T}}\boldsymbol{AC} = \begin{pmatrix} 1 & 0 & 0 \\ 0 & -4 & 0 \\ 0 & 0 & 3 \end{pmatrix}$；

(2) $\boldsymbol{C} = \begin{pmatrix} 1 & -\dfrac{1}{2} & 1 \\ 1 & \dfrac{1}{2} & 2 \\ 0 & 0 & 1 \end{pmatrix}$, $\boldsymbol{C}^{\mathrm{T}}\boldsymbol{AC} = \begin{pmatrix} 2 & 0 & 0 \\ 0 & -\dfrac{1}{2} & 0 \\ 0 & 0 & -4 \end{pmatrix}$.

4. (1) $\begin{pmatrix} x_1 \\ x_2 \\ x_3 \end{pmatrix} = \dfrac{\sqrt{2}}{2}\begin{pmatrix} 0 & \sqrt{2} & 0 \\ -1 & 0 & 1 \\ 1 & 0 & 1 \end{pmatrix}\begin{pmatrix} y_1 \\ y_2 \\ y_3 \end{pmatrix}$, $q(\boldsymbol{x}) = y_1^2 + 2y_2^2 + 5y_3^2$；

(2) $\begin{pmatrix} x_1 \\ x_2 \\ x_3 \\ x_4 \end{pmatrix} = \begin{pmatrix} \dfrac{1}{2} & -\dfrac{1}{2} & \dfrac{\sqrt{2}}{2} & 0 \\ -\dfrac{1}{2} & -\dfrac{1}{2} & 0 & \dfrac{\sqrt{2}}{2} \\ -\dfrac{1}{2} & \dfrac{1}{2} & \dfrac{\sqrt{2}}{2} & 0 \\ \dfrac{1}{2} & \dfrac{1}{2} & 0 & \dfrac{\sqrt{2}}{2} \end{pmatrix}\begin{pmatrix} y_1 \\ y_2 \\ y_3 \\ y_4 \end{pmatrix}$, $q(\boldsymbol{x}) = -y_1^2 + 3y_2^2 + y_3^2 + y_4^2$.

5. 椭圆柱面.

6. 略.

习题 4－4

1. (1) $a > 2$； (2) $-0.8 < a < 0$.

2. (1) 负定； (2) 正定.

3.～5. 略.

附录A　行列式的排列逆序定义

一、排列与逆序

对于n个不同的元素，可以给它们规定一个次序作为标准次序. 例如$1,2,\cdots,n$这n个自然数，一般规定由小到大的次序为标准次序.

定义 A.1　由n个自然数$1,2,\cdots,n$组成的一个无重复的有序数组$i_1i_2\cdots i_n$，称为一个n**级排列**.

例如，1234和2431都是四级排列，而45321是一个五级排列.

显然，n级排列共有$n!$个.

排列$12\cdots n$中元素之间的次序为标准次序，称这个排列为**标准排列**(通常也称为**自然排列**).

定义 A.2　在n个不同元素的任一排列中，当某两个元素的次序与标准次序不同时，就称该排列有一个**逆序**. 也就是说，在一个n级排列$i_1i_2\cdots i_t\cdots i_s\cdots i_n$中，如果一个较大的数排在一个较小的数之前，即若$i_t > i_s$，则称这两个数$i_t,i_s$组成一个逆序. 一个排列中所有逆序的总数，称为这个排列的**逆序数**，记为$\tau(i_1i_2\cdots i_n)$或τ.

例如排列2431中，21，43，41，31是逆序，共有4个逆序，故排列2431的逆序数$\tau(2431)=4$.

根据定义A.2，可按如下方法计算排列的逆序数：设在一个n级排列$i_1i_2\cdots i_n$中，如果比$i_k(k=1,2,\cdots,n)$大且排在i_k前面的数共有t_k个，则称数i_k的逆序数为t_k，而该排列中所有数的逆序数之和就是这个排列的逆序数，即

$$\tau(i_1i_2\cdots i_n)=t_1+t_2+\cdots+t_n=\sum_{k=1}^{n}t_k.$$

例 A.1　计算排列45321的逆序数.

解　因为4排在首位，故其逆序数为0；

比5大且排在5前面的数有0个，故其逆序数为0；

比3大且排在3前面的数有2个，故其逆序数为2；

比2大且排在2前面的数有3个，故其逆序数为3；

比1大且排在1前面的数有4个，故其逆序数为4.

可见，所求排列的逆序数为

$$\tau(45321)=0+0+2+3+4=9.$$

■

定义 A.3　如果排列的逆序数为奇数，则称为**奇排列**；如果排列的逆序数为偶数，则称为**偶排列**.

例如，2431是偶排列，45321是奇排列；标准排列$12\cdots n$的逆序数是0，因此是偶排列.

二、对换

定义 A.4 在排列 $i_1\cdots i_t\cdots i_s\cdots i_n$ 中，将任意两数 i_t 和 i_s 的位置互换，而其余的数不动，就得到另一个排列. 这种得出新排列的方法称为一次**对换**. 特别地，相邻两数的对换，称为**相邻对换**.

例如，对换排列 45321 中 5 和 1 的位置后，得到排列 41325.

排列经过对换后，其奇偶性有何变化呢？我们有下面的基本事实.

定理 A.1 对换改变排列的奇偶性，即经过一次对换，奇排列变成偶排列，而偶排列变成奇排列.

证明 先证相邻对换的情形.

设排列为

$$i_1\cdots i_{t-1}i_ti_{t+1}i_{t+2}\cdots i_n,$$

对换 i_t 与 i_{t+1}，排列变为

$$i_1\cdots i_{t-1}i_{t+1}i_ti_{t+2}\cdots i_n.$$

显然，经过对换后，只有 i_t 与 i_{t+1} 的逆序数发生改变. 当 $i_t<i_{t+1}$ 时，对换后 i_t 的逆序数增加 1，而 i_{t+1} 的逆序数不变；当 $i_t>i_{t+1}$ 时，对换后 i_t 的逆序数不变，而 i_{t+1} 的逆序数减少 1. 所以，排列

$$i_1\cdots i_{t-1}i_ti_{t+1}i_{t+2}\cdots i_n$$

与排列

$$i_1\cdots i_{t-1}i_{t+1}i_ti_{t+2}\cdots i_n$$

的奇偶性不同.

再证一般对换的情形.

设排列为

$$i_1\cdots i_ti_{t+1}\cdots i_{t+m-1}i_{t+m}\cdots i_n,$$

i_{t+m} 与它的左邻依次做 m 次相邻对换，排列变为

$$i_1\cdots i_{t+m}i_ti_{t+1}\cdots i_{t+m-1}\cdots i_n,$$

i_t 与它的右邻依次再做 $m-1$ 次相邻对换，排列变为

$$i_1\cdots i_{t+m}i_{t+1}\cdots i_{t+m-1}i_t\cdots i_n.$$

综上，经过 $2m-1$ 次相邻对换，排列

$$i_1\cdots i_ti_{t+1}\cdots i_{t+m-1}i_{t+m}\cdots i_n$$

变成排列

$$i_1\cdots i_{t+m}i_{t+1}\cdots i_{t+m-1}i_t\cdots i_n.$$

显然，这两个排列的奇偶性不同. ■

推论 1 奇排列变成标准排列的对换次数为奇数，偶排列变成标准排列的对换次数为偶数.

三、行列式的排列逆序定义

定义 A.5 设有 n^2 个数，排成 n 行 n 列的数表

$$\begin{matrix} a_{11} & a_{12} & \cdots & a_{1n} \\ a_{21} & a_{22} & \cdots & a_{2n} \\ \vdots & \vdots & & \vdots \\ a_{n1} & a_{n2} & \cdots & a_{nn} \end{matrix},$$

选出数表中位于不同行、列的 n 个数做乘积，并冠以符号 $(-1)^{\tau}$，得到 $n!$ 个形如

$$(-1)^{\tau(j_1 j_2 \cdots j_n)} a_{1j_1} a_{2j_2} \cdots a_{nj_n}$$

的项，其中 $j_1 j_2 \cdots j_n$ 为自然数 $1,2,\cdots,n$ 的一个排列. 所有这 $n!$ 项的代数和

$$\sum_{j_1 j_2 \cdots j_n} (-1)^{\tau(j_1 j_2 \cdots j_n)} a_{1j_1} a_{2j_2} \cdots a_{nj_n}$$

称为 n **阶行列式**，记作

$$D = \begin{vmatrix} a_{11} & a_{12} & \cdots & a_{1n} \\ a_{21} & a_{22} & \cdots & a_{2n} \\ \vdots & \vdots & & \vdots \\ a_{n1} & a_{n2} & \cdots & a_{nn} \end{vmatrix},$$

简记作 $\det(a_{ij})$，其中数 a_{ij} 称为行列式 D 的 (i,j) **元**，而

$$(-1)^{\tau(j_1 j_2 \cdots j_n)} a_{1j_1} a_{2j_2} \cdots a_{nj_n}$$

称为行列式 D 的**一般项**.

注 A.1　定义 A.5 通常称为**行列式的排列逆序定义**，它具有下列三个特点：

(1) 由于 n 级排列的总数是 $n!$ 个，所以展开式中共有 $n!$ 项；

(2) 每项必须是取自 D 中不同行、不同列的 n 个元素的乘积；

(3) 每项前的符号取决于该项中 n 个元素所在的列序号所组成排列的奇偶性.

例 A.2　证明：行列式

$$D = \begin{vmatrix} & & & a_{1n} \\ & & a_{2,n-1} & \\ & \iddots & & \\ a_{n1} & & & \end{vmatrix} = (-1)^{\frac{n(n-1)}{2}} a_{1n} a_{2,n-1} \cdots a_{n1}.$$

证明　根据 n 阶行列式的定义，易得

$$D = (-1)^{\tau(n(n-1)\cdots 21)} a_{1n} a_{2,n-1} \cdots a_{n1} = (-1)^{\frac{n(n-1)}{2}} a_{1n} a_{2,n-1} \cdots a_{n1}.$$ ■

例 A.2 中的行列式，其非副对角线上元素全为 0，此类行列式可以直接求出结果. 例如，

$$\begin{vmatrix} 0 & 0 & 0 & 1 \\ 0 & 0 & 2 & 0 \\ 0 & 3 & 0 & 0 \\ 4 & 0 & 0 & 0 \end{vmatrix} = (-1)^{\frac{4(4-1)}{2}} \times 1 \times 2 \times 3 \times 4 = 24.$$

类似地，非主对角线上元素全为 0 的行列式（称为**对角行列式**）的值为其主对角线上元素的乘积，即有

$$\begin{vmatrix} a_{11} & & & \\ & a_{22} & & \\ & & \ddots & \\ & & & a_{nn} \end{vmatrix} = a_{11}a_{22}\cdots a_{nn}.$$

主对角线以下(或上)的元素全为0的行列式称为**上(或下)三角行列式**,下例的结果说明,它的值也为其主对角线上元素的乘积.

例 A.3 计算上三角行列式

$$\begin{vmatrix} a_{11} & a_{12} & \cdots & a_{1n} \\ 0 & a_{22} & \cdots & a_{2n} \\ \vdots & \vdots & & \vdots \\ 0 & 0 & \cdots & a_{nn} \end{vmatrix}.$$

解 一般项为$(-1)^{\tau(j_1j_2\cdots j_n)}a_{1j_1}a_{2j_2}\cdots a_{nj_n}$,现考虑不为0的项.

a_{nj_n} 取自第 n 行,但只有 $a_{nn}\neq 0$,故只能取 $j_n=n$.

$a_{n-1,j_{n-1}}$ 取自第 $n-1$ 行,只有 $a_{n-1,n-1}\neq 0$,$a_{n-1,n}\neq 0$,由于 a_{nn} 取自第 n 列,故 $a_{n-1,j_{n-1}}$ 不能取自第 n 列,即只能取 $j_{n-1}=n-1$.

同理可得,$j_{n-2}=n-2,\cdots,j_2=2,j_1=1$.

因此,不为0的项只有

$$(-1)^{\tau(12\cdots n)}a_{11}a_{22}\cdots a_{nn}=a_{11}a_{22}\cdots a_{nn},$$

所以

$$\begin{vmatrix} a_{11} & a_{12} & \cdots & a_{1n} \\ 0 & a_{22} & \cdots & a_{2n} \\ \vdots & \vdots & & \vdots \\ 0 & 0 & \cdots & a_{nn} \end{vmatrix} = a_{11}a_{22}\cdots a_{nn}.$$ ■

在行列式的定义 A.5 中,为了决定每一项的正负号,我们把每一项中 n 个元素都按行下标排列.实际上,数的乘法是可交换的,因而这 n 个元素的次序是可以任意排列的,故 n 阶行列式的项也可以写成

$$a_{i_1j_1}a_{i_2j_2}\cdots a_{i_nj_n},$$

其中 $i_1i_2\cdots i_n$ 和 $j_1j_2\cdots j_n$ 是两个 n 级排列.利用定理 A.1,可以给出 n 阶行列式的另一种定义.

定理 A.2 n 阶行列式也定义为

$$\begin{vmatrix} a_{11} & a_{12} & \cdots & a_{1n} \\ a_{21} & a_{22} & \cdots & a_{2n} \\ \vdots & \vdots & & \vdots \\ a_{n1} & a_{n2} & \cdots & a_{nn} \end{vmatrix} = \sum_{\substack{i_1i_2\cdots i_n \\ j_1j_2\cdots j_n}}(-1)^{\tau(i_1i_2\cdots i_n)+\tau(j_1j_2\cdots j_n)}a_{i_1j_1}a_{i_2j_2}\cdots a_{i_nj_n}.$$

推论 1 n 阶行列式也定义为

$$\begin{vmatrix} a_{11} & a_{12} & \cdots & a_{1n} \\ a_{21} & a_{22} & \cdots & a_{2n} \\ \vdots & \vdots & & \vdots \\ a_{n1} & a_{n2} & \cdots & a_{nn} \end{vmatrix} = \sum_{i_1i_2\cdots i_n}(-1)^{\tau(i_1i_2\cdots i_n)}a_{i_11}a_{i_22}\cdots a_{i_nn}.$$

例 A.4 在四阶行列式中，$a_{21}a_{32}a_{14}a_{43}$ 应带什么符号？

解　方法 1　按定义 A.5 计算．因为 $a_{21}a_{32}a_{14}a_{43}=a_{14}a_{21}a_{32}a_{43}$，而 4123 的逆序数为

$$\tau(4123)=0+1+1+1=3,$$

所以 $a_{21}a_{32}a_{14}a_{43}$ 应带负号．

方法 2　按定理 A.2 计算．因为 $a_{21}a_{32}a_{14}a_{43}$ 行下标排列的逆序数为

$$\tau(2314)=0+0+2+0=2,$$

而列下标排列的逆序数为

$$\tau(1243)=0+0+0+1=1,$$

故 $(-1)^{\tau(2314)+\tau(1243)}=-1$，即 $a_{21}a_{32}a_{14}a_{43}$ 应带负号． ■

例 A.5 用行列式的排列逆序定义计算行列式

$$D_n=\begin{vmatrix} 0 & \cdots & 0 & 1 & 0 \\ 0 & \cdots & 2 & 0 & 0 \\ \vdots & & \vdots & \vdots & \vdots \\ n-1 & \cdots & 0 & 0 & 0 \\ 0 & \cdots & 0 & 0 & n \end{vmatrix}.$$

解　D_n 仅有位于不同行、不同列的 n 个非零元素，即

$$a_{1,n-1}=1,\quad a_{2,n-2}=2,\quad \cdots,\quad a_{n-1,1}=n-1,\quad a_{nn}=n,$$

因此 D_n 的 $n!$ 项中仅有一项非零，即

$$D_n=(-1)^{\tau((n-1)(n-2)\cdots 21n)}a_{1,n-1}a_{2,n-2}\cdots a_{n-1,1}a_{nn}.$$

因为

$$\begin{aligned}\tau((n-1)(n-2)\cdots 21n)&=0+1+2+\cdots+(n-3)+(n-2)+0\\&=\frac{(n-2)(n-1)}{2},\end{aligned}$$

所以

$$D_n=(-1)^{\frac{(n-2)(n-1)}{2}}n!.$$ ■

附录B　若干应用问题

一、投入产出分析

投入产出综合平衡模型是宏观的经济模型，是研究经济系统各个部门投入与产出相互依存关系的经济数量方法. 美国经济学家里昂惕夫(Leontief) 于 1931 年开始研究这种模型，并于 1936 年发表了第一篇相关研究成果. 此后数十年间该模型被越来越多的国家采用，并取得了良好的效果.

下面用一个简化的例子来说明相关概念及方法.

设将某城市的煤矿、电厂、地方铁路三个企业作为一个经济系统来考察. 可以看出，这个系统具有可运用投入产出分析法的两个基本特点：

(1) 系统的每个部门(现为企业) 都有单一的产品(分别为煤、电、铁路运能)；

(2) 每个部门都要用系统内各部门的产品来加工生产一定数量的本部门的单一的产品.

例如，电厂生产电的时候要用到煤、电和铁路运能，所以系统内各部门既是生产部门，也是消耗部门. 将消耗的系统内部产品称为"投入"，生产的本部门的产品称为"产出"，给出数据如表 B. 1 所示.

表 B. 1　　　　**单位:元**

生产部门	消耗部门		
	煤矿	电厂	地方铁路
煤矿	0.00	0.40	0.45
电厂	0.25	0.05	0.10
地方铁路	0.35	0.10	0.10

应该这样理解表 B. 1 中的数据，例如，从第 3 列的数据可知，每生产 1 元价值的铁路运能要消耗 0.45 元价值的煤、0.10 元价值的电以及 0.10 元价值的铁路运能.

常称这种表为**技术投入产出表**，表中的元素称为**直接消耗系数**，由这张表写出的矩阵

$$\boldsymbol{T}=\begin{pmatrix}0.00 & 0.40 & 0.45\\ 0.25 & 0.05 & 0.10\\ 0.35 & 0.10 & 0.10\end{pmatrix}$$

称为**直接消耗矩阵**.

设在某一周内，这三个企业收到的订单(系统外部需求) 分别是：煤矿得到了 50 000 元价值的订单，电厂得到了 25 000 元价值的供电要求，而地方铁路得到了 30 000 元价值的运输要求. 当然，这三个企业能生产出满足外部需求的产值，但首先要满足系统内部相互间的需求，以维持正常运行. 这样就要问：每个企业的一周总产出(产值) 应为多少时，才能完成收到的订单任务?

由于每个企业的产出既要满足系统内部的需求，又要满足外来订单(外部需求)，设 x_1，x_2，x_3 依次是煤矿、电厂、地方铁路三个企业的总产出，则依据技术投入产出表，可写出方程组

$$\begin{cases} x_1 = 50\,000 + 0.00x_1 + 0.40x_2 + 0.45x_3, \\ x_2 = 25\,000 + 0.25x_1 + 0.05x_2 + 0.10x_3, \\ x_3 = 30\,000 + 0.35x_1 + 0.10x_2 + 0.10x_3. \end{cases}$$

若引入总产出向量

$$\boldsymbol{x} = (x_1, x_2, x_3)^{\mathrm{T}}$$

与最终需求向量

$$\boldsymbol{d} = (50\,000, 25\,000, 30\,000)^{\mathrm{T}},$$

则可将上述线性方程组表示成矩阵形式

$$\boldsymbol{x} = \boldsymbol{d} + \boldsymbol{T}\boldsymbol{x}. \tag{B.1}$$

这个方程组常称为**分配平衡方程组**. 可将方程组(B.1)写成

$$(\boldsymbol{I} - \boldsymbol{T})\boldsymbol{x} = \boldsymbol{d}, \tag{B.2}$$

其中 $\boldsymbol{I}-\boldsymbol{T}$ 称为该系统的**里昂惕夫矩阵**. 若对于任意的 $\boldsymbol{d}$，方程组(B.2)总有非负解，则称这个经济系统是**可行的**. 现有

$$\boldsymbol{I} - \boldsymbol{T} = \begin{pmatrix} 1 & -0.40 & -0.45 \\ -0.25 & 0.95 & -0.10 \\ -0.35 & -0.10 & 0.90 \end{pmatrix},$$

进而求得

$$(\boldsymbol{I} - \boldsymbol{T})^{-1} = \begin{pmatrix} 1.456\,58 & 0.698\,13 & 0.805\,86 \\ 0.448\,18 & 1.279\,90 & 0.366\,30 \\ 0.616\,25 & 0.413\,70 & 1.465\,20 \end{pmatrix},$$

这就求得总产出向量为

$$\boldsymbol{x} = (\boldsymbol{I} - \boldsymbol{T})^{-1}\boldsymbol{d} = \begin{pmatrix} 114\,458 \\ 65\,395 \\ 85\,111 \end{pmatrix},$$

其中所有数据的单位均是元.

以上例子引自参考文献[1]. 对投入产出分析有兴趣的读者可参阅参考文献[2]，其相关内容的介绍更加系统而详尽.

二、分析中的应用

例 B.1 斐波那契(Fibonacci)数列(这个以他名字命名的数列源于他的《算盘书》(*Liber Abaci*)中提出的"兔子问题")$\{a_n\}$的通项满足递推关系

$$a_0 = a_1 = 1, \quad a_n = a_{n-1} + a_{n-2} \quad (n = 2, 3, \cdots).$$

上述递推关系写成矩阵形式为

$$\begin{pmatrix} a_{n+1} \\ a_n \end{pmatrix} = \begin{pmatrix} 1 & 1 \\ 1 & 0 \end{pmatrix} \begin{pmatrix} a_n \\ a_{n-1} \end{pmatrix} = \cdots = \begin{pmatrix} 1 & 1 \\ 1 & 0 \end{pmatrix}^n \begin{pmatrix} 1 \\ 1 \end{pmatrix} \quad (n = 1, 2, \cdots, a_0 = a_1 = 1). \tag{B.3}$$

由于矩阵 $\boldsymbol{A}=\begin{pmatrix}1 & 1\\ 1 & 0\end{pmatrix}$ 的特征值为

$$\lambda_1=\frac{1}{2}(1+\sqrt{5}),\quad \lambda_2=\frac{1}{2}(1-\sqrt{5}),$$

故 $\boldsymbol{A}$ 一定可相似对角化. 经计算,存在可逆矩阵 $\boldsymbol{T}=\begin{pmatrix}\lambda_1 & \lambda_2\\ 1 & 1\end{pmatrix}$,使得 $\boldsymbol{T}^{-1}\boldsymbol{A}\boldsymbol{T}=\begin{pmatrix}\lambda_1 & 0\\ 0 & \lambda_2\end{pmatrix}$. 于是,有

$$\boldsymbol{A}^n=\boldsymbol{T}\begin{pmatrix}\lambda_1 & 0\\ 0 & \lambda_2\end{pmatrix}^n\boldsymbol{T}^{-1}=\frac{1}{\sqrt{5}}\begin{pmatrix}\lambda_1^{n+1}-\lambda_2^{n+1} & \lambda_1\lambda_2^{n+1}-\lambda_2\lambda_1^{n+1}\\ \lambda_1^n-\lambda_2^n & \lambda_1\lambda_2^n-\lambda_2\lambda_1^n\end{pmatrix},$$

从而结合式(B.3)求得斐波那契数列的通项表达式为

$$a_n=\frac{1}{\sqrt{5}}(\lambda_1^{n+1}-\lambda_2^{n+1}).$$ ■

例 B.2 设 n 元函数 $f(P)$ 在点 P_0 的某邻域内有二阶连续偏导数,则由泰勒(Taylor)公式

$$\Delta f(P_0)=\mathrm{d}f(P_0)+\frac{\mathrm{d}^2 f(P_0)}{2}+o(\rho^2)\quad(\rho\text{ 为点 }P\text{ 与 }P_0\text{ 之间的距离})$$

分析可知,当 P_0 为 $f(P)$ 的驻点($\mathrm{d}f(P_0)=0$)时,$\Delta f(P_0)$ 的符号由关于 $\mathrm{d}x_1,\mathrm{d}x_2,\cdots,\mathrm{d}x_n$ 的二次型 $\mathrm{d}^2 f(P_0)=(\mathrm{d}\boldsymbol{x})\boldsymbol{H}(\mathrm{d}\boldsymbol{x})^{\mathrm{T}}$ 完全决定,其中

$$\boldsymbol{H}=\left(\frac{\partial^2 f(P_0)}{\partial x_i\partial x_j}\right),\quad \mathrm{d}\boldsymbol{x}=(\mathrm{d}x_1,\mathrm{d}x_2,\cdots,\mathrm{d}x_n).$$

称矩阵 $\boldsymbol{H}$ 为函数 $f(P)$ 的**黑塞**(Hesse)**矩阵**. ■

于是由线性代数知识,有定理 B.1.

定理 B.1(充分条件) 设多元函数 $f(P)$ 在点 P_0 的某邻域内有二阶连续偏导数,P_0 是驻点,则

(1) 当 $\boldsymbol{H}$ 是正定矩阵时,P_0 为 $f(P)$ 的极小值点;

(2) 当 $\boldsymbol{H}$ 是负定矩阵时,P_0 为 $f(P)$ 的极大值点;

(3) 当 $\boldsymbol{H}$ 是不定矩阵(既不是半正定矩阵,又不是半负定矩阵)时,P_0 不是 $f(P)$ 的极值点;

(4) 当 $\det\boldsymbol{H}=0$ 时,P_0 可能是 $f(P)$ 的极值点,也可能不是 $f(P)$ 的极值点.

三、莱斯利人口模型

人口增长问题是关系到国计民生的重大问题之一. 为了预测和控制人口增长,18 世纪以来各国人口学家提出许多人口模型. 20 世纪 40 年代,莱斯利(Leslie)提出的莱斯利人口模型,就是一个预测人口按年龄组变化的简单的离散模型. 借用差分方程模型,仅考虑女性人口的发展变化. 如果仅把所有的女性分成未成年女性和成年女性两组,则人口的年龄结构无法刻画,因此必须建立一个更精确的模型.

模型假设:(1) 将时间离散化,假设男、女人口的比例为 1∶1,因此本模型仅考虑女性人口的发展变化. 假设女性最大年龄为 S 岁,将其等间隔划分成 m 个年龄段,不妨假设 S 为 m 的整数倍,每隔 $\frac{S}{m}$ 年观察一次,不考虑同一时间间隔内人口数量的变化;

(2) 设 $X_i(t)(i=1,2,\cdots,m)$ 为第 i 个年龄组 t 次观察的女性总人数，记

$$\boldsymbol{X}(t)=(X_1(t),X_2(t),\cdots,X_m(t))^{\mathrm{T}}.$$

设第 i 个年龄组女性生育率（所谓女性生育率指生女率）为 b_i，女性死亡率为 d_i，记 $s_i=1-d_i$，假设 b_i,d_i 不随时间变化；

(3) 不考虑生存空间等自然资源的制约，不考虑意外灾难等因素对人口变化的影响；

(4) 生育率仅与年龄段有关，存活率也仅与年龄段有关.

建立模型与求解：根据以上假设，可得到方程组

$$\begin{cases}X_1(t+1)=\sum\limits_{i=1}^{m}b_iX_i(t),\\ X_{i+1}(t+1)=s_iX_i(t)\quad(i=1,2,\cdots,m-1).\end{cases}$$

上述方程组写成矩阵形式为

$$\boldsymbol{X}(t+1)=\boldsymbol{L}\boldsymbol{X}(t),$$

其中

$$\boldsymbol{L}=\begin{pmatrix}b_1&b_2&\cdots&b_{m-1}&b_m\\ s_1&0&\cdots&0&0\\ 0&s_2&\cdots&0&0\\ \vdots&\vdots&&\vdots&\vdots\\ 0&0&\cdots&s_{m-1}&0\end{pmatrix}.\qquad\text{(B. 4)}$$

记

$$\boldsymbol{X}(0)=(X_1(0),X_2(0),\cdots,X_m(0))^{\mathrm{T}},$$

假设 $\boldsymbol{X}(0)$ 和矩阵 $\boldsymbol{L}$ 已经由统计资料给出，则

$$\boldsymbol{X}(t)=\boldsymbol{L}^t\boldsymbol{X}(0)\quad(t=0,1,2,\cdots).$$

为了讨论女性人口年龄结构的长远变化趋势，我们先给出如下两个条件：

(1) $s_i>0(i=1,2,\cdots,m-1)$；

(2) $b_i\geqslant 0(i=1,2,\cdots,m)$，且 b_i 不全为 0.

易见，对于该人口模型，这两个条件是很容易满足的. 在条件(1) 和(2) 下，有下面的结论成立.

定理 B.2　矩阵 $\boldsymbol{L}$ 有唯一的一个正的一重特征根 $\lambda=\lambda_0$，且对应的一个特征向量为

$$\boldsymbol{X}^*=\left(1,\frac{s_1}{\lambda_0},\frac{s_1s_2}{\lambda_0^2},\cdots,\frac{s_1s_2\cdots s_{m-1}}{\lambda_0^{m-1}}\right)^{\mathrm{T}}.$$

定理 B.3　若 λ_1 是矩阵 $\boldsymbol{L}$ 的任意一个特征根，则必有 $|\lambda_1|\leqslant\lambda_0$.

定理 B.4　若 $\boldsymbol{L}$ 的第 1 行中至少有两个顺次的 $b_i,b_{i+1}>0$，则

(1) 当 λ_1 是矩阵 $\boldsymbol{L}$ 的任意一个特征根时，必有 $|\lambda_1|<\lambda_0$；

(2) $\lim\limits_{t\to+\infty}\dfrac{\boldsymbol{X}(t)}{\lambda_0^t}=c\boldsymbol{X}^*$，其中 c 是与 $\boldsymbol{X}(0)$ 有关的常数.

由定理 B.4 的结论知道，当 t 充分大时，有

$$\boldsymbol{X}(t)\approx c\lambda_0^t\boldsymbol{X}^*.\qquad\text{(B. 5)}$$

定理 B.5 设$\beta_1 = b_1, \beta_i = b_i s_1 s_2 \cdots s_{i-1} (i = 2, 3, \cdots, m), q(\lambda) = \frac{\beta_1}{\lambda} + \frac{\beta_2}{\lambda^2} + \frac{\beta_3}{\lambda^3} + \cdots + \frac{\beta_m}{\lambda^m}$，则$\lambda$是$\boldsymbol{L}$的非零特征根的充要条件为$q(\lambda) = 1$.

因此，当时间充分大时，女性人口的年龄结构向量趋于稳定状态，即年龄结构趋于稳定形态，而各个年龄组的人口数近似地按$\lambda_0 - 1$的比例增长. 由式(B.5)可得到如下结论：

(1) 当$\lambda_0 > 1$时，人口数最终是递增的；

(2) 当$\lambda_0 < 1$时，人口数最终是递减的；

(3) 当$\lambda_0 = 1$时，人口数是稳定的.

根据定理 B.5，如果$\lambda = \lambda_0 = 1$，那么

$$R \triangleq b_1 + b_2 s_1 + b_3 s_1 s_2 + \cdots + b_m s_1 s_2 \cdots s_{m-1} = 1.$$

R称为**净增长率**，它的实际含义是每个妇女一生中所生女孩的平均数. 当$R > 1$时，人口递增；当$R < 1$时，人口递减.

定理 B.2～定理 B.5 的证明可参见参考文献[3]. 莱斯利模型有着广泛的应用，有兴趣的读者可参阅参考文献[3].

附录C　线性代数发展简史

要研究关联着多个因素的量所引起的问题，就需要考察多元函数. 如果所研究的关联关系是线性的，那么称这个问题为线性问题. 历史上线性代数的第一个问题是关于解线性方程组的问题，而线性方程组理论的发展又促成了作为工具的矩阵论和行列式理论的创立与发展，这些内容已成为线性代数的主要部分. 最初的线性方程组问题大都来源于生活实践，正是实际问题刺激了线性代数这一学科的诞生与发展. 另外，近现代数学分析与几何学等数学分支的深入研究也促进了线性代数的进一步发展. 由于计算机的飞速发展和广泛应用，许多实际问题可以通过离散化的数值计算得到定量的解决. 于是作为处理离散问题的线性代数，已逐渐成为从事科学研究和工程设计的科技人员必备的数学基础.

一、矩阵和行列式简史

行列式出现源于线性方程组的求解，它最早是一种速记的表达式，现在已经是一种非常有用的数学工具. 1678 年以前，莱布尼茨就开始了对线性方程组和行列式的研究，对消元法从理论上进行了探讨. 1693 年，莱布尼茨在写给洛必达(L'Hospital) 的一封信中使用并给出了行列式的概念，还给出了方程组的系数行列式为 0 的条件. 1683 年，日本数学家关孝和在其著作《解伏题之法》中对行列式的概念和它的展开给出了清楚的叙述. “解伏题之法” 的意思是“解行列式问题的方法”.

沿着莱布尼茨的思路，行列式的研究有了多方面的进展. 1729 年，英国数学家麦克劳林(Maclaurin) 提出了用行列式解含有两个、三个和四个未知元的联立线性方程组的解法.

1750 年，瑞士数学家克拉默在其著作《线性代数分析导引》中，对行列式的定义和展开法则给出了比较完整、明确的阐述，并给出了现在我们所称的解线性方程组的“克拉默法则”. 随后，法国数学家贝祖(Bezout) 将确定行列式每一项符号的方法进行了系统化，利用系数行列式概念指出了如何判断一个齐次线性方程组有非零解.

总之，在很长一段时间内，行列式只是作为解线性方程组的一种工具使用，并没有人意识到它可以独立于线性方程组之外，单独形成一门理论被加以研究.

在行列式的发展史上，第一个对行列式理论做出连贯的、逻辑的阐述，即把行列式理论与线性方程组求解相分离的人，是法国数学家范德蒙德. 他自幼在父亲的指导下学习音乐，但对数学有浓厚的兴趣，后来于 1785 年被选为法国科学院院士. 特别地，他给出了用二阶子式和它们的代数余子式来展开行列式的法则. 就对行列式本身这一点来说，他是该理论的奠基人. 1772 年，法国数学家和天文学家拉普拉斯在一篇论文中证明了范德蒙德提出的一些规则，推广了他对行列式的展开方法，从而得到著名的拉普拉斯展开定理.

继范德蒙德之后，在行列式的理论方面做出突出贡献的就是法国数学家柯西. 1815 年，柯西在一篇论文中给出了行列式的第一个系统的、几乎是近代的表述,其中主要成果之一是行列式的乘法定理.另外,他最早把行列式的元素排成方阵,采用双足标记法;引进了行列式特征方程的术语;给出了相似行列式概念;改进了拉普拉斯展开定理,并给出了一个证明等.

在19世纪的半个多世纪中,对行列式和矩阵理论研究始终不渝的学者之一是西尔维斯特.西尔维斯特的重要成就之一是改进了从一个n次和一个m次的多项式中消去x的方法,他称之为"配析法",并给出形成的行列式为0是这两个多项式方程有公共根的充要条件这一结果,但没有给出证明.

继柯西与西尔维斯特之后,在行列式理论方面最多产的人就是德国数学家雅可比(Jacobi),他引进了函数行列式,即"雅可比行列式",指出函数行列式在多重积分的变量替换中的作用,给出了函数行列式的导数公式.雅可比的著名论文《论行列式的形成和性质》标志着函数行列式系统理论的建成.由于行列式在数学分析、几何学、线性方程组理论、二次型理论等多方面的应用,促使行列式理论自身在19世纪也得到了很大的发展.整个19世纪不断地有行列式的新结果出现.除一般行列式的大量定理之外,还有许多有关特殊行列式的其他定理也都相继得到.

矩阵是数学中的一个重要的基本概念,是代数学的一个主要研究对象,也是数学研究和应用的一个重要工具."矩阵"这个词是由西尔维斯特首先使用的,他是为了将数字的矩形阵列区别于行列式而发明了这个术语.相对而言,最早利用矩阵概念的是法国数学家拉格朗日(Lagrange),这在他1700年前后的二次型工作中有所体现,尽管他没有明确地提出利用矩阵.而实际上,矩阵在诞生之前就已经发展得很好了.从行列式的大量工作中明显地表现出来,在很多应用中,不管行列式的值是否与问题有关,方阵本身都可以研究和使用,矩阵的许多基本性质也是在行列式的发展中建立起来的.在逻辑上,矩阵的概念应先于行列式的概念,然而历史上出现的次序正好相反.

英国数学家凯莱一般被公认为是矩阵论的创立者之一,因为他最早把矩阵作为一个独立的数学概念提出来,并首先发表了关于矩阵的一系列文章.凯莱结合对线性变换下的不变量研究,首先引进矩阵以简化记号.1858年,他发表了关于矩阵的第一篇论文《矩阵论的研究报告》,系统地阐述了关于矩阵的理论.文中他定义了矩阵的相等、矩阵的运算法则、矩阵的转置以及矩阵的逆矩阵等一系列基本概念,指出了矩阵加法的可交换性与可结合性.另外,凯莱还给出了方阵的特征方程、特征值以及有关矩阵的一些重要成果.

1855年,埃尔米特(Hermite)证明了别的数学家发现的一些矩阵类的特征根的特殊性质,如现在我们所称的埃尔米特矩阵的特征根性质等.后来,克莱布什(Clebsch)、布克海姆(Buchheim)等证明了对称矩阵的特征根性质;泰伯(Taber)引入矩阵的迹的概念,并给出了一些有关的结论.

在矩阵论的发展史上,弗罗贝纽斯(Frobenius)的贡献是不可磨灭的.他讨论了最小多项式问题,引进了矩阵的秩、不变因子和初等因子、正交矩阵、矩阵的相似变换、合同矩阵等概念,以合乎逻辑的形式整理了不变因子和初等因子的理论,并讨论了正交矩阵与合同矩阵的一些重要性质. 1854 年,法国数学家若尔当研究了矩阵化为标准形的问题. 1892 年,梅茨勒(Metzler) 引进了矩阵的超越函数概念,并将其写成矩阵的幂级数的形式. 傅里叶(Fourier)、西尔维斯特和庞加莱(Poincare) 等在著作中还讨论了无限阶矩阵问题,这主要是为了适应方程发展的需要而开始的.

矩阵的发展是与线性变换密切相连的. 现代向量空间的定义是由法国数学家佩亚诺(Peano) 于 1888 年提出的. 第二次世界大战后随着现代数字计算机的发展,矩阵又有了新的含义,特别是在矩阵的数值分析等方面. 矩阵本身所具有的性质依赖于元素的性质,矩阵经过两个多世纪的发展,由最初作为一种工具到现在已成为独立的一门数学分支 —— 矩阵论. 矩阵论可分为矩阵方程论、矩阵分解论和广义逆矩阵论等现代理论. 矩阵及其理论现已广泛地应用于现代科技的各个领域.

二、线性方程组简史

线性方程组的解法,早在中国古代的数学著作《九章算术》中已给出了比较完整的论述,其中所述方法实质上相当于对方程组的增广矩阵施行初等行变换,从而消去未知元的方法,即大约于 1800 年出现的高斯消元法. 在西方,线性方程组的研究是在 17 世纪后期由莱布尼茨开创的. 他曾研究过含有两个未知元的三个线性方程所组成的方程组. 麦克劳林在 18 世纪上半叶研究了含有两个、三个和四个未知元的线性方程组,得到了现在我们所称的克拉默法则. 克拉默不久后也发表了这个法则. 18 世纪下半叶,贝祖对线性方程组理论进行了一系列研究,证明了多元齐次线性方程组有非零解的充要条件是系数行列式等于 0.

19 世纪,英国数学家史密斯(Smith) 和道奇森(Dodgson) 继续研究线性方程组理论,史密斯引进了方程组的增广矩阵和非增广矩阵的概念,道奇森证明了含有 n 个未知元 n 个方程的方程组相容的充要条件是系数矩阵和增广矩阵的秩相同. 这正是现代方程组理论中的重要结果之一.

大量的科学技术问题最终往往归结为解线性方程组,因此在线性方程组的数值解法得到发展的同时,线性方程组解的结构等理论性工作也取得了令人满意的进展. 现在,线性方程组的数值解法在计算数学中占有重要地位.

三、线性代数的进一步深入发展 —— 二次型简史

二次型也称为“二次形式”,数域 F 上的 n 元二次齐次多项式称为数域 F 上的 n 元二次型. 二次型是线性代数教材的后继内容,为了我们后面的学习,这里对于二次型的发展历史也做一些简单介绍.

二次型的系统研究是从 18 世纪开始的,它起源于对二次曲线和二次曲面的分类问题的讨论. 将二次曲线和二次曲面的方程变形,选取主轴方向的轴作为坐标轴,以简化方程的表达形式,这个问题的研究始于 18 世纪. 柯西在其著作中给出结论:当方程是标准方程时,二次曲面用二次项的符号来进行分类. 然而,那时并不太清楚,在化简成标准方程时,为何总是得

到同样数目的正项和负项.西尔维斯特回答了这个问题,他给出了含有 n 个变元的二次型的惯性定律,但没有证明.这个定律后来被雅可比重新发现和证明.1801 年,高斯在《算术研究》中引进了二次型的正定、负定、半正定和半负定等术语.

二次型化简的进一步研究涉及二次型或行列式的特征方程的概念.特征方程的概念隐含地出现在瑞士数学家欧拉(Euler)的著作中,拉格朗日在其关于线性微分方程组的著作中首先明确地给出了这个概念.而三个变元的二次型的特征值的实性则是由阿歇特(Hachette)、蒙日(Monge)和泊松(Poisson)建立的.

柯西在别人著作的基础上,着手研究化简变元的二次型问题,并证明了特征方程在直角坐标系的任何变换下的不变性.后来,他又证明了含有 n 个变元的两个二次型能用同一个线性变换同时化成平方和.

1851 年,西尔维斯特在研究二次曲线和二次曲面的切触和相交时需要考虑这种二次曲线和二次曲面束的分类.他在分类方法中引进了初等因子和不变因子的概念,但他没有证明"不变因子组成两个二次型的不变量的完全集"这一结论.

1858 年,德国数学家魏尔斯特拉斯(Weierstrass)对同时化两个二次型成平方和给出了一个一般的方法及证明.如果二次型之一是正定的,那么即使某些特征根相等,这个化简也是可能的.魏尔斯特拉斯比较系统地完成了二次型的理论,并将其推广到双线性型.

四、线性代数的扩展——从解方程到群论的产生简史

求根问题是方程理论的一个中心课题.16 世纪,数学家解决了三次和四次方程的求根公式,对于更高次方程的求根公式是否存在,成为当时数学家关注的又一个焦点.这个问题花费了不少数学家大量的时间和精力,他们经历了屡次失败,但总是摆脱不了困境.

到了 18 世纪下半叶,拉格朗日认真总结分析了前人失败的经验,深入研究了高次方程的根与置换之间的关系,提出了预解式概念,并预见到预解式与各根在排列置换下的形式不变性有关,但他最终没能解决高次方程问题.拉格朗日的弟子鲁菲尼(Ruffini)也做了许多努力,但都以失败告终.高次方程的根式解的讨论,在挪威杰出数学家阿贝尔(Abel)那里取得了很大进展.1824 年,阿贝尔证明了次数大于四次的一般代数方程不可能有根式解.但问题仍没有彻底解决,因为有些特殊方程可以用根式求解.因此,高于四次的代数方程何时没有根式解,是需要进一步解决的问题.这一问题由法国数学家伽罗瓦(Galois)全面透彻地给予解决.

伽罗瓦仔细研究了拉格朗日和阿贝尔的著作,建立了方程的根的"容许"置换,提出了置换群的概念,得到了代数方程有根式解的充要条件是置换群的自同构群可解.从这种意义上,我们说伽罗瓦是群论的创立者.

置换群的概念和结论是最终产生抽象群的第一个主要来源.抽象群产生的第二个主要来源则是戴德金(Dedekind)和克罗内克(Kronecker)的有限群及有限交换群的抽象定义以及凯莱关于有限抽象群的研究工作.另外,克莱因(Klein)和庞加莱给出了无限变换群和其他

类型的无限群;19 世纪 70 年代,李,M. S. (Lie,Marius Sophus) 开始研究连续变换群,并建立了连续群的一般理论. 这些工作构成抽象群产生的第三个主要来源.

迪克(Dyck) 于 1882 至 1883 年发表的论文把上述三个主要来源的工作纳入抽象群的概念之中,建立了(抽象) 群的定义. 19 世纪 80 年代,数学家们终于成功地概括出抽象群论的公理体系.

20 世纪 80 年代,群的概念已经普遍地被认为是数学及其许多应用中最基本的概念之一. 它不但渗透到诸如几何学、代数拓扑学、函数论、泛函分析及其他许多数学分支中而起着重要的作用,还形成了一些新学科,如拓扑群、李群、代数群等. 它们具有与群结构相联系的其他结构,如拓扑、解析流形、代数簇等,并在结晶学、理论物理、量子化学以及编码学、自动机理论等方面有重要作用.

参 考 文 献

[1] 郝志峰,谢国瑞,汪国强,等.线性代数[M].3 版.北京:高等教育出版社,2013.
[2] 赵树嫄.线性代数[M].5 版.北京:中国人民大学出版社,2017.
[3] 居余马,等.线性代数[M].2 版.北京:清华大学出版社,2002.
[4] 吴赣昌.线性代数:经管类[M].5 版.北京:中国人民大学出版社,2017.
[5] 同济大学数学系.工程数学:线性代数[M].6 版.北京:高等教育出版社,2014.
[6] 上海财经大学应用数学系.线性代数[M].3 版.上海:上海财经大学出版社,2011.